V. Wünsch

# Differentialgeometrie

# Differentialgeometrie

## Kurven und Flächen

Von Prof. Dr. Volkmar Wünsch

B. G. Teubner Verlagsgesellschaft
Stuttgart · Leipzig 1997

Das Lehrwerk wurde 1972 begründet und wird herausgegeben von:
Prof. Dr. Otfried Beyer, Prof. Dr. Horst Erfurth,
Prof. Dr. Christian Großmann, Prof. Dr. Horst Kadner,
Prof. Dr. Karl Manteuffel, Prof. Dr. Manfred Schneider,
Prof. Dr. Günter Zeidler

Verantwortlicher Herausgeber dieses Bandes:
Prof. Dr. Otfried Beyer

Autor:
Prof. Dr. Volkmar Wünsch
Friedrich-Schiller-Universität Jena

Gedruckt auf chlorfrei gebleichtem Papier.


Die Deutsche Bibliothek – CIP-Einheitsaufnahme

**Wünsch, Volkmar:**
Differentialgeometrie : Kurven und Flächen /
von Volkmar Wünsch.
[Verantw. Hrsg. dieses Bd.: Otfried Beyer]. –
Stuttgart ; Leipzig : Teubner, 1997
   (Mathematik für Ingenieure und Naturwissenschaftler)
ISBN 978-3-8154-2095-9     ISBN 978-3-663-05981-3 (eBook)
DOI 10.1007/978-3-663-05981-3




Umschlaggestaltung: E. Kretschmer, Leipzig

*Es ist nicht das Wissen, sondern das Lernen, nicht das Besitzen, sondern das Erwerben, nicht das Dasein, sondern das Hinkommen, was den größten Genuß gewährt. Wenn ich eine Sache ganz ins Klare gebracht und erschöpft habe, so wende ich mich davon weg, um wieder ins Dunkle zu gehen; so sonderbar ist der nimmersatte Mensch, hat er ein Gebäude vollendet, so ist es nicht, um ruhig darin zu wohnen, sondern um ein anderes anzufangen.*

*Carl Friedrich Gauß (1777-1855)*

# Vorwort

Die Geschichte der Differentialgeometrie ist eng mit der Entwicklung der Infinitesimalrechnung und der analytischen Geometrie einerseits, mit der Geodäsie, der Kartographie und der Physik andererseits verknüpft. Sie ist zwar durch Idealisierung der Erfahrungswelt entstanden, hat sich aber im Laufe der letzten beiden Jahrhunderte zu einer deduktiven, mit strengen Beweisen arbeitenden Wissenschaft herausgebildet. Heute sind zahlreiche Disziplinen der Mathematik, aber auch der Physik und Technik mit differentialgeometrischen Begriffsbildungen durchsetzt. Diese interdisziplinäre Verzahnung - man denke etwa an die Darstellung geometrischer Objekte mit den Methoden der Numerik und Informatik (CAGD) oder an die Geometrisierung der modernen Physik - hält unvermindert an.

Mit dem vorliegenden Buch wird einem möglichst großen Interessentenkreis eine brauchbare Grundlage für eine klassisch- und anwendungsorientierte Kurven- und Flächentheorie geliefert. In der Differentialgeometrie kann ein Studierender die in der Differential- und Integralrechnung sowie in der analytischen Geometrie erworbenen Techniken anwenden und geometrische Vorstellungen entwickeln. Dem Leser sollen Brücken zwischen Theorie und Praxis aufgezeigt werden. Im Vordergrund stehen die lokale Differentialgeometrie und ihre Anwendungsmöglichkeiten, wobei *lokale* und *globale* Aspekte klar unterschieden werden. Gelegentlich wird dem technisch Wichtigen der Vorrang vor dem geometrisch Wertvollen eingeräumt. Gleichwohl sollen die technischen Anwendungen nicht von den geometrischen Grundgedanken ablenken. Differentialgeometrie wird eben nicht nur als Grundlage technischer Bildung, sondern auch wegen ihres Stellenwertes im Rahmen der Mathematik und ihrer kulturellen Bedeutung betrieben. Neben den Anwendern sind daher die geometrisch interessierten Mathematiker und Lehrer angesprochen, die auch der Auffassung sind, daß der Anschauung verpflichtete Geometrie mit der nötigen Strenge gelehrt werden sollte.

Natürlich mußte aus der Fülle des zur Verfügung stehenden Stoffes eine strenge Auswahl getroffen werden. Besonderer Wert wird auf die klare Herausarbeitung der Grundbegriffe und ihre geometrische Veranschaulichung gelegt. Der

„harte Kern" der Flächentheorie in Abschnitt 4.6 ist straff gehalten und kann vom Anwender bei erster Lektüre überschlagen werden. Bezüglich des weiteren Aufbaus der Theorie, insbesondere der globalen Differentialgeometrie, der konstruktiven Geometrie, der geometrischen Datenverarbeitung, zusätzlicher physikalischer und technischer Anwendungen sowie einiger Beweise muß auf die Literatur verwiesen werden. Einen Ausblick auf weitere Anwendungen und einen Abriß zur Geschichte der Differentialgeometrie findet der Leser am Buchende. Zahlreiche Abbildungen, Beispiele, Anwendungen, Aufgaben, Tabellen und Rückverweise sollen zum Verständnis beitragen und Übungsmöglichkeiten anbieten. Formalismen treten bewußt in den Hintergrund, das geometrisch Wesentliche soll nicht vom analytischen Aufwand verdeckt werden. Als das adäquate Werkzeug zur Beschreibung der geometrischen Eigenschaften erweist sich der Tensorkalkül. Der Leser wird gewiß schnell einsehen, wie einfach Tensoren zu handhaben sind, wenn er erst einmal die anfängliche Scheu „vor den Indizes" verloren hat.

Dieses einführende Lehrbuch wendet sich vor allem an Studierende der Ingenieur- und Naturwissenschaften, aber auch der Mathematik, der Technomathematik und des Lehramtes. Möge es dazu beitragen, daß in stärkerem Ausmaß als bisher an Universitäten und Fachhochschulen Differentialgeometrie auch für Nichtmathematiker gelehrt wird.

Ich danke dem verantwortlichen Herausgeber dieses Bandes, Herrn Prof. Dr. O. Beyer, sowie den Herren Doz. Dr. M. Belger, Doz. Dr. R. Illge und Doz. Dr. R. Schimming für wertvolle Hinweise und Anregungen. Mein besonderer Dank gilt Herrn N. Nerlich für die mit großer Sorgfalt vorgenommene Übertragung des Manuskriptes in eine reproduktionsreife Fassung, insbesondere für die Gestaltung zahlreicher Bildentwürfe. Mit unerschöpflicher Geduld und mit Elan ging er auf alle Wünsche des Autors und des Verlages ein und trug so wesentlich dazu bei, dem Buch eine ansprechende Form zu geben.

Nicht zuletzt spreche ich dem Verlag B. G. Teubner, insbesondere Herrn J. Weiß, für die verständnisvolle gute Zusammenarbeit meinen verbindlichen Dank aus.


Jena, im Februar 1997                                           Volkmar Wünsch

# Inhalt

# 0 Vorbereitungen

## 0.1 Der Euklidische Raum $\mathbb{R}^3$

Da wir Kurven und Flächen im Euklidischen Raum $\mathbb{R}^3$ studieren wollen, beginnen wir mit der Zusammenstellung einiger algebraischer Eigenschaften des $\mathbb{R}^3$ (s. [Bär], [Fil], [Eis], [HRS], [MSV], [Zei]).

Mit $\mathbb{R}^3$ bezeichnen wir den Vektorraum aller geordneten Tripel $\mathbf{x} = (x_1, x_2, x_3)$ reeller Zahlen $x_1, x_2, x_3$, auf dem durch

$$\mathbf{x} \cdot \mathbf{y} := x_1 y_1 + x_2 y_2 + x_3 y_3 \tag{0.1}$$

ein *Skalarprodukt* erklärt ist. Der *Nullvektor* $\mathbf{o} \in \mathbb{R}^3$ und die Vektoren $\mathbf{e}_1, \mathbf{e}_2, \mathbf{e}_3$ der *kanonischen (natürlichen) Basis* des $\mathbb{R}^3$ sind definiert durch $\mathbf{o} := (0, 0, 0)$ und

$$\mathbf{e}_1 := (1, 0, 0), \ \mathbf{e}_2 := (0, 1, 0), \ \mathbf{e}_3 := (0, 0, 1). \tag{0.2}$$

*Addition* und *Multiplikation mit einer reellen Zahlen* $\lambda \in \mathbb{R}^3$ erfolgen gemäß

$$\mathbf{x} + \mathbf{y} := (x_1 + y_1, x_2 + y_2, x_3 + y_3), \quad \lambda \mathbf{x} := (\lambda x_1, \lambda x_2, \lambda x_3). \tag{0.3}$$

Die reelle Zahl

$$|\mathbf{x}| := \sqrt{\mathbf{x} \cdot \mathbf{x}} = \sqrt{(x_1)^2 + (x_2)^2 + (x_3)^2} \tag{0.4}$$

heißt *Norm* (auch *Betrag* oder *Länge* ) von $\mathbf{x} \in \mathbb{R}^3$. Hierfür gilt die *Dreiecksungleichung*

$$|\mathbf{x} + \mathbf{y}| \leq |\mathbf{x}| + |\mathbf{y}|. \tag{0.5}$$

Für $\mathbf{x}, \mathbf{y} \in \mathbb{R}^3$ heißt

$$d(\mathbf{x}, \mathbf{y}) := |\mathbf{x} - \mathbf{y}| \tag{0.6}$$

*(Euklidischer )Abstand* von $\mathbf{x}$ und $\mathbf{y}$. Sind $\mathbf{x}, \mathbf{y} \neq \mathbf{o}$, so heißt die durch

$$\cos \sphericalangle(\mathbf{x}, \mathbf{y}) := \frac{\mathbf{x} \cdot \mathbf{y}}{|\mathbf{x}||\mathbf{y}|} = \frac{x_1 y_1 + x_2 y_2 + x_3 y_3}{\sqrt{(x_1)^2 + (x_2)^2 + (x_3)^2}\sqrt{(y_1)^2 + (y_2)^2 + (y_3)^2}} \tag{0.7}$$

eindeutig bestimmte Zahl $\sphericalangle(\mathbf{x}, \mathbf{y}) \in [0, \pi]$ *Winkel* zwischen den Vektoren $\mathbf{x}$ und $\mathbf{y}$. Es gilt also

$$\sphericalangle(\mathbf{x}, \mathbf{y}) = \arccos \frac{\mathbf{x} \cdot \mathbf{y}}{|\mathbf{x}||\mathbf{y}|}.$$

Ist $\sphericalangle(\mathbf{x}, \mathbf{y}) = \frac{\pi}{2}$ bzw. $\mathbf{x} \cdot \mathbf{y} = 0$, so nennt man die Vektoren $\mathbf{x}$ und $\mathbf{y}$ *orthogonal* (in Zeichen $\mathbf{x} \perp \mathbf{y}$). Sind $\mathbf{x}$ und $\mathbf{y}$ darüber hinaus *Einheitsvektoren*, gilt also $|\mathbf{x}| = |\mathbf{y}| = 1$, so nennt man sie *orthonormal* . Die kanonische Basis (0.2) ist offenbar ein *Orthonormalsystem* bezüglich des Skalarproduktes (0.1).

Wir bezeichnen mit $\mathbb{R}^3$ auch den *dreidimensionalen Euklidischen Raum*. Er besteht aus Punkten und den Vektoren des Vektorraumes $\mathbb{R}^3$ mit dem Skalarprodukt (0.1). Die Punkte sind mit den Vektoren in folgender Weise verknüpft:
(1) Je zwei Punkte $P, X \in \mathbb{R}^3$ sind durch genau einen Vektor $\mathbf{x} \in \mathbb{R}^3$ verbunden, den wir mit $\overrightarrow{PX}$ bezeichnen.
(2) Zu jedem Punkt $P$ und zu jedem Vektor $\mathbf{x}$ gibt es genau einen Punkt $X$ mit $\overrightarrow{PX} = \mathbf{x}$.
(3) Für drei beliebige Punkte $P, Q, R$ gilt die Additionsregel $\overrightarrow{PQ} + \overrightarrow{QR} = \overrightarrow{PR}$.
Bezüglich eines ausgezeichneten Punktes $P = O \in \mathbb{R}^3$, dem *Ursprung* (auch *Nullpunkt*), heißt $\mathbf{x} = \overrightarrow{OX}$ der *Ortsvektor* des Punktes $X \in \mathbb{R}^3$. Entsprechend bezeichnen $\mathbf{a}, \mathbf{b}, \mathbf{p}, \mathbf{q}, \ldots$ die Ortsvektoren der Punkte $A, B, P, Q, \ldots$ des $\mathbb{R}^3$.

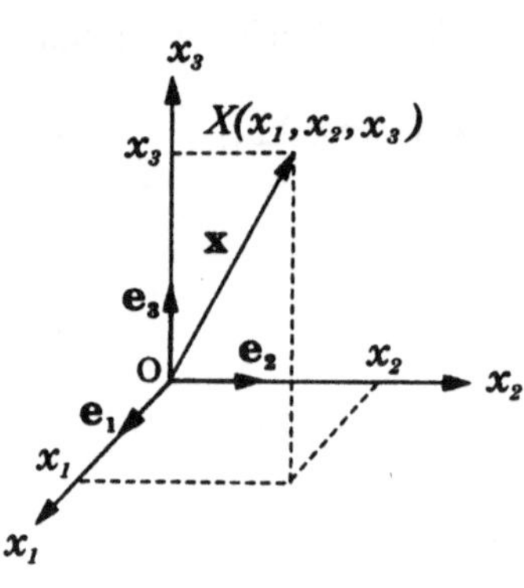


Abb. 0.1

Ein Paar $(O; \mathcal{B})$, bestehend aus dem Ursprung $O$ und einer Basis $\mathcal{B}$ des $\mathbb{R}^3$, heißt *Koordinatensystem* des $\mathbb{R}^3$. Dieses heißt *kartesisch*, falls $\mathcal{B}$ wie im Falle (0.2) ein Orthonormalsystem ist. Jeder Vektor

$$\mathbf{x} = \overrightarrow{OX} = x_1 \mathbf{e}_1 + x_2 \mathbf{e}_2 + x_3 \mathbf{e}_3 = (x_1, x_2, x_3)$$

und daher der entsprechende Punkt $X \in \mathbb{R}^3$ ist umkehrbar eindeutig durch *Koordinaten* $x_1, x_2, x_3$ charakterisiert. Wir schreiben daher gelegentlich $X(x_1, x_2, x_3)$ anstelle von $X = (x_1, x_2, x_3)$ (s. Abb. 0.1).

Im übrigen gilt für $P = (p_1, p_2, p_3)$ und $X = (x_1, x_2, x_3)$

$$\overrightarrow{PX} = (x_1 - p_1, x_2 - p_2, x_3 - p_3). \tag{0.8}$$

$\mathcal{B}$ kann auch schiefwinklig sein; die Koordinaten von $\mathbf{x} = \overrightarrow{OX}$ heißen dann *schiefwinklige Koordinaten*. Mit dem Vektorbegriff und den vektoriellen Verknüpfungen (0.3) kann man Punktmengen des $\mathbb{R}^3$ beschreiben.

**Beispiel 0.1** Für $\quad \mathbf{x} = (1, 2, -1), \quad \mathbf{y} = (0, -1, 3) \quad$ gilt $\quad \mathbf{x} = \mathbf{e}_1 + 2\mathbf{e}_2 - \mathbf{e}_3,$
$\mathbf{y} = -\mathbf{e}_2 + 3\mathbf{e}_3, \qquad -\mathbf{x} = (-1, -2, 1), \qquad \mathbf{x} + \mathbf{y} = (1, 1, 2), \qquad 2\mathbf{y} = (0, -2, 6),$
$\mathbf{x} - \mathbf{y} = (1, 3, -4), \quad |\mathbf{x}| = |-\mathbf{x}| = \sqrt{6}, \quad |\mathbf{y}| = \sqrt{10}, \quad \mathbf{x} \cdot \mathbf{y} = -5, \quad d(\mathbf{x}, \mathbf{y}) =$
$|\mathbf{x} - \mathbf{y}| = \sqrt{26}, \quad \cos \sphericalangle(\mathbf{x}, \mathbf{y}) = \frac{-5}{\sqrt{6} \cdot \sqrt{10}} = -\sqrt{\frac{5}{12}}, \quad \sphericalangle(\mathbf{x}, \mathbf{y}) \approx 130, 2^0.$

**Bemerkung 0.1** Es seien $\mathbf{x} = x_1\mathbf{e}_1 + x_2\mathbf{e}_2 + x_3\mathbf{e}_3 \neq \mathbf{o}$ und $\alpha_i = \sphericalangle(\mathbf{x}, \mathbf{e}_i)$ $(i = 1, 2, 3)$. Die Zahl $\cos \alpha_i$ heißt *Richtungskosinus* von $\mathbf{x}$ bezüglich $\mathbf{e}_i$. Wegen $\mathbf{x} \cdot \mathbf{e}_i = |\mathbf{x}| \cos \alpha_i = x_i$ gilt

$$\cos \alpha_i = \frac{x_i}{|\mathbf{x}|}, \quad (i = 1, 2, 3).$$

Die $i$-te Koordinate eines Einheitsvektors $\mathbf{e}$ ist folglich der Richtungskosinus von $\mathbf{e}$ bezüglich $\mathbf{e}_i$.

**Bemerkung 0.2** Da wir im folgenden auch vollständig in einer Ebene liegende Punktmengen studieren, betrachten wir anstelle des Euklidischen Raumes $\mathbb{R}^3$ gelegentlich die Euklidische Ebene $\mathbb{R}^2$. Punkte und Vektoren der Ebene werden durch zwei Koordinaten $x_1, x_2$ bezüglich eines kartesischen Koordinatensystems $(O; \mathbf{e}_1, \mathbf{e}_2)$ beschrieben. Alle obigen Aussagen über den $\mathbb{R}^3$ gelten dann analog für den $\mathbb{R}^2$ (s. Abb. 0.2, 0.3). Aus (0.4) - (0.7) folgt für $\mathbf{x} = (x_1, x_2), \mathbf{y} = (y_1, y_2) \in \mathbb{R}^2 \backslash \{\mathbf{o}\}$ insbesondere:

$$
\begin{array}{lll}
\textit{Länge von } \mathbf{x}: & |\mathbf{x}| = \sqrt{(x_1)^2 + (x_2)^2} & (\textit{Satz des Pythagoras}) \\
\textit{Abstand von } \mathbf{x} \textit{ und } \mathbf{y}: & |\mathbf{x} - \mathbf{y}| = \sqrt{(x_1 - y_1)^2 + (x_2 - y_2)^2} & \\
\textit{Winkel zwischen } \mathbf{x} \textit{ und } \mathbf{y}: & \sphericalangle(\mathbf{x}, \mathbf{y}) = \arccos \dfrac{x_1 y_1 + x_2 y_2}{\sqrt{(x_1)^2 + (x_2)^2}\sqrt{(y_1)^2 + (y_2)^2}} &
\end{array}
$$

**Bemerkung 0.3** Für Punkte oder Vektoren des $\mathbb{R}^2$ bzw. $\mathbb{R}^3$ werden wir später statt $(x_1, x_2)$ bzw. $(x_1, x_2, x_3)$ auch $(x, y)$ bzw. $(x, y, z)$ schreiben.

**Beispiel 0.2** Es seien $\mathbf{x} = (4, -2), \mathbf{y} = (3, 6) \in \mathbb{R}^2$. Dann gilt $\mathbf{x} = 4\mathbf{e}_1 - 2\mathbf{e}_2,$
$\mathbf{y} = 3\mathbf{e}_1 + 6\mathbf{e}_2, \quad \mathbf{x} - 2\mathbf{y} = (-2, -14) = -2(1, 7), \quad \mathbf{x} \cdot \mathbf{y} = 4 \cdot 3 - 2 \cdot 6 = 0, |\mathbf{x}| =$
$\sqrt{4^2 + (-2)^2} = \sqrt{20}, \quad d(\mathbf{x}, \mathbf{y}) = \sqrt{(4 - 3)^2 + (-2 - 6)^2} = \sqrt{65}, \quad |\mathbf{y}| = \sqrt{45},$
$\sphericalangle(\mathbf{x}, \mathbf{y}) = \frac{\pi}{2}.$ Die Vektoren $\mathbf{x}$ und $\mathbf{y}$ sind also orthogonal.

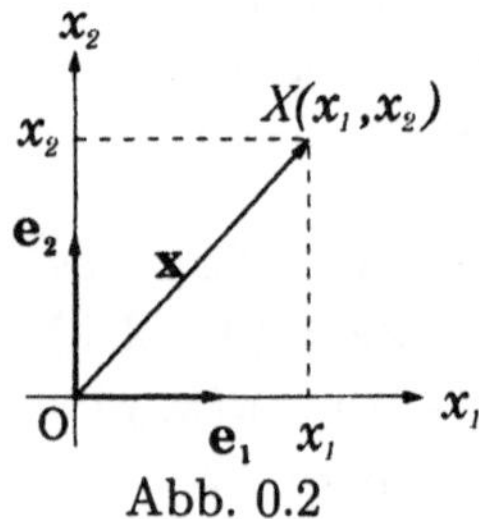

Abb. 0.2

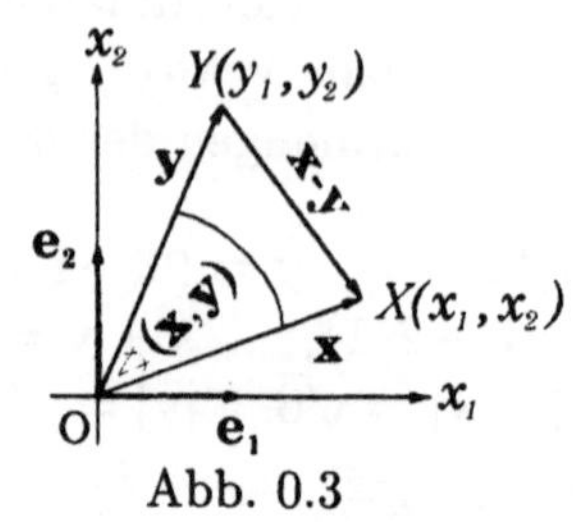

Abb. 0.3

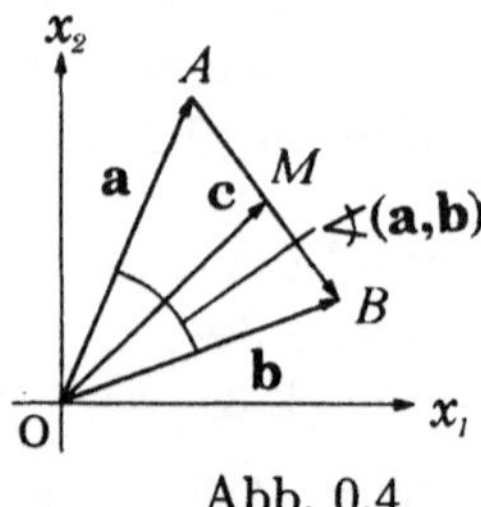

Abb. 0.4

**Beispiel 0.3** Im Dreieck OAB von Abb. 0.4 seien $\mathbf{a} = \overrightarrow{OA}$, $\mathbf{b} = \overrightarrow{OB}$, $\mathbf{c} = \mathbf{b} - \mathbf{a}$ und M der Mittelpunkt der Seite AB. Der Vektor $\overrightarrow{OM}$ läßt sich dann mit Hilfe von $\mathbf{a}$ und $\mathbf{b}$ wie folgt ausdrücken:

$$\overrightarrow{OM} = \mathbf{a} + \overrightarrow{AM} = \mathbf{a} + \frac{1}{2}\overrightarrow{AB} = \mathbf{a} + \frac{1}{2}(\mathbf{b} - \mathbf{a}) = \frac{1}{2}(\mathbf{a} + \mathbf{b}).$$

Ferner gilt der *Kosinussatz*

$$|\mathbf{c}|^2 = |\mathbf{a}|^2 + |\mathbf{b}|^2 - 2|\mathbf{a}||\mathbf{b}| \cos \sphericalangle(\mathbf{a}, \mathbf{b}).$$

**Bemerkung 0.4** Es sei $\mathbf{b}$ ein vom Nullvektor verschiedener Vektor. Unter der *skalaren Projektion von* $\mathbf{a}$ *auf* $\mathbf{b}$ versteht man den Skalar $P_b(\mathbf{a}) := \dfrac{\mathbf{a} \cdot \mathbf{b}}{|\mathbf{b}|}$. Die *Vektorprojektion* von $\mathbf{a}$ auf $\mathbf{b}$ ist dann der Vektor (s. Abb. 0.5, 0.6).

$$\mathbf{P_b}(\mathbf{a}) := P_b(\mathbf{a}) \cdot \frac{\mathbf{b}}{|\mathbf{b}|} = \frac{\mathbf{a} \cdot \mathbf{b}}{|\mathbf{b}|^2}\mathbf{b} \tag{0.9}$$

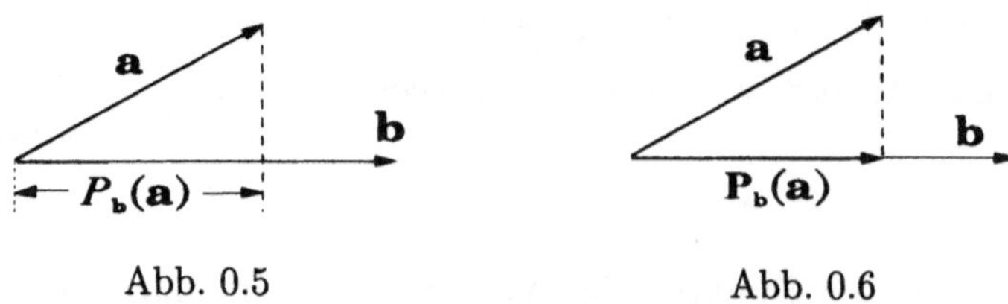

Abb. 0.5          Abb. 0.6

Der Vektor $\mathbf{a} - \mathbf{P_b}(\mathbf{a})$ steht senkrecht auf $\mathbf{b}$, denn es gilt

$$(\mathbf{a} - \mathbf{P_b}(\mathbf{a})) \cdot \mathbf{b} = \mathbf{a} \cdot \mathbf{b} - \frac{(\mathbf{a} \cdot \mathbf{b})(\mathbf{b} \cdot \mathbf{b})}{|\mathbf{b}|^2} = \mathbf{a} \cdot \mathbf{b} - \mathbf{a} \cdot \mathbf{b} = 0.$$

**Vektorprodukt im $\mathbb{R}^3$**

Das *Vektorprodukt* zweier Vektoren

$$\mathbf{a} = (a_1, a_2, a_3) \text{ und } \mathbf{b} = (b_1, b_2, b_3)$$

des $\mathbb{R}^3$ ist definiert durch

$$\mathbf{a} \times \mathbf{b} := \det \begin{pmatrix} a_2 & a_3 \\ b_2 & b_3 \end{pmatrix} \mathbf{e}_1 - \det \begin{pmatrix} a_1 & a_3 \\ b_1 & b_3 \end{pmatrix} \mathbf{e}_2 + \det \begin{pmatrix} a_1 & a_2 \\ b_1 & b_2 \end{pmatrix} \mathbf{e}_3. \tag{0.10}$$

Als Merkhilfe für diese Formel dient

$$\mathbf{a} \times \mathbf{b} = \det \begin{pmatrix} \mathbf{e}_1 & \mathbf{e}_2 & \mathbf{e}_3 \\ a_1 & a_2 & a_3 \\ b_1 & b_2 & b_3 \end{pmatrix}, \tag{0.11}$$

denn die Entwicklung dieser Determinante nach der ersten Zeile (s. [Eis]) ergibt gerade die Darstellung (0.10).

**Beispiel 0.4** Für $\mathbf{a} = (1, -1, 0)$, $\mathbf{b} = (0, 1, 2)$ erhält man

$$\mathbf{a} \times \mathbf{b} = \det \begin{pmatrix} \mathbf{e}_1 & \mathbf{e}_2 & \mathbf{e}_3 \\ 1 & -1 & 0 \\ 0 & 1 & 2 \end{pmatrix} = -2\mathbf{e}_1 - 2\mathbf{e}_2 + \mathbf{e}_3 = (-2, -2, 1).$$

**Bemerkung 0.5** Um graphisch die *Orientierung* einer Basis $\mathcal{B} = (\mathbf{e}_1, \mathbf{e}_2, \mathbf{e}_3)$ zu kennzeichnen, bezeichnet man $\mathcal{B}$ als ein *Rechtssystem* , wenn die Vektoren im Raum die gleichen Richtungen annehmen wie der Daumen und die jeweils gespreizten Zeige- und Mittelfinger der rechten Hand. Anderenfalls nennt man die Basis $\mathcal{B}$ ein *Linkssystem* . Wenn nichts anderes angegeben, sollen im folgenden alle Basen Rechtssysteme darstellen.

Das Vektorprodukt hat folgende Eigenschaften:

$$\begin{aligned}
|\mathbf{a} \times \mathbf{b}| &= |\mathbf{a}||\mathbf{b}| \sin \sphericalangle(\mathbf{a}, \mathbf{b}), \ (\mathbf{a} \times \mathbf{b}) \perp \mathbf{a}, \ (\mathbf{a} \times \mathbf{b}) \perp \mathbf{b} & (0.12) \\
\mathbf{a} \times \mathbf{b} &= -(\mathbf{b} \times \mathbf{a}) & (\textit{Antikommutativgesetz}) \\
\mathbf{a} \times (\mathbf{b} + \mathbf{c}) &= \mathbf{a} \times \mathbf{b} + \mathbf{a} \times \mathbf{c} & (\textit{Distributivgesetz}) \\
(\mathbf{a} \times \mathbf{b}) \cdot (\mathbf{c} \times \mathbf{d}) &= (\mathbf{a} \cdot \mathbf{c})(\mathbf{b} \cdot \mathbf{d}) - (\mathbf{a} \cdot \mathbf{d})(\mathbf{b} \cdot \mathbf{c}) & (\textit{Formel von Lagrange}) \\
|\mathbf{a} \times \mathbf{b}|^2 &= |\mathbf{a}|^2|\mathbf{b}|^2 - (\mathbf{a} \cdot \mathbf{b})^2 & (0.13) \\
\mathbf{a} \times (\mathbf{b} \times \mathbf{c}) &= (\mathbf{a} \cdot \mathbf{c})\mathbf{b} - (\mathbf{a} \cdot \mathbf{b})\mathbf{c}.
\end{aligned}$$

Aus (0.12) folgt, daß $\mathbf{a}$ und $\mathbf{b}$ genau dann linear abhängig sind, wenn $\mathbf{a} \times \mathbf{b} = \mathbf{o}$ gilt. Sind $\mathbf{a}$ und $\mathbf{b}$ nicht linear abhängig, dann ist $\mathbf{a} \times \mathbf{b}$ jener Vektor des $\mathbb{R}^3$ mit folgenden Eigenschaften:

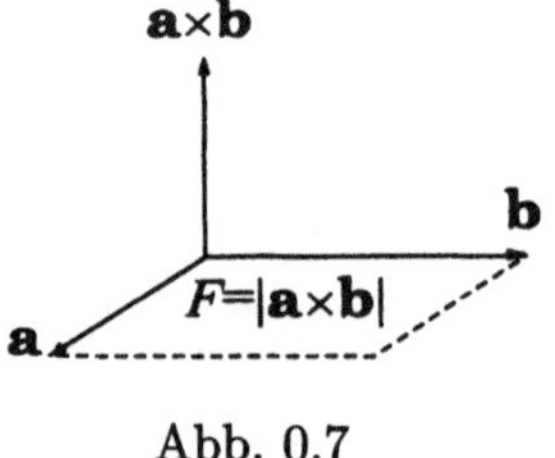

(1) $(\mathbf{a} \times \mathbf{b})$ steht senkrecht auf $\mathbf{a}$ und auf $\mathbf{b}$.

(2) $\mathbf{a}, \mathbf{b}, (\mathbf{a} \times \mathbf{b})$ ist ein Rechtssystem.

(3) $|\mathbf{a} \times \mathbf{b}|$ ist gleich dem Flächeninhalt F des von $\mathbf{a}$ und $\mathbf{b}$ aufgespannten Parallelogramms.

Abb. 0.7

Unter dem *Spatprodukt* der Vektoren $\mathbf{a}, \mathbf{b}, \mathbf{c} \in \mathbb{R}^3$ versteht man das gemischte Produkt

$$(\mathbf{abc}) := \mathbf{a} \cdot (\mathbf{b} \times \mathbf{c}). \tag{0.14}$$

Aus (0.1) und (0.11) folgt wiederum durch Entwicklung nach der ersten Zeile die Determinantendarstellung des Spatproduktes

$$(\mathbf{abc}) = \det \begin{pmatrix} a_1 & a_2 & a_3 \\ b_1 & b_2 & b_3 \\ c_1 & c_2 & c_3 \end{pmatrix}, \quad \text{falls} \quad \begin{aligned} \mathbf{a} &= (a_1, a_2, a_3) \\ \mathbf{b} &= (b_1, b_2, b_3) \\ \mathbf{c} &= (c_1, c_2, c_3) \end{aligned} . \tag{0.15}$$

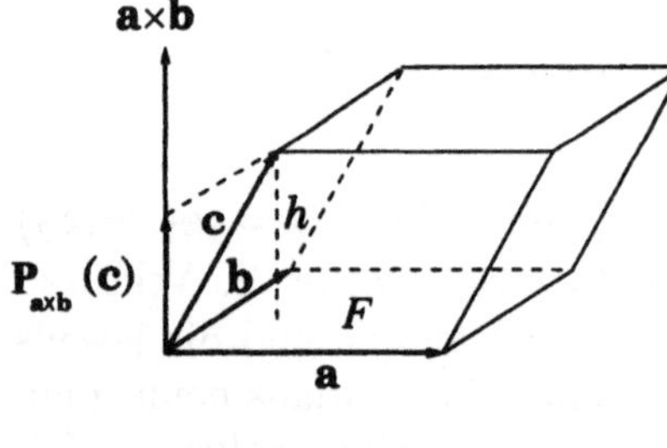

Der Betrag des Spatproduktes ist das Volumen des von den Vektoren $\mathbf{a}, \mathbf{b}, \mathbf{c}$ aufgespannten Spates (schiefes Prisma) mit dem aus den Vektoren $\mathbf{a}, \mathbf{b}$ gebildeten Parallelogramms als Grundfläche, wobei $F = |\mathbf{a} \times \mathbf{b}|$ und $P_{\mathbf{a} \times \mathbf{b}}(\mathbf{c}) = h$ sind (s. Abb. 0.8)

Abb. 0.8

**Beispiel 0.5** Für $\mathbf{a} = (1, -1, 0), \mathbf{b} = (0, 1, 2), \mathbf{c} = (1, 0, 3)$ erhält man aus (0.15)

$$(\mathbf{a}, \mathbf{b}, \mathbf{c}) = \det \begin{pmatrix} 1 & -1 & 0 \\ 0 & 1 & 2 \\ 1 & 0 & 3 \end{pmatrix} = 1.$$

**Bemerkung 0.6** G e r a d e n -  u n d  E b e n e n d a r s t e l l u n g e n . Es seien $\overset{0}{\mathbf{x}}, \overset{1}{\mathbf{a}}, \overset{2}{\mathbf{a}}$ drei Vektoren des $\mathbb{R}^3$, wobei $\overset{1}{\mathbf{a}}, \overset{2}{\mathbf{a}}$ linear unabhängig seien. Die *Gerade g* durch den Punkt $X^0$ (Endpunkt von $\overset{0}{\mathbf{x}}$) mit dem *Richtungsvektor* $\overset{1}{\mathbf{a}}$ hat die *Parametergleichung*

$$\mathbf{x} = \overset{0}{\mathbf{x}} + t\overset{1}{\mathbf{a}}, \qquad t \in \mathbb{R} \tag{0.16}$$

oder in Koordinatenschreibweise

$$x_1 = \overset{0}{x}_1 + t\overset{1}{a}_1, \quad x_2 = \overset{0}{x}_2 + t\overset{1}{a}_2, \quad x_3 = \overset{0}{x}_3 + t\overset{1}{a}_3, \qquad t \in \mathbb{R}.$$

Man sagt, der Vektor $\mathbf{x}$ *erzeuge* die Gerade, wenn der Parameter t die reelle Zahlengerade durchläuft (s. Abb. 0.9).

Die von $\overset{1}{\mathbf{a}}$ und $\overset{2}{\mathbf{a}}$ aufgespannte Ebene $\varepsilon$ durch den Punkt $X^0$ hat die *Parametergleichung*

$$\mathbf{x} = \overset{0}{\mathbf{x}} + \overset{1}{u}\,\overset{1}{\mathbf{a}} + \overset{2}{u}\,\overset{2}{\mathbf{a}}, \qquad \overset{1}{u}, \overset{2}{u} \in \mathbb{R}. \tag{0.17}$$

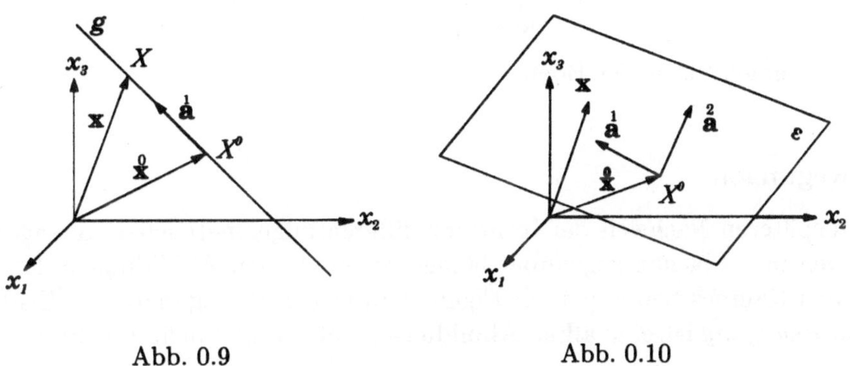


Abb. 0.9        Abb. 0.10

Wenn $\mathbf{n}$ ein vom Nullvektor verschiedener auf der Ebene $\varepsilon$ senkrecht stehender Vektor ist, so liegt $\mathbf{x}$ genau dann in der Ebene $\varepsilon$, wenn $\mathbf{x} - \overset{0}{\mathbf{x}}$ senkrecht auf $\mathbf{n}$ steht, wenn also gilt

$$(\mathbf{x} - \overset{0}{\mathbf{x}}) \cdot \mathbf{n} = 0, \tag{0.18}$$

oder in Koordinaten

$$(x_1 - \overset{0}{x}_1)n_1 + (x_2 - \overset{0}{x}_2)n_2 + (x_3 - \overset{0}{x}_3)n_3 = 0. \tag{0.19}$$

$\mathbf{n}$ heißt *Stellungsvektor* von $\varepsilon$; falls darüber hinaus $|\mathbf{n}| = 1$ ist, so heißt $\mathbf{n}$ *Normalenvektor* von $\varepsilon$. Normalenvektoren von $\varepsilon$ sind nach (0.12)

$$\pm \frac{\overset{1}{\mathbf{a}} \times \overset{2}{\mathbf{a}}}{|\overset{1}{\mathbf{a}} \times \overset{2}{\mathbf{a}}|}$$

(s. Abb. 0.10).

**Beispiel 0.6** Für $\overset{0}{\mathbf{x}} = (1,1,0)$, $\overset{1}{\mathbf{a}} = (2,0,3)$, $\overset{2}{\mathbf{a}} = (1,2,3)$ erhält man für die Gerade durch $\overset{0}{\mathbf{x}}$ mit Richtungsvektor $\overset{1}{\mathbf{a}}$:

$$\mathbf{x} = \overset{0}{\mathbf{x}} + t\overset{1}{\mathbf{a}} = (1 + 2t, 1, 3t), \quad t \in \mathbb{R},$$

und für die Ebene durch $\overset{0}{\mathbf{x}}$, die von $\overset{1}{\mathbf{a}}, \overset{2}{\mathbf{a}}$ aufgespannt wird

$$\mathbf{x} = \overset{0}{\mathbf{x}} + \overset{1}{u}\overset{1}{\mathbf{a}} + \overset{2}{u}\overset{2}{\mathbf{a}} = (1 + 2\overset{1}{u} + \overset{2}{u}, 1 + 2\overset{2}{u}, 3\overset{1}{u} + 3\overset{2}{u}), \quad \overset{1}{u}, \overset{2}{u} \in \mathbb{R}$$

oder $(\mathbf{x} - \overset{0}{\mathbf{x}}) \cdot \mathbf{n} = 0$, wobei

$$\mathbf{n} = \frac{\overset{1}{\mathbf{a}} \times \overset{2}{\mathbf{a}}}{|\overset{1}{\mathbf{a}} \times \overset{2}{\mathbf{a}}|} = \frac{1}{\sqrt{61}}(-6, -3, 4)$$

ein Normalenvektor der Ebene ist.

## Bewegungen

Zum späteren Nachweis der Invarianz differentialgeometrischer Aussagen über Kurven und Flächen gegenüber längentreuen, affinen Abbildungen des Euklidischen Raumes benötigen wir Eigenschaften von Bewegungen (s. [Eis]).
Eine *Bewegung* ist eine affine Abbildung $\mathbf{f} : \mathbb{R}^3 \to \mathbb{R}^3$, definiert durch [1])

$$\mathbf{x} \mapsto \tilde{\mathbf{x}} = \mathbf{f}(\mathbf{x}) = \mathbf{B}\mathbf{x} + \mathbf{c}, \tag{0.20}$$

wobei $\mathbf{c}$ ein fest gewählter Vektor und $\mathbf{B}$ eine orthogonale (3,3)-Matrix ist. Für eine orthogonale Matrix $\mathbf{B}$ gilt

$$\mathbf{B}^T = \mathbf{B}^{-1} \quad \text{oder} \quad \mathbf{B}^T\mathbf{B} = \mathbf{E}, \tag{0.21}$$

wobei $\mathbf{E}$ die (3,3)-Einheitsmatrix sei. Hieraus folgt $\det \mathbf{B} = \pm 1$. Falls $\mathbf{B} = (b_{ij})$ und $\mathbf{c} = (c_i)$, so ist

$$x_i \mapsto \tilde{x}_i = f_i(\mathbf{x}) = \sum_{j=1}^{3} b_{ij}x_j + c_i \qquad (i = 1, 2, 3) \tag{0.22}$$

die Koordinatenschreibweise von (0.20). Bezeichnet man den einem (Spalten-) Vektor $\mathbf{a}$ entsprechenden Zeilenvektor mit $\mathbf{a}^T$, so gilt in Matrizenschreibweise

$$|\mathbf{a}| = \sum_{i=1}^{3} (a_i)^2 = \mathbf{a}^T \cdot \mathbf{a},$$

---

[1]) In diesem Abschnitt denken wir uns $\mathbf{x}$ als Spaltenvektor geschrieben.

also wegen (0.21) für beliebige $\mathbf{x}, \mathbf{x}' \in \mathbb{R}^3$

$$
\begin{aligned}
|\tilde{\mathbf{x}} - \tilde{\mathbf{x}}'|^2 &= |(\mathbf{Bx} + \mathbf{c}) - (\mathbf{Bx}' + \mathbf{c})|^2 = |\mathbf{B}(\mathbf{x} - \mathbf{x}')|^2 \\
&= (\mathbf{B}(\mathbf{x} - \mathbf{x}'))^T (\mathbf{B}(\mathbf{x} - \mathbf{x}')) \\
&= (\mathbf{x} - \mathbf{x}')^T \mathbf{B}^T \mathbf{B} (\mathbf{x} - \mathbf{x}') \\
&= (\mathbf{x} - \mathbf{x}')^T (\mathbf{x} - \mathbf{x}') = |\mathbf{x} - \mathbf{x}'|^2 .
\end{aligned}
$$

Folglich ist jede Bewegung eine *Isometrie* (oder eine *längentreue* Abbildung) des $\mathbb{R}^3$, d.h., es gilt für alle $\mathbf{x}, \mathbf{x}' \in \mathbb{R}^3$

$$
|\mathbf{f}(\mathbf{x}) - \mathbf{f}(\mathbf{x}')| = |\mathbf{x} - \mathbf{x}'| .
$$

Umgekehrt kann man zeigen, daß jede Isometrie des $\mathbb{R}^3$ eine Bewegung ist (s. [Gra]).

Der Wechsel von einem kartesischen Koordinatensystem $(O; \mathbf{e}_1, \mathbf{e}_2, \mathbf{e}_3)$ zu einem anderen kartesischen Koordinatensystem $(O^*; \mathbf{e}_1^*, \mathbf{e}_2^*, \mathbf{e}_3^*)$ kann stets durch eine Bewegung beschrieben werden (s. [Eis]). Eine Bewegung heißt *orientierungstreu* oder *eigentlich*, falls $\det \mathbf{B} = +1$ gilt, andernfalls, d.h. für $\det \mathbf{B} = -1$, heißt die Bewegung *orientierungsumkehrend* oder *uneigentlich*. Bei orientierungstreuen Bewegungen gehen Rechtssysteme wieder in Rechtssysteme über; bei orientierungsumkehrenden Bewegungen gehen Rechtssysteme in Linkssysteme über und umgekehrt. Die Bewegungen bilden bezüglich der Komposition von Abbildungen eine Gruppe.

*Spezialfälle von Bewegungen* : Die sich für $\mathbf{B} = \mathbf{E}$ ergebende Bewegungsgleichung $\tilde{\mathbf{x}} = \mathbf{x} + \mathbf{c}$ beschreibt eine *Parallelverschiebung*.

Falls $\det \mathbf{B} = +1$ und $\mathbf{c} = \mathbf{o}$, so liegt eine *Drehung* um eine durch den Ursprung verlaufende Gerade vor (s. [Eis]).

Der allgemeine Fall einer orientierungstreuen Bewegung ist die *Schraubung* , d.h. eine Komposition einer Drehung um eine Achse und einer Parallelverschiebung längs der Drehachse.

Für $\det \mathbf{B} = -1$ erhält man unterschiedliche Spiegelungstypen.

**Beispiel 0.7** Die zur orthogonalen Matrix

$$
\mathbf{B} = \begin{pmatrix} \cos\varphi & \sin\varphi & 0 \\ -\sin\varphi & \cos\varphi & 0 \\ 0 & 0 & 1 \end{pmatrix}
$$

und zu $\mathbf{c} = \mathbf{o}$ gehörende Bewegung $\tilde{\mathbf{x}} = \mathbf{Bx}$ stellt im $\mathbb{R}^3$ eine Drehung um die $x_3$-Achse mit dem Winkel $\varphi$ dar.

**Bemerkung 0.7** Analog definiert man Bewegungen im $\mathbb{R}^2$, indem man die orthogonalen (3,3)-Matrizen durch orthogonale (2,2)-Matrizen ersetzt.

## 0.2 Vektorfunktionen

Die algebraischen Operationen im $\mathbb{R}^3$ sind für die Differentialgeometrie noch unzureichend. Kurven und Flächen im $\mathbb{R}^3$ werden durch Vektorfunktionen einer oder zweier Variabler (s. [HRS], [Heu], [Zei]) beschrieben. Wir benötigen insbesondere Regeln für die Ableitungen solcher Funktionen und für die Beziehungen zwischen der Differentiation und den algebraischen Operationen.

### Vektorfunktionen einer reellen Variablen

Wird jeder reellen Zahl $t$ eines Intervalls $I \subseteq \mathbb{R}$ ein Vektor $\mathbf{x}(t) \in \mathbb{R}^3$ zugeordnet, dann heißt $\mathbf{x} : I \to \mathbb{R}^3$ eine *Vektorfunktion der reellen Variablen $t$.*Die Variable $t$ wird auch *Parameter* genannt.Trägt man $\mathbf{x}(t)$ für $t \in I$ im Ursprung O eines kartesischen Koordinatensystems an, dann liegen die Endpunkte von $\mathbf{x}(t)$ im allgemeinen auf einer *Raumkurve* . Deutet man $t$ als Zeit, dann beschreibt $\mathbf{x}(t)$ die *Bahnkurve* eines Massenpunktes. Nach den Ausführungen von Kapitel 0.1 sind durch $\mathbf{x}(t)$ vermöge

$$\mathbf{x}(t) = (x_1(t), x_2(t), x_3(t)) = x_1(t)\mathbf{e}_1 + x_2(t)\mathbf{e}_2 + x_3(t)\mathbf{e}_3 \qquad (0.23)$$

drei skalare *Koordinatenfunktionen* $x_i : I \to \mathbb{R}, \quad i = 1, 2, 3$, eindeutig festgelegt. Umgekehrt ist natürlich auch durch drei skalare Funktionen $x_i : I \to \mathbb{R}^3, \quad i = 1, 2, 3$, mit einem gemeinsamen Definitionsbereich $I$ vermöge (0.23) eine Vektorfunktion $\mathbf{x} : I \to \mathbb{R}$ definiert.

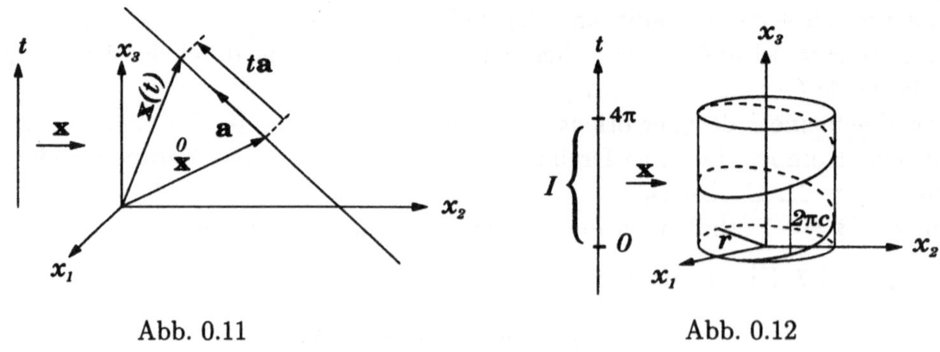


Abb. 0.11                                      Abb. 0.12

**Beispiel 0.8** Für $\overset{0}{\mathbf{x}}, \mathbf{a} \in \mathbb{R}^3$ mit $\mathbf{a} \neq \mathbf{o}$    sei (s. Bemerkung 0.6)

$$\mathbf{x} : t \mapsto \mathbf{x}(t) = \overset{0}{\mathbf{x}} + t\mathbf{a}, \quad t \in I = \mathbb{R}. \qquad (0.24)$$

Die skalaren Koordinatenfunktionen sind

$$x_i(t) = \overset{0}{x}_i + ta_i \quad (i = 1, 2, 3), t \in \mathbb{R}.$$

Die Bildmenge $\mathbf{x}(I) := \{\mathbf{x}(t)|t \in I\}$ ist die Gerade durch den Endpunkt von $\overset{0}{\mathbf{x}}$ mit dem Richtungsvektor $\mathbf{a}$ (s. Abb. 0.11)

**Beispiel 0.9** Zu vorgegebenen positiven reellen Zahlen $r, c$ sei

$$\mathbf{x} : t \mapsto \mathbf{x}(t) = (r\cos t, r\sin t, ct), \quad t \in I = [0, 4\pi]. \tag{0.25}$$

Die Koordinatenfunktionen sind also

$$x_1(t) = r\cos t, \quad x_2(t) = r\sin t, \quad x_3(t) = ct, \quad t \in I.$$

Die Projektion von $\mathbf{x}(t)$ in die $(x_1, x_2)$-Ebene (setze $c = 0$) liegt wegen

$$(x_1(t))^2 + (x_2(t))^2 = r^2(\cos^2 t + \sin^2 t) = r^2$$

auf einem Kreis mit dem Mittelpunkt $O$ und dem Radius $r$. Der Vektor $\mathbf{x}(t)$ liegt für jedes $t$ auf einem Zylinder vom Radius $r$, für den die $x_3$-Achse die Zylinderachse ist. Die durch (0.25) beschriebene Raumkurve gleicht einer auf dem Zylinder liegenden Sprungfeder. Sie heißt *Schraubenlinie* mit dem *Radius r* und der *Ganghöhe* $2\pi c$. Bei Durchlauf eines $2\pi$-Intervalles von $I$ erhält man gerade eine Windung (s. Abb. 0.12).

**Grenzwerte und Stetigkeit.** Der Vektor $\mathbf{a} = (a_1, a_2, a_3)$ heißt *Grenzwert* von $\mathbf{x}(t) = (x_1(t), x_2(t), x_3(t))$ für $t \to t_0$ (in Zeichen $\lim\limits_{t \to t_0} \mathbf{x}(t) = \mathbf{a}$), wenn gilt $\lim\limits_{t \to t_0} |\mathbf{x}(t) - \mathbf{a}| = 0$ (s. [HRS]).[2]) Speziell heißt $\mathbf{x}(t)$ in $t_0$ stetig, wenn $\lim\limits_{t \to t_0} \mathbf{x}(t) = \mathbf{x}(t_0)$ gilt. Gleichbedeutend mit der Stetigkeit von $\mathbf{x}(t)$ in $t_0$ ist die Stetigkeit der Koordinatenfunktionen $x_i(t)$ in $t_0$, $(i = 1, 2, 3)$.

**Differentiation.** Existiert der Grenzwert

$$\frac{d\mathbf{x}}{dt}(t_0) := \lim_{t \to t_0} \frac{\mathbf{x}(t) - \mathbf{x}(t_0)}{t - t_0},$$

dann heißt $\frac{d\mathbf{x}}{dt}(t_0)$ die *erste Ableitung* von $\mathbf{x}(t)$ für $t = t_0$. Man schreibt auch $\mathbf{x}'(t_0)$ (s. [HRS], [Heu]). Gleichbedeutend mit der Differenzierbarkeit von $\mathbf{x}(t)$ ist die Differenzierbarkeit der Koordinatenfunktionen $x_i(t)$, $(i = 1, 2, 3)$. In diesem Falle gilt

$$\mathbf{x}'(t) = (x_1'(t), x_2'(t), x_3'(t)). \tag{0.26}$$

Deutet man $t$ als Zeit und $\mathbf{x}(t)$ als Bahnkurve eines Massenpunktes, dann ist $\mathbf{x}'(t)$ sein *Geschwindigkeitsvektor*.

---

[2]) Anstelle von $\mathbf{x} : t \mapsto \mathbf{x}(t)$ schreiben wir im folgenden gelegentlich der Einfachheit halber nur $\mathbf{x}(t)$.

Sind $\mathbf{u}, \mathbf{v}$ und $f$ differenzierbare Funktionen von $t$, dann gelten die *Differentiationsregeln* (s. [HRS], [Heu])

$$\begin{aligned}
(\mathbf{u} + \mathbf{v})' &= \mathbf{u}' + \mathbf{v}' & (f\mathbf{u})' &= f\mathbf{u}' + f'\mathbf{u} & (0.27) \\
(\mathbf{u} \cdot \mathbf{v})' &= \mathbf{u} \cdot \mathbf{v}' + \mathbf{u}' \cdot \mathbf{v} & (\mathbf{u} \times \mathbf{v})' &= \mathbf{u} \times \mathbf{v}' + \mathbf{u}' \times \mathbf{v}. & (0.28)
\end{aligned}$$

*Kettenregel:* Sind $\mathbf{x}(t)$ nach $t$ und $t(\Theta)$ nach $\Theta$ differenzierbar, dann ist $\mathbf{x}(t(\Theta))$ nach $\Theta$ differenzierbar, und es gilt

$$\frac{d}{d\Theta}\mathbf{x}(t(\Theta)) = \frac{d\mathbf{x}}{dt}(t(\Theta)) \cdot \frac{dt}{d\Theta}(\Theta). \tag{0.29}$$

Eine Vektorfunktion $\mathbf{x}(t)$ heißt in einem abgeschlossenen Intervall $[a, b] \subset \mathbb{R}$ differenzierbar, wenn $\mathbf{x}(t)$ für alle $t \in (a, b)$ differenzierbar ist und in $t = a, t = b$ die einseitigen Grenzwerte der Ableitungen existieren. $\mathbf{x}(t)$ heißt in einem Intervall $I \subseteq \mathbb{R}$ *stückweise differenzierbar*, wenn sich $I$ in endlich viele Teilintervalle $I_1, \cdots, I_k$ zerlegen läßt, so daß $\mathbf{x}(t)$ in jedem Teilintervall $I_\nu, \nu = 1, \cdots k$, differenzierbar ist.

**Bemerkung 0.8** Ist $\mathbf{x}(t)$ eine differenzierbare Vektorfunktion mit $|\mathbf{x}(t)| = 1$, so gilt $\mathbf{x}(t) \perp \mathbf{x}'(t)$, denn aus (0.28) folgt

$$\frac{d}{dt}|\mathbf{x}(t)|^2 = \frac{d}{dt}(\mathbf{x}(t) \cdot \mathbf{x}(t)) = 2\mathbf{x}(t) \cdot \mathbf{x}'(t) = 0.$$

**Bemerkung 0.9** Ist $\mathbf{x} : I \to \mathbb{R}^3$ eine stetig differenzierbare Vektorfunktion mit $\mathbf{x}'(t_0) \neq \mathbf{o}$ für $t_0 \in I$, dann gibt es eine Umgebung $U_\delta(t_0)$, so daß die Funktion $\mathbf{x} : U_\delta(t_0) \to \mathbb{R}^3$ injektiv [3]) ist. Man sagt in diesem Falle, die Funktion $\mathbf{x}$ sei *lokal (im Kleinen) injektiv*. Sei etwa $x_1'(t_0) \neq 0$, dann existiert wegen der Stetigkeit von $x_1'(t)$ eine Umgebung $U_\delta(t_0)$, in der $x_1(t)$ streng monoton und somit $\mathbf{x} : U_\delta(t_0) \to \mathbb{R}^3$ injektiv ist.

Faßt man die erste Ableitung $\mathbf{x}' : I \to \mathbb{R}^3$ wieder als Vektorfunktion auf, dann bezeichnet man die Ableitung von $\mathbf{x}'$ mit $\frac{d^2\mathbf{x}}{dt^2}$ oder $\mathbf{x}'', \mathbf{x}^{(2)}$. Es gilt wieder $\mathbf{x}''(t) = (x_1''(t), x_2''(t), x_3''(t))$. Analog werden die dritte, vierte, $\cdots$, $n$-te Ableitung erklärt. Eine Vektorfunktion $\mathbf{x} : I \to \mathbb{R}^3$ heißt $C^\infty$-Funktion, wenn sie auf $I$ Ableitungen beliebig hoher Ordnung besitzt. Dies ist genau dann der Fall, wenn alle Koordinatenfunktionen $x_i$, $i = 1, 2, 3$, $C^\infty$-Funktionen auf $I$ sind. Für $n \in \mathbb{N}$, $t, t_0 \in I$ gilt dann die *Taylorsche Formel*

$$\mathbf{x}(t) = \sum_{k=0}^{n} \mathbf{x}^{(k)}(t_0)\frac{(t - t_0)^k}{k!} + \mathbf{R}_{n+1}(t, t_0), \tag{0.30}$$

---

[3]) Eine Funktion $t \mapsto g(t)$ heißt injektiv oder eineindeutig, wenn aus $g(t_1) = g(t_2)$ folgt $t_1 = t_2$.

wobei das Restglied in $I = [a, b]$ der Abschätzung

$$|\mathbf{R}_{n+1}(t, t_0)| \leq \frac{|t - t_0|^{n+1}}{(n+1)!} \sup_{s \in I} |\mathbf{x}^{(n+1)}(s)|$$

genügt (s. [GZZZ]).

**Beispiel 0.10** Die in Beispiel 0.9 betrachtete Vektorfunktion

$$\mathbf{x} : I \to \mathbb{R}^3 \quad \text{mit} \quad \mathbf{x}(t) = (r\cos t, r\sin t, ct), \quad t \in I = [0, 4\pi], \quad r, c > 0$$

hat folgende Eigenschaften:

1.  $\mathbf{x}$ hat in $I$ Ableitungen beliebig hoher Ordnung, ist also eine $C^\infty$-Funktion, da die Koordinatenfunktionen $x_1(t) = r\cos t$, $x_2(t) = r\sin t$, $x_3(t) = ct$ diese Eigenschaft haben. Dann ist $\mathbf{x}$ in $I$ auch stetig. Es gilt insbesondere

$$\mathbf{x}'(t) = (-r\sin t, r\cos t, c), \quad \mathbf{x}''(t) = (-r\cos t, -r\sin t, 0). \quad (0.31)$$

2.  $\mathbf{x}$ ist eine injektive Abbildung von $[0, 4\pi]$ auf die Schraubenlinie $\mathbf{x}([0, 4\pi])$.

### Vektorfunktionen von zwei reellen Variablen

Wird jedem $\mathbf{u} = (u^1, u^2)$ einer Teilmenge $U$ des $\mathbb{R}^2$ ein Vektor $\mathbf{x}(u^1, u^2) \in \mathbb{R}^3$ zugeordnet, dann heißt $\mathbf{x} : U \to \mathbb{R}^3$ eine *Vektorfunktion der beiden Variablen* $u^1, u^2$. Durch $\mathbf{x}(u^1, u^2)$ sind vermöge

$$\begin{aligned}
\mathbf{x}(u^1, u^2) &= (x_1(u^1, u^2), x_2(u^1, u^2), x_3(u^1, u^2)) \\
&= x_1(u^1, u^2)\mathbf{e}_1 + x_2(u^1, u^2)\mathbf{e}_2 + x_3(u^1, u^2)\mathbf{e}_3 \quad (0.32)
\end{aligned}$$

drei skalare *Koordinatenfunktionen* $x_i : U \to \mathbb{R}$, $i = 1, 2, 3$, definiert. Umgekehrt ist durch drei skalare Funktionen $x_i : U \to \mathbb{R}$, $i = 1, 2, 3$, mit einem gemeinsamen Definitionsbereich $U \subset \mathbb{R}^2$ vermöge (0.32) eine Vektorfunktion $\mathbf{x} : U \to \mathbb{R}^3$ festgelegt. Wir benutzen eine der folgenden Schreibweisen für die Vektorfunktion $\mathbf{x}$:

(a)  $\mathbf{x} : U \to \mathbb{R}^3$,  (d)  $\mathbf{x}(\mathbf{u})$, $\mathbf{u} \in U$,
(b)  $\mathbf{x}(u^1, u^2)$, $(u^1, u^2) \in U$,  (e)  $x_i(u^1, u^2)$, $i = 1, 2, 3$, $(u^1, u^2) \in U$,
(c)  $\mathbf{u} \mapsto \mathbf{x}(\mathbf{u})$, $\mathbf{u} \in U$,  (f)  $x_i(\mathbf{u})$, $i = 1, 2, 3$, $\mathbf{u} \in U$.

**Beispiel 0.11** Für $\overset{0}{\mathbf{x}}, \overset{1}{\mathbf{a}}, \overset{2}{\mathbf{a}} \in \mathbb{R}^3$ mit linear unabhängigen Vektoren $\overset{1}{\mathbf{a}}, \overset{2}{\mathbf{a}}$ sei (s. Bemerkung 0.6)

$$\mathbf{x} : (u^1, u^2) \mapsto \mathbf{x}(u^1, u^2) = \overset{0}{\mathbf{x}} + u^1\overset{1}{\mathbf{a}} + u^2\overset{2}{\mathbf{a}}, \quad (u^1, u^2) \in U = \mathbb{R}^2. \quad (0.33)$$

Die skalaren Koordinatenfunktionen sind

$$x_i(u^1, u^2) = \overset{0}{x}_i + u^1 \overset{1}{a}_i + u^2 \overset{2}{a}_i, \quad (u^1, u^2) \in U.$$

Die Bildmenge

$$\mathbf{x}(U) := \{\mathbf{x}(u^1, u^2) | (u^1, u^2) \in U\}$$

ist die von $\overset{1}{\mathbf{a}}$ und $\overset{2}{\mathbf{a}}$ aufgespannte Ebene durch $\overset{0}{\mathbf{x}}$ (s. Abb. 0.13).

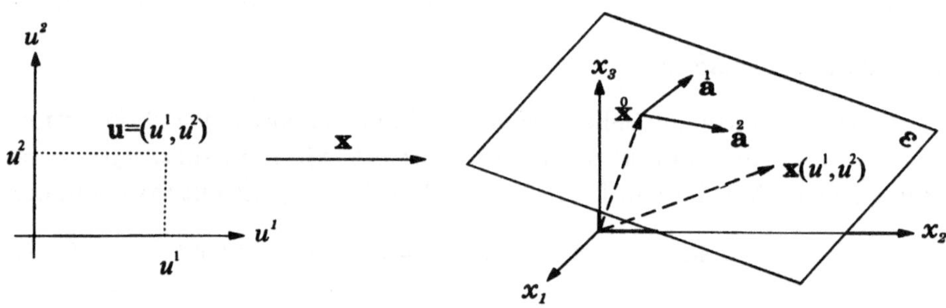

Abb. 0.13

**Beispiel 0.12** Für $r > 0$ seien

$$\mathbf{x}(u^1, u^2) = (r \cos u^1 \sin u^2, r \sin u^1 \sin u^2, r \cos u^2),$$
$$(u^1, u^2) \in U = \{(u^1, u^2) \in \mathbb{R}^2 | 0 \leq u^1 \leq 2\pi, \quad 0 \leq u^2 \leq \pi\}. \tag{0.34}$$

Die Koordinatenfunktionen sind

$$x_1(u^1, u^2) = r \cos u^1 \sin u^2, \quad x_2(u^1, u^2) = r \sin u^1 \sin u^2, \quad x_3(u^1, u^2) = r \cos u^2.$$

Für alle $\mathbf{u} \in U$ gilt $|\mathbf{x}(\mathbf{u})|^2 = \sum_{i=1}^{3}(x_i(\mathbf{u}))^2 = r^2$. Durch (0.34) wird eine *Sphäre (Kugelfläche)* $S_r(0)$ mit dem Mittelpunkt O und dem Radius $r$ beschrieben. Es gilt also $\mathbf{x}(U) = S_r(0)$. Für jedes feste $u^2$, d.h. $u^2 = u_0^2$, erhält man den entsprechenden zur $(x_1, x_2)$-Ebene parallelen Breitenkreis von $S_r(0)$ mit dem Radius $r \sin u_0^2$. Hält man dagegen $u^1$ fest, setzt man also $u^1 = u_0^1$, so bekommt man den entsprechenden Längenkreis von $S_r(0)$ (s. Abb. 0.14). $u^1$ ist der Winkel zwischen dem Vektor $(r \cos u^1 \sin u^2, r \sin u^1 \sin u^2, 0)$ und der $x_1$-Achse; $u^2$ ist der Winkel zwischen dem Vektor $\mathbf{x}(u^1, u^2)$ und der $x_3$-Achse (s. Abb. 0.14).

Es sei $\mathbf{x} : U \to \mathbb{R}^3$ eine Vektorfunktion, deren Definitionsbereich $U$ eine offene Menge des $\mathbb{R}^2$ sei, d.h., mit jedem $\mathbf{u}_0$ enthalte $U$ einen Kreis mit dem Mittelpunkt $\mathbf{u}_0$. Grenzwert und Stetigkeit definiert man wie bei Vektorfunktionen einer Variablen.

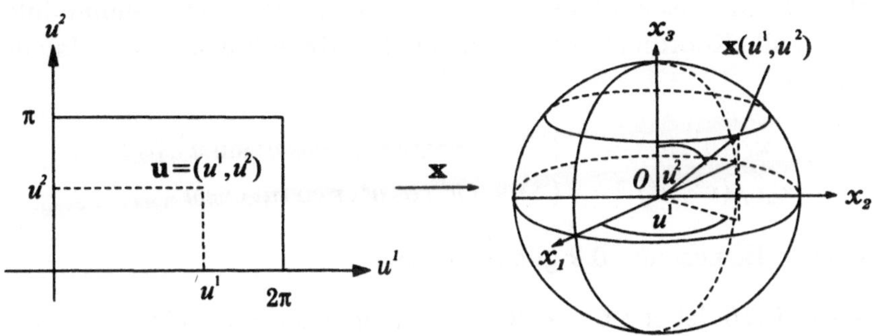

Abb. 0.14

Die Vektorfunktion $\mathbf{x}(\mathbf{u})$ hat in $\mathbf{u}_0 \in U$ den *Grenzwert* $\mathbf{a}$ (bzw. ist in $\mathbf{u}_0$ *stetig)*, wenn dies für alle Koordinatenfunktionen $x_i(\mathbf{u})$ zutrifft (s. [HRS], [Heu]).

**Differenzierbarkeit.** Eine Vektorfunktion $\mathbf{x}(u^1, u^2)$ heißt *in* $(u_0^1, u_0^2) \in U$ *differenzierbar*, wenn alle Koordinatenfunktionen $x_i(u^1, u^2)$, $i = 1, 2, 3$, in $(u_0^1, u_0^2)$ differenzierbar sind, wenn also jede Funktion $x_i(u^1, u^2)$ nach beiden Variablen $u^1, u^2$ partiell differenzierbar ist (s. [HRS]). In diesem Falle existieren also alle partiellen Ableitungen in $\mathbf{u}_0 = (u_0^1, u_0^2)$ :

$$\frac{\partial x_i}{\partial u^k}(\mathbf{u}_0), \quad i = 1, 2, 3, \quad k = 1, 2.$$

$\mathbf{x} : U \to \mathbb{R}^3$ heißt *differenzierbar*, wenn $\mathbf{x}$ für alle $\mathbf{u}_0 \in U$ differenzierbar ist. $\mathbf{x}$ heißt in $\mathbf{u}_o \in U$ *stetig differenzierbar*, wenn alle partiellen Ableitungen von $\mathbf{x}$ in $\mathbf{u}_0$ stetig sind. Wir benutzen die Schreibweise:

$$\mathbf{x}_{u^k}(\mathbf{u}_0) := \left( \frac{\partial x_1}{\partial u^k}(\mathbf{u}_0), \frac{\partial x_2}{\partial u^k}(\mathbf{u}_0), \frac{\partial x_3}{\partial u^k}(\mathbf{u}_0) \right), \quad k = 1, 2. \tag{0.35}$$

Die $(2, 3)$-Matrix

$$J_{\mathbf{x}}(\mathbf{u}_0) := \begin{pmatrix} \dfrac{\partial x_1}{\partial u^1}(\mathbf{u}_0) & \dfrac{\partial x_2}{\partial u^1}(\mathbf{u}_0) & \dfrac{\partial x_3}{\partial u^1}(\mathbf{u}_0) \\[2mm] \dfrac{\partial x_1}{\partial u^2}(\mathbf{u}_0) & \dfrac{\partial x_2}{\partial u^2}(\mathbf{u}_0) & \dfrac{\partial x_3}{\partial u^2}(\mathbf{u}_0) \end{pmatrix} = \begin{pmatrix} \mathbf{x}_{u^1} \\ \mathbf{x}_{u^2} \end{pmatrix}(\mathbf{u}_0) \tag{0.36}$$

heißt *Jacobische Matrix* oder *Funktionalmatrix* von $\mathbf{x}$ in $\mathbf{u}_0$ (s. [HRS]). Eine Vektorfunktion $\mathbf{x} : U \to \mathbb{R}^3$ heißt in $\mathbf{u}_0 \in U$ zweimal differenzierbar, wenn die ersten partiellen Ableitungen von $\mathbf{x}$ existieren und in $\mathbf{u}_0$ differenzierbar sind. Bezeichnung:

$$\frac{\partial^2 \mathbf{x}}{\partial u^i \partial u^k}(\mathbf{u}_0) \quad \text{oder} \quad \mathbf{x}_{u^i u^k}(\mathbf{u}_0).$$

**Beispiel 0.13** Die Vektorfunktion (0.34) ist in $(u^1, u^2) \in U$ zweimal differenzierbar, denn alle Koordinatenfunktionen haben diese Eigenschaft. Man erhält beispielsweise

$$\begin{aligned}
\mathbf{x}_{u^1}(u^1, u^2) &= (-r\sin u^1 \sin u^2, r\cos u^1 \sin u^2, 0) \\
\mathbf{x}_{u^1 u^2}(u^1, u^2) &= (-r\sin u^1 \cos u^2, r\cos u^1 \cos u^2, 0).
\end{aligned}$$

In Analogie zu Bemerkung 0.9 gilt (s. [HRS]):

**Bemerkung 0.10** Ist $\mathbf{x} : U \to \mathbb{R}^3$ eine differenzierbare Vektorfunktion mit Rang $J_{\mathbf{x}}(\mathbf{u}_0) = 2$ für $\mathbf{u}_0 \in U$, dann gibt es eine Umgebung $U_\delta(\mathbf{u}_0)$, so daß die Funktion $\mathbf{x} : U_\delta(\mathbf{u}_0) \to \mathbb{R}^3$ injektiv ist. $\mathbf{x}$ ist in diesem Falle *lokal umkehrbar* (s. [HRS]).

**Beispiel 0.14** Die durch (0.33) definierte Vektorfunktion (s. Beispiel 0.11) ist in $U = \mathbb{R}^2$ differenzierbar, denn alle Koordinatenfunktionen haben diese Eigenschaft, und ihre Ableitungen sind von $\mathbf{u}_0$ unabhängig. Es gilt:

$$\mathbf{x}_{u^1}(\mathbf{u}_0) = \overset{1}{\mathbf{a}}, \quad \mathbf{x}_{u^2}(\mathbf{u}_0) = \overset{2}{\mathbf{a}}, \quad J_{\mathbf{x}}(\mathbf{u}_0) = \begin{pmatrix} \overset{1}{a_1} & \overset{1}{a_2} & \overset{1}{a_3} \\ \overset{2}{a_1} & \overset{2}{a_2} & \overset{2}{a_3} \end{pmatrix}.$$

Da $\mathbf{a}, \mathbf{b}$ linear unabhängig sind, ist Rang $J_{\mathbf{x}}(\mathbf{u}_0) = 2$. Folglich ist $\mathbf{x}$ lokal injektiv. Offenbar ist $\mathbf{x} : \mathbb{R}^2 \to \mathbb{R}^3$ sogar global injektiv.

**Bemerkung 0.11** Die Aussagen über Vektorfunktionen mit einem im $\mathbb{R}^3$ liegenden Wertevorrat gelten entsprechend für einen im $\mathbb{R}^2$ liegenden Wertevorrat, wenn man in $\mathbf{x}(t)$ bzw. $\mathbf{x}(u^1, u^2)$ jeweils die dritte Koordinatenfunktion $x_3$ streicht.

**Beispiel 0.15** Für $r > 0$ wird durch

$$\begin{aligned}
&x_1(r, \varphi) = r\cos\varphi, \ x_2(r, \varphi) = r\sin\varphi, \\
&(r, \varphi) \in U = \{(r, \varphi) | r > 0, \ 0 \le \varphi < 2\pi\}
\end{aligned} \tag{0.37}$$

eine Vektorfunktion $\mathbf{x}(r, \varphi)$ von $U \subset \mathbb{R}^2$ auf $\mathbb{R}^2 \setminus \{0\}$ definiert. Man beachte, daß hier $u^1 = r$, $u^2 = \varphi$ gesetzt wurde. $\mathbf{x}(r, \varphi)$ ist differenzierbar, und es gilt

$$J_{\mathbf{x}}(r, \varphi) = \begin{pmatrix} \cos\varphi & \sin\varphi \\ -r\sin\varphi & r\cos\varphi \end{pmatrix}, \quad \det J_{\mathbf{x}}(r, \varphi) = r > 0.$$

Die Abbildung $\mathbf{x} : U \to \mathbb{R}^2 \setminus \{0\}$ ist injektiv. Man erhält

$$r = \sqrt{x_1^2 + x_2^2}, \quad \varphi = \begin{cases} \arctan \frac{x_2}{x_1} & \text{für} \quad x_1 \neq 0 \\ \frac{\pi}{2} & \text{für} \quad x_1 = 0, \quad x_2 > 0 \\ -\frac{\pi}{2} & \text{für} \quad x_1 = 0, \quad x_2 < 0. \end{cases} \tag{0.38}$$

Jeder Punkt $\mathbf{x} = (x_1, x_2) \in \mathbb{R}^2 \setminus \{0\}$ kann also durch seine *Polarkoordinaten* $r, \varphi$ charakterisiert werden.

In der Flächentheorie benötigen wir

---

**Satz 0.1** *Für eine in* $\mathbf{u}_0 \in U$ *differenzierbare Vektorfunktion* $\mathbf{x} : U \to \mathbb{R}^3$ *sind die folgenden Aussagen äquivalent:*

(a) *Die Vektoren* $\mathbf{x}_{u^1}(\mathbf{u}_0)$, $\mathbf{x}_{u^2}(\mathbf{u}_0)$ *sind linear unabhängig.*

(b) $Rang\, J_\mathbf{x}(\mathbf{u}_0) = 2$.

(c) $\det J_\mathbf{x}(\mathbf{u}_0) \neq 0$.

(d) $\det \begin{pmatrix} \mathbf{x}_{u^1} \cdot \mathbf{x}_{u^1} & \mathbf{x}_{u^1} \cdot \mathbf{x}_{u^2} \\ \mathbf{x}_{u^1} \cdot \mathbf{x}_{u^2} & \mathbf{x}_{u^2} \cdot \mathbf{x}_{u^2} \end{pmatrix} (\mathbf{u}_0) \neq 0$.

(e) $(\mathbf{x}_{u^1} \times \mathbf{x}_{u^2})(\mathbf{u}_0) \neq 0$.

---

Der Beweis kann leicht mit Hilfe der im Kapitel 0.1 zusammengefaßten Eigenschaften des Vektorproduktes erbracht werden. Zum Nachweis von (d) benötigt man (0.13) (s. [Gra]).

Wir erinnern schließlich an die *verallgemeinerte Kettenregel* für die Differentiation zusammengesetzter Funktionen (s. [HRS; Heu]):

Die Vektorfunktion $\mathbf{x} : U \to \mathbb{R}^3$ sei in $(u_0^1, u_0^2) \in U$ stetig differenzierbar. Ferner seien $\varphi_1(t), \varphi_2(t)$ zwei in $t_0 \in (a, b) \subset \mathbb{R}$ differenzierbare Funktionen einer Variablen mit $u_o^k = \varphi_k(t_0)$, $k = 1, 2$. Dann ist die aus $\mathbf{x}$ und $\varphi_1, \varphi_2$ *zusammengesetzte Funktion* $t \mapsto \mathbf{x}(\varphi_1(t), \varphi_2(t))$ in $t_0$ differenzierbar, und ihre Ableitung in $t_0$ ist

$$\left. \frac{d\mathbf{x}(\varphi_1(t), \varphi_2(t))}{dt} \right|_{t=t_0} = \mathbf{x}_{u^1}(\mathbf{u}_0)\varphi_1'(t_0) + \mathbf{x}_{u^2}(\mathbf{u}_0)\varphi_2'(t_0). \tag{0.39}$$

**Beispiel 0.16** Für die in $U = \mathbb{R}^2$ differenzierbare Vektorfunktion

$$\mathbf{x}(u^1, u^2) = (u^1, u^2, u^1 u^2)$$

erhält man nach Einführung von Polarkoordinaten $(r, \varphi)$ mit $u^1 = r \cos \varphi$, $u^2 = r \sin \varphi$ (s. (0.37)) nach (0.39))

$$\frac{d\mathbf{x}(r\cos\varphi, r\sin\varphi)}{dr} = \sum_{r=1}^{2} \mathbf{x}_{u^i} \cdot \frac{du^i}{dr}$$
$$= (1, 0, r\sin\varphi) \cdot \cos\varphi + (0, 1, r\cos\varphi)\sin\varphi \qquad (0.40)$$
$$= (\cos\varphi, \sin\varphi, 2r\sin\varphi\cos\varphi)$$
$$\frac{d\mathbf{x}(r\cos\varphi, r\sin\varphi)}{d\varphi} = \sum_{i=1}^{2} \mathbf{x}_{u^i} \cdot \frac{du^i}{d\varphi}$$
$$= (1, 0, r\sin\varphi)(-r\sin\varphi) + (0, 1, r\cos\varphi)(r\cos\varphi) \qquad (0.41)$$
$$= r(-\sin\varphi, \cos\varphi, (-\sin^2\varphi + \cos^2\varphi)r).$$

**Beispiel 0.17** *Implizite Differentiation:* Ist die reelle Funktion $F(x, y)$ in einem Gebiet $U \subset \mathbb{R}^2$ stetig differenzierbar und existiert eine im Intervall $(a, b)$ definierte Funktion $y = f(x)$, so daß für alle $x \in (a, b)$ die Gleichung $F(x, f(x)) = 0$ erfüllt ist, dann ist $f$ in $(a, b)$ differenzierbar, und es gilt für $x \in (a, b)$ (s. [HRS]):

$$F_x(x, f(x)) + F_y(x, f(x)) \cdot f'(x) = 0, \qquad (0.42)$$

also im Falle $F_y(x, f(x)) \neq 0$

$$f'(x) = -\frac{F_x(x, f(x))}{F_y(x, f(x))}. \qquad (0.43)$$

**Beispiel 0.18** Durch die Kreisgleichung

$$F(x, y) := x^2 + y^2 - r^2 = 0 \quad \text{mit} \quad (x, y) \in U = \{(x, y) | y > 0\}$$

wird in $(-r, +r)$ eine Funktion $y = f(x) = \sqrt{r^2 - x^2}$ implizit definiert. Zur Bestimmung von $f'(x)$ kann man die Gleichung $F(x, f(x)) = 0$ *implizit* nach $x$ differenzieren und erhält aus (0.42)

$$2x + 2y \cdot f'(x) = 0, \quad \text{also} \quad f'(x) = -\frac{x}{y}.$$

In der Differentialgeometrie ist die folgende Vereinbarung sinnvoll, die von jetzt an im gesamten Buch gelten soll:

---

**Definition 0.1** *Die Formulierung „$\mathbf{x}$ ist eine differenzierbare (oder glatte) Vektorfunktion " bedeutet, daß $\mathbf{x}$ Ableitungen beliebig hoher Ordnung besitzt, daß also $\mathbf{x}$ eine $C^\infty$-Funktion ist.*

---

**Bemerkung 0.12** Bei der Differenzierbarkeit einer Vektorfunktion $\mathbf{x}(u^1, u^2)$ in $U \subset \mathbf{R}^2$ hatten wir $U$ als eine offene Menge vorausgesetzt. Das Beispiel (0.34) zeigt aber, daß der Definitionsbereich $U$ nicht offen zu sein braucht. Um nun die Differenzierbarkeit von $\mathbf{x}$ auf allgemeinere Teilmengen des $\mathbb{R}^2$ ausdehnen zu können, definieren wir:

---

**Definition 0.2** *Eine Vektorfunktion* $\mathbf{x} : U \to \mathbb{R}^3$ *heißt auf* $U \subset \mathbb{R}^2$ *differenzierbar, wenn es eine offene, die Menge* $U$ *enthaltende Menge* $\tilde{U} \subset \mathbb{R}^2$ *und eine auf* $\tilde{U}$ *differenzierbare Vektorfunktion* $\tilde{\mathbf{x}}$ *mit* $\tilde{\mathbf{x}}(u) = \mathbf{x}(u)$ *für alle* $\mathbf{u} \in U$ *gibt.*

---

**Aufgabe 0.1** Es seien $\mathbf{a} = (1, 0, 5), \mathbf{b} = (3, 1, 4), \mathbf{c} = (1, -1, 2)$.
a) Bestimme $\mathbf{a} + \mathbf{b}, \mathbf{a} - \mathbf{b}, \mathbf{a} \cdot \mathbf{b}, |\mathbf{a}|, \mathbf{a} \times \mathbf{b}, (\mathbf{abc}), (\mathbf{a} - \mathbf{P}_b(\mathbf{a}))$.
b) Zeige die lineare Unabhängigkeit von $\mathbf{a}, \mathbf{b}, \mathbf{c}$.

**Aufgabe 0.2** Beweise: $(\mathbf{abc}) = 0 \Leftrightarrow \mathbf{a}, \mathbf{b}, \mathbf{c}$ linear abhängig.

**Aufgabe 0.3** Berechne $\mathbf{x}'''(t)$ für $\mathbf{x}(t) = \left((t^3 + 2t), \sin t, e^t\right)$.

**Aufgabe 0.4** Es seien $\mathbf{x}(u^1, u^2) = \left(u^1 + u^2, u^1 - u^2, (u^1)^2 + (u^2)^2\right)$ und $u^1(t) = t^2 + 1, u^2(t) = \sin t$. Bestimme:
a) $\mathbf{J}_\mathbf{x}(\mathbf{u})$.
b) $\dfrac{d\mathbf{x}}{dt}\left(u^1(t), u^2(t)\right)$.

**Aufgabe 0.5** Eine Vektorfunktion $\mathbf{y}$ heißt *unbestimmtes Integral* einer Vektorfunktion $\mathbf{x}$, $\mathbf{y}(t) = \int \mathbf{x}(t) dt$, wenn $\mathbf{y}'(t) = \mathbf{x}(t)$. Man sieht leicht ein, daß die grundlegenden Eigenschaften der Integrale über Funktionen auch für Vektorfunktionen gültig bleiben. Insbesondere darf man „koordinatenweise integrieren."
Berechne $\mathbf{y}(t) = \int (2t, \cos t, 1) dt$.

# 1 Lokale Kurventheorie



In der Differentialgeometrie von Kurven und Flächen gibt es zwei Betrachtungsweisen. Die eine, die sogenannte klassische Differentialgeometrie, untersucht mit den Methoden der Differential- und Integralrechnung *lokale* Eigenschaften von Kurven und Flächen. Dabei verstehen wir unter lokalen Eigenschaften solche, die nur vom Verhalten der Kurve oder Fläche *in der Umgebung eines Punktes* abhängen. Die andere Betrachtungsweise ist die *globale* Differentialgeometrie, die den Einfluß lokaler Eigenschaften auf das Verhalten der *gesamten* Kurve oder Fläche untersucht.

In diesem ersten Kapitel betrachten wir lokale Eigenschaften von Kurven im $\mathbb{R}^3$. Wir beginnen im Abschnitt 1.1 mit dem Kurvenbegriff, den wir in einer für Naturwissenschaftler und Ingenieure geeigneten Weise einführen und anschaulich motivieren wollen. Grundsätzlich studieren wir Kurven in einer Parameterdarstellung (Parametrisierung), was freilich zur Folge hat, daß wir für jede, nur durch die Punktmenge der Kurve geometrisch definierte Eigenschaft ihre Invarianz gegenüber Parameter- und Koordinatenwahl zu beweisen haben. In den Abschnitten 1.2 bis 1.6 wird die lokale Kurventheorie dargestellt. Die Kernaussage dieses Kapitels ist, daß Krümmung und Torsion ein vollständiges Invariantensystem einer Kurve bilden.

## 1.1 Der Kurvenbegriff

Physikalisch können wir uns eine Kurve im $\mathbb{R}^3$ aus einer Geraden entstanden denken, die man verbiegt und verdrillt. Eine andere anschauliche Version: Eine Kurve ist eine „eindimensionale" Punktmenge, die die Bahnkurve eines in „stetiger Weise" bewegten Punktes darstellt. Unter Benutzung eines kartesischen Koordinatensystems des $\mathbb{R}^3$ kann der (Orts-)Vektor $\mathbf{x} = (x_1, x_2, x_3)$ des „laufenden" Punktes in Abhängigkeit von einem etwa als Zeit gedeuteten Parameter $t$ angegeben werden, wobei $t$ ein Intervall $I \in \mathbb{R}$ monoton wachsend durchläuft. Die Bahnkurve eines Punktes ist also als Bildmenge einer

Abbildung $\mathbf{x}$ eines Intervalls $I$ in den $\mathbb{R}^3$ interpretierbar:

$$\mathbf{x} : I \to \mathbb{R}^3 \quad \text{mit} \quad t \mapsto \mathbf{x}(t) = (x_1(t), x_2(t), x_3(t)) \in \mathbb{R}^3. \qquad (1.1)$$

Solche Abbildungen sind gerade jene im Abschnitt 0.2 untersuchten Vektorfunktionen einer reellen Variablen (siehe auch Beispiele 0.8, 0.9). Problematisch dabei ist, welche Forderungen man an eine solche Vektorfunktion (1.1), etwa bezüglich Stetigkeit, Differenzierbarkeit, Eineindeutigkeit usw. zu stellen hat. So läßt sich beispielsweise das Intervall $[0, 1] \subset \mathbb{R}$ entweder *stetig, aber nicht eineindeutig* (s. [Lip]) oder *eineindeutig, aber nicht stetig* (s. [Klo]) auf das Einheitsquadrat $\{(x_1, x_2) | 0 \le x_i \le 1, \; i = 1, 2\}$ des $\mathbb{R}^2$ abbilden. Eine solche „raumfüllende Kurve" ist mit unseren Vorstellungen von einer „Bahnkurve" unvereinbar. Um die Methoden der Differentialrechnung anwenden zu können, wird man in natürlicher Weise die Differenzierbarkeit von $\mathbf{x}$ (im Sinne der Definitionen 0.1, 0.2) fordern. Es bietet sich also für unsere Zwecke die folgende Definition einer Kurve an:

---

**Definition 1.1** *Eine parametrisierte differenzierbare Kurve ist eine differenzierbare Vektorfunktion* $\mathbf{x} : I \to \mathbb{R}^3$ *eines Intervalls* $I \subset \mathbb{R}$ *in den* $\mathbb{R}^3$. *Die Variable* $t$ *heißt Parameter der Kurve. Die Bildmenge von* $\mathbf{x}$

$$\mathbf{x}(I) := \{\mathbf{x}(t) | t \in I\} \subset \mathbb{R}^3$$

*heißt Spur von* $\mathbf{x}$.

---

**Bemerkung 1.1** Nach den Ausführungen im Abschnitt 0.2 ist eine parametrisierte differenzierbare Kurve im $\mathbb{R}^3$ durch drei skalare differenzierbare Koordinatenfunktionen $x_i(t)$, $i = 1, 2, 3$ mit einem gemeinsamen Definitionsbereich $I \subset \mathbb{R}$ eindeutig charakterisiert. Dann ist also

$$\mathbf{x} : I \to \mathbb{R}^3 \quad \text{mit} \quad \mathbf{x}(t) = (x_1(t), x_2(t), x_3(t)) \in \mathbf{x}(I) \subset \mathbb{R}^3. \qquad (1.2)$$

Liegt die Bildmenge $\mathbf{x}(I)$ in der Ebene $\mathbb{R}^2$, handelt es sich also um eine *ebene Kurve*, dann gilt $x_3(t) = 0$. Wir schreiben dann (s. Bemerkung 0.11):

$$\mathbf{x} : I \to \mathbb{R}^2 \quad \text{mit} \quad \mathbf{x}(t) = (x_1(t), x_2(t)) \in \mathbf{x}(I) \subset \mathbb{R}^2. \qquad (1.2)'$$

Die Darstellungen (1.2), (1.2)′ heißen auch *Parametrisierung* oder *Parameterdarstellung* einer Kurve. $I$ heißt in diesem Zusammenhang *Parameterbereich*. Dabei sind die Fälle $a = -\infty$ oder $b = +\infty$ nicht ausgeschlossen.

**Bemerkung 1.2** Man unterscheide eine parametrisierte Kurve $\mathbf{x}$, die eine
A b b i l d u n g   ist, von ihrer   S p u r   $\mathbf{x}(I)$, die eine Teilmenge des $\mathbb{R}^3$ bzw.
$\mathbb{R}^2$ ist. Eine Teilmenge $\mathcal{K}$ des $\mathbb{R}^3$ bzw. $\mathbb{R}^2$ heißt durch $\mathbf{x}$ *parametrisiert,*wenn
$\mathbf{x} : I \to \mathbb{R}^n$   ($n = 2$ oder 3) eine parametrisierte Kurve mit $\mathbf{x}(I) = \mathcal{K}$ ist. Eine
Teilmenge $\mathcal{K}$ kann in unterschiedlicher Weise parametrisiert werden. Durch
eine Parametrisierung wird eine *Orientierung* der Kurve festgelegt, indem die
Punkte von $\mathcal{K}$ im Sinne wachsender Werte des Parameters $t$ durchlaufen werden
sollen.

---

**Definition 1.2** *Ist* $\mathbf{x} : I \to \mathbb{R}^3$ *eine parametrisierte differenzierbare Kurve,
dann heißt der Vektor*

$$\mathbf{x}'(t) = (x_1'(t), x_2'(t), x_3'(t)) \in \mathbb{R}^3$$

*der Tangentenvektor oder Geschwindigkeitsvektor der Kurve* $\mathbf{x}$ *bei* $t$.

---

**Bemerkung 1.3** Der Name *Geschwindigkeitsvektor* ist durch die Interpretation einer Kurve als Bahnkurve eines Massenpunktes motiviert (s. auch Abschnitt 0.2). Man denke sich den Geschwindigkeitsvektor (Tangentenvektor) im
Punkt $\mathbf{x}(t)$ tangential in Richtung *wachsender* $t$-Werte angeheftet (s. Aufgabe
1.2).

**Beispiel 1.1** Die beiden unterschiedlich parametrisierten Kurven

$$\overset{1}{\mathbf{x}} : I \to \mathbb{R}^2 \quad \text{mit} \quad \overset{1}{\mathbf{x}}(t) = (\cos t, \sin t), \ t \in I := [0, 2\pi] \tag{1.3}$$

$$\overset{2}{\mathbf{x}} : I \to \mathbb{R}^2 \quad \text{mit} \quad \overset{2}{\mathbf{x}}(t) = (\cos 2t, \sin 2t), \ t \in I \tag{1.4}$$

haben dieselbe Spur, nämlich den Kreis mit dem Radius 1:

$$\overset{k}{\mathbf{x}}(I) = \{(x_1, x_2) \in \mathbb{R}^2 | x_1^2 + x_2^2 = 1\}, \ (k = 1, 2).$$

$\overset{1}{\mathbf{x}}(t)$ „durchläuft" den Kreis einmal, dagegen $\overset{2}{\mathbf{x}}(t)$ zweimal, wenn $t$ den Parameterbereich $I$ „durchläuft". Im ersten Fall (1.3) ist $t$ der Winkel, den $\mathbf{x}(t)$
mit der $x_1$-Achse einschließt. Im zweiten Fall ist $t$ gerade der halbe Winkel.
Offenbar sind die $\overset{k}{\mathbf{x}}$, $k = 1, 2$ in $I$ differenzierbar (s. Abschnitt 0.2). Als Tangentenvektoren bei $t$ (bzw. in $\mathbf{x}(t)$) erhält man

$$\overset{1}{\mathbf{x}}'(t) = (-\sin t, \cos t), \ \ \overset{2}{\mathbf{x}}'(t) = (-2\sin 2t, 2\cos 2t), \ t \in I,$$

also insbesondere $\overset{2}{\mathbf{x}}'(0) = 2\overset{1}{\mathbf{x}}'(0)$. Die beiden Kurven (1.3), (1.4) sind wohl zu
unterscheiden, obwohl sie gleiche Spuren haben (s. Abb. 1.1).

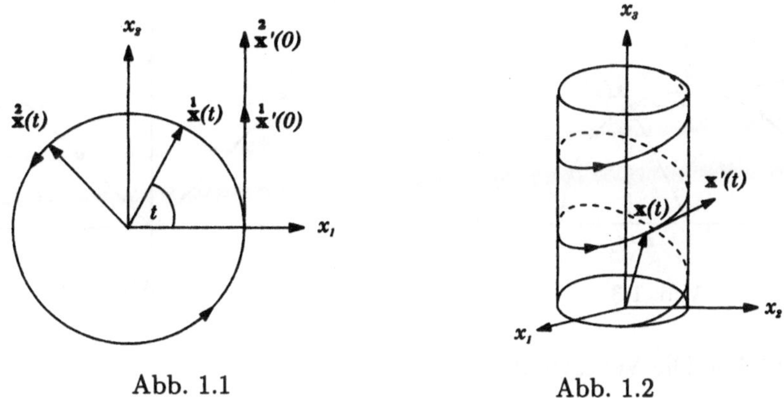



Abb. 1.1                                        Abb. 1.2

**Beispiel 1.2** Die parametrisierte differenzierbare Kurve

$$\mathbf{x} : t \mapsto \mathbf{x}(t) = (r \cos t, r \sin t, ct), \quad t \in I = \mathbb{R}$$

hat als Spur in $\mathbb{R}^3$ eine *Schraubenlinie* mit dem *Radius* $r$ und der *Ganghöhe* $2\pi c$. Sie liegt auf dem Zylinder mit dem Radius $r$, für den die $x_3$-Achse die Zylinderachse ist (s. Beispiel 0.9). Bei Durchlauf eines $2\pi$-Intervalls von $I$ erhält man gerade eine Windung. $\mathbf{x}$ ist in $\mathbb{R}$ differenzierbar. Der Tangentenvektor in $\mathbf{x}(t)$ ist:

$$\mathbf{x}'(t) = (-r \sin t, r \cos t, c). \tag{1.5}$$

**Beispiel 1.3** Ist $f : I \to \mathbb{R}$ eine differenzierbare Funktion einer reellen Variablen, so kann ihr Graph $\mathcal{K} = \{(t, f(t)) \in \mathbb{R}^2 | t \in I\}$ wie folgt parametrisiert werden:

$$\mathbf{x} : I \to \mathbb{R}^2 \quad \text{mit} \quad \mathbf{x}(t) = (t, f(t)) \in \mathcal{K} \subset \mathbb{R}^2. \tag{1.6}$$

Der Graph jeder differenzierbaren Funktion einer Variablen ist also die Spur einer parametrisierten, differenzierbaren Kurve. Man beachte, daß die Umkehrung dieser Aussage im allgemeinen nicht gilt (siehe Beispiel 1.1). Die Spur einer parametrisierten, differenzierbaren Kurve $\mathbf{x} : I \to \mathbb{R}^2$ ist genau dann der Graph einer differenzierbaren Funktion $f$, wenn jede Parallele zur $x_2$-Achse die Spur $\mathbf{x}(I)$ höchstens in einem Punkt schneidet.
Insbesondere erhält man für $f(x) = \sqrt{1 - x^2}$, $x \in I = (-1, +1)$ :
$\mathbf{x}(t) = (t, \sqrt{1 - t^2})$, $t \in I$ und als Spur von $\mathbf{x}$ (bzw. Graph von $f$) den oberen Halbkreis mit dem Radius 1 (s. Abb. 1.3).

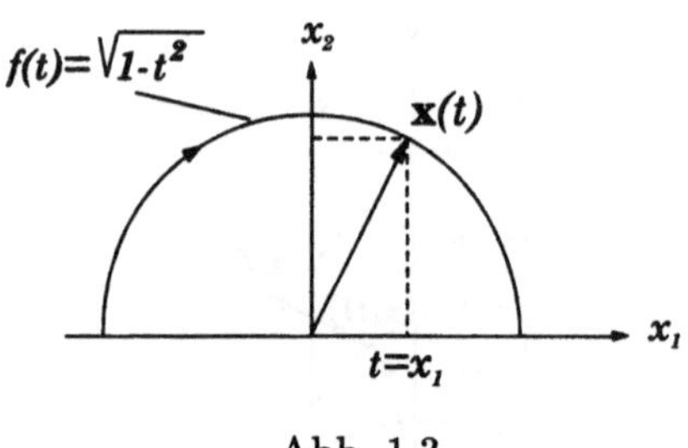


Abb. 1.3

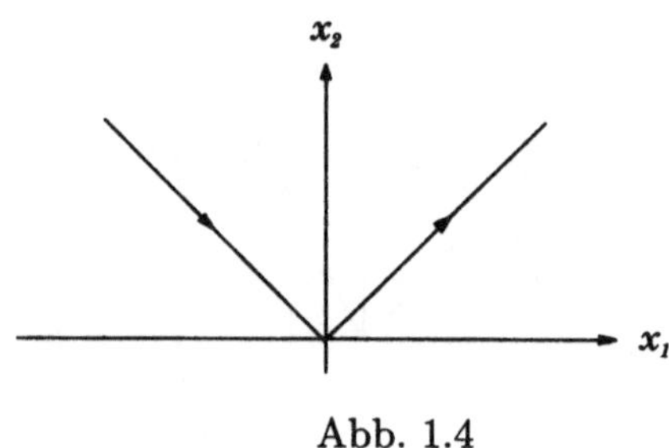


Abb. 1.4

**Beispiel 1.4** Die Vektorfunktion

$$\mathbf{x}:\mathbb{R}\to\mathbb{R}^2\quad\text{mit}\quad\mathbf{x}(t)=(t,|t|),\ t\in\mathbb{R}$$

ist *keine* parameterisierte differenzierbare Kurve, weil $x_2(t)=|t|$ bei $t=0$ nicht differenzierbar ist (s. Abb. 1.4).

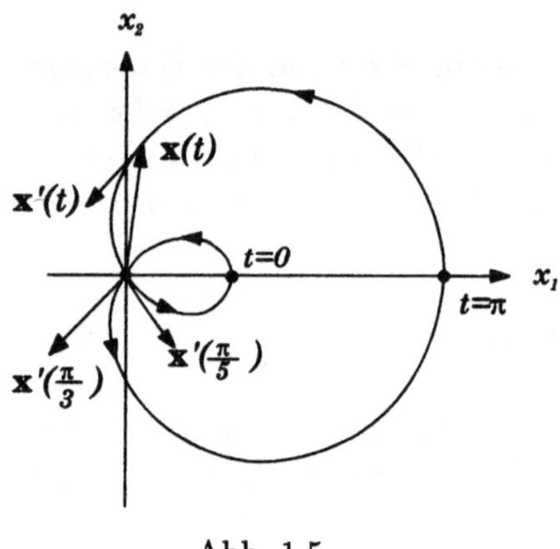


Abb. 1.5

**Bemerkung 1.4** Das folgende Beispiel soll noch einmal verdeutlichen (s. auch Beispiel 1.1), daß man eine Kurve nicht einfach als eine Punktmenge des $\mathbb{R}^3$ verstehen kann, sie also allein durch ihre Spur nicht charakterisierbar ist, sondern daß die Art ihrer Parametrisierung wesentlich ist, wodurch insbesondere der „Durchlaufsinn" dieser Punktmenge festgelegt wird.

**Beispiel 1.5** Die Vektorfunktion
$$\mathbf{x}:I\to\mathbb{R}^2\quad\text{mit}$$

$$\mathbf{x}(t)=(\cos t[2\cos t-1],\sin t[2\cos t-1]),\quad t\in I=[0,2\pi]\qquad(1.7)$$

ist eine parametrisierte differenzierbare Kurve. Der Tangentenvektor in $\mathbf{x}(t)$ hat die Koordinatenfunktionen

$$x_1'(t)=\sin t[1-4\cos t],\ x_2'(t)=2\cos^2 t-2\sin^2 t-\cos t.$$

Die Spur von $\mathbf{x}$ ist in Abb. 1.5 dargestellt. Beachte, daß $\mathbf{x}$ wegen $\mathbf{x}(\frac{\pi}{3})=\mathbf{x}(\frac{5\pi}{3})=\mathbf{o}$ nicht injektiv (eineindeutig) ist. Man sagt, die Kurve habe in $\mathbf{x}=\mathbf{o}$ einen *Doppelpunkt*. In $\mathbf{x}=\mathbf{o}$ gibt es die beiden Tangentenvektoren

$$\mathbf{x}'(\frac{\pi}{3})=-\frac{1}{2}(\sqrt{3},3),\ \mathbf{x}'(\frac{5\pi}{3})=-\frac{1}{2}(-\sqrt{3},3).$$

Die Parametertransformation $t = 2\pi - t^{(1)}$ führt zu folgender Parametrisierung:

$$\overset{1}{\mathbf{x}}(t^{(1)}) = (\cos t^{(1)}[2\cos t^{(1)} - 1], -\sin t^{(1)}[2\cos t^{(1)} - 1]), \ t^{(1)} \in [0, 2\pi]. \quad (1.8)$$

Mit $t$ durchläuft auch der neue Parameter $t^{(1)}$ das Intervall $[0, 2\pi]$. Wenn aber $t$ zunimmt, so nimmt $t^{(1)}$ ab. Beide Parametrisierungen haben die gleiche Spur; jedoch werden die Kurvenpunkte bei (1.8) entgegengesetzt zur Durchlaufrichtung bezüglich (1.7) durchlaufen (s. Abb. 1.5 (a)). Betrachtet man andererseits

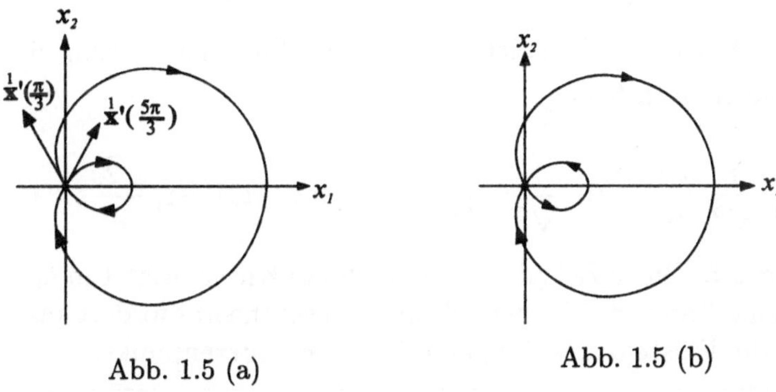

Abb. 1.5 (a)　　　　　　　　　　　　Abb. 1.5 (b)

die Parametertransformation

$$t = t(t^{(2)}) = \begin{cases} t^{(2)} & \text{für} \quad 0 \le t^{(2)} \le \frac{\pi}{3} \\ -t^{(2)} + 2\pi & \text{für} \quad \frac{\pi}{3} < t^{(2)} < \frac{5\pi}{3} \\ t^{(2)} & \text{für} \quad \frac{5\pi}{3} \le t^{(2)} \le 2\pi, \end{cases}$$

so erhält man eine weitere Parametrisierung

$$\overset{2}{\mathbf{x}} : I \to \mathbb{R}^2 \quad \text{mit} \quad \overset{2}{\mathbf{x}}(t^{(2)}) = \mathbf{x}(t(t^{(2)})) \quad\quad\quad (1.9)$$

und gleicher Spur, d.h., $\overset{2}{\mathbf{x}}(I) = \overset{1}{\mathbf{x}}(I) = \mathbf{x}(I)$, die jedoch bei (1.9) in der in Abb. 1.5(b) gezeigten Richtung durchlaufen wird. Da die Funktionen $t(t^{(2)})$ und $\overset{2}{\mathbf{x}}(t^{(2)})$ in $t^{(2)} = \frac{\pi}{3}$ und $t^{(2)} = \frac{5\pi}{3}$ nicht differenzierbar sind (s. Aufgabe 1.3), kann (1.9) keine *differenzierbare* Parametrisierung der Kurve n. In $\mathbf{x} = \mathbf{o}$ gibt es keinen Tangentenvektor.

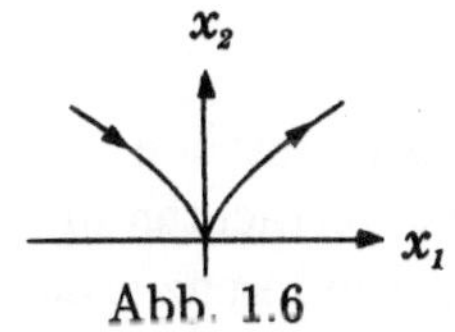

Abb. 1.6

**Beispiel 1.6** Die Vektorfunktion

$$\mathbf{x} : \mathbb{R} \to \mathbb{R}^2 \quad \text{mit} \quad \mathbf{x}(t) = (t^3, t^2), \ t \in \mathbb{R} \quad\quad (1.10)$$

ist eine parametrisierte differenzierbare Kurve (s. Abb. 1.6 und (1.58)). Beachte $\mathbf{x}'(0) = (0, 0)$, d.h., der Tangentenvektor ist für $t = 0$ der Nullvektor.

---

**Definition 1.3** *Es sei* $\mathbf{x} : I \to \mathbb{R}^3$ *eine parametrisierte Kurve. Zu jedem* $t_0 \in I$ *mit* $\mathbf{x}'(t_0) \neq \mathbf{o}$ *gibt es genau eine Gerade durch* $\mathbf{x}(t_0)$ *mit* $\mathbf{x}'(t_0)$ *als Richtungsvektor. Diese Gerade heißt Tangente an die Kurve im Punkt* $\mathbf{x}(t_0)$.

---

Eine Parametrisierung der Tangente ist (s. Bemerkung 0.6, Beispiel 0.8)

$$\overset{T}{\mathbf{x}}(t) = \mathbf{x}(t_0) + t\mathbf{x}'(t_0), \ t \in \mathbb{R}. \tag{1.11}$$

**Beispiel 1.7** Für die in Beispiel 1.2 gegebene Parametrisierung der Schraubenlinie erhält man in $t_0 = \dfrac{\pi}{4}$ :

$$\overset{T}{\mathbf{x}}(t) = (\frac{r}{\sqrt{2}}, \frac{r}{\sqrt{2}}, \frac{\pi c}{4}) + t(-\frac{r}{\sqrt{2}}, \frac{r}{\sqrt{2}}, c) = \frac{r}{\sqrt{2}}(1 - t, 1 + t, \frac{\sqrt{2}c}{4r}\{\pi + 4t\}).$$

**Bemerkung 1.5** Die in Beispiel 1.6 betrachtete Kurve besitzt in $t_0 = 0$ wegen $\mathbf{x}'(0) = \mathbf{o}$ keine Tangente. In der lokalen Kurventheorie fordert man aber im allgemeinen die Existenz der Tangente in *jedem* Kurvenpunkt.

---

**Definition 1.4** *Eine parametrisierte differenzierbare Kurve* $\mathbf{x} : I \to \mathbb{R}^3$ *heißt regulär, falls für alle* $t \in I$ *gilt:* $\mathbf{x}'(t) \neq \mathbf{o}$.

---

**Beispiel 1.8** Durch Berechnung von $|x'(t)|$ ist leicht nachweisbar, daß die in den Beispielen 1.1, 1.2, 1.3, 1.5 (mit Ausnahme von (1.9)) angegebenen Kurven regulär sind. Man erhält für alle $t \in I$ insbesondere aus (1.5): $|\mathbf{x}'(t)|^2 = r^2 + c^2 \neq 0$ und aus (1.6): $|\mathbf{x}'(t)|^2 = 1 + (f'(t))^2 \neq 0$. Die Kurven der Beispiele 1.4 und 1.6 sind nicht regulär.

**Bemerkung 1.6** Bei einer regulären Kurve $\mathbf{x} : I \to \mathbb{R}^3$ existiert nach Definition 1.3 in jedem Punkt $t_0 \in I$ genau eine Tangente. Man sagt auch, die Spur $\mathbf{x}(I)$ sei *glatt* oder („eckenlos"). Nach Bemerkung 0.9 ist die Abbildung $\mathbf{x} : I \to \mathbb{R}^3$ lokal injektiv. Beachte, daß in Abb. 1.5 die beiden Tangentenvektoren $\mathbf{x}'(\frac{\pi}{3})$ und $\mathbf{x}'(\frac{5\pi}{3})$ in $\mathbf{x} = \mathbf{o}$ und folglich auch die zugehörigen Tangenten zu *unterschiedlichen* Punkten $\frac{\pi}{3}$ und $\frac{5\pi}{3}$ gehören.

**Bemerkung 1.7** Im folgenden werden wir (von Ausnahmen abgesehen, auf die wir besonders hinweisen werden) nur noch reguläre Kurven betrachten und der Einfachheit halber die Wörter regulär, parametrisiert und differenzierbar weglassen.

**Bemerkung 1.8** Die Spur $\mathbf{x}(I)$ einer Kurve $\mathbf{x}$ kann in unterschiedlicher Weise parametrisiert werden (s. Bemerkung 1.2, Beispiele 1.1 und 1.5). Beim Übergang zu einem anderen Parameter $t^*$ durch eine *Parametertransformation* $t \to t^*$ dürfen sich weder die Spur noch die Differenzierbarkeitseigenschaften der Kurve ändern. Man muß also die Menge der Parametertransformationen einschränken:

---

**Definition 1.5** *Eine Kurve* $\overset{*}{\mathbf{x}} : I^* \to \mathbb{R}^3$ *heißt Umparametrisierung einer Kurve* $\mathbf{x} : I \to \mathbb{R}^3$*, wenn es eine differenzierbare Funktion (Parametertransformation)*

$$t : I^* \to I \quad mit \quad t^* \mapsto t = t(t^*) \in I,\ t^* \in I^* \tag{1.12}$$

*gibt, so daß für alle* $t^* \in I^*$ *gilt*

$$\frac{dt}{dt^*}(t^*) \neq 0, \quad \overset{*}{\mathbf{x}}(t^*) = \mathbf{x}(t(t^*)). \tag{1.13}$$

*Die Umparametrisierung heißt orientierungstreu bzw. orientierungsumkehrend, falls* $\frac{dt}{dt^*}(t^*) > 0$ *bzw.* $< 0$ *ist.*

---

**Bemerkung 1.9** Aus (1.13) folgt für alle $t^* \in I^*$ nach der Kettenregel

$$\overset{*}{\mathbf{x}}'(t^*) = \frac{d\mathbf{x}}{dt}(t(t^*))\frac{dt}{dt^*}(t^*).$$

Die Regularitätseigenschaft einer Kurve bleibt also bei Umparametrisierung der Kurve erhalten.

Im Falle einer orientierungstreuen (bzw. orientierungsumkehrenden) Umparametrisierung folgt aus $\frac{dt}{dt^*}(t^*) > 0$ (bzw. $< 0$), daß die Parametertransformation $t = t(t^*)$ streng monoton wachsend (bzw. fallend) ist, so daß also die Spuren der Kurven $\mathbf{x}$ und $\overset{*}{\mathbf{x}}$ gleichsinnig (bzw. im entgegengesetzten Sinn) durchlaufen werden.

**Beispiel 1.9** Die Kurve (1.8) (s. Beispiel 1.5, Abb. 1.5a und 1.5)

$$\overset{*}{\mathbf{x}} : [0, 2\pi] \to \mathbb{R}^3 \quad mit \quad \overset{*}{\mathbf{x}}(t^*) = (\cos t^*[2\cos t^* - 1], -\sin t^*[2\cos t^* - 1])$$

ist eine orientierungsumkehrende Umparametrisierung der Kurve (1.7)

$$\mathbf{x} : [0, 2\pi] \to \mathbb{R}^3 \quad mit \quad \mathbf{x}(t) = (\cos t[2\cos t - 1], \sin t[2\cos t - 1]).$$

Die Parametertransformation ist $t^* \mapsto t(t^*) = 2\pi - t^*$. Es gilt $\frac{dt}{dt^*}(t^*) = -1$. Die Parametrisierung (1.9) dagegen ist *keine* Umparametrisierung von (1.7), denn die zugehörige Parametertransformation $t^{(2)} \to t$ ist nicht differenzierbar (s. Aufgabe 1.3).

**Bemerkung 1.10** Offenbar ist die Umparametrisierung eine Äquivalenzrelation innerhalb der Kurven, und die Kurven, welche sich nur um eine Parametertransformation unterscheiden, bilden eine Äquivalenzklasse (s. [SSZ]), die man auch *unparametrisierte Kurve* nennt. Sie charakterisiert die Spur einer Kurve. Gelegentlich findet man in der Literatur die Definition einer Kurve mittels dieser Äquivalenzklassen (s. z.B.[Kre; Lip]). Die Spur einer regulären Kurve kann auch wie folgt als Teilmenge $\mathcal{K}$ des $\mathbb{R}^3$ definiert werden (s. z.B. [dCa]): Zu jedem Punkt $P \in \mathcal{K}$ gibt es eine Umgebung $U(P)$ in $\mathbb{R}^3$ und eine reguläre, injektive, parametrisierte, differenzierbare Kurve $\mathbf{x} : I \to U(P) \cap \mathcal{K}$.

**Bemerkung 1.11** Die Spur einer Kurve im $\mathbb{R}^3$ kann auch *implizit* durch den Schnitt von zwei Flächen festgelegt sein. Sie besteht dann aus allen Punkten $\mathbf{x} = (x_1, x_2, x_3)$, die zwei Gleichungen der Form

$$F_1(x_1, x_2, x_3) = 0 \quad \text{und} \quad F_2(x_1, x_2, x_3) = 0 \tag{1.14}$$

erfüllen. Sind $F_i$, $i = 1, 2$ differenzierbar und gilt in $\overset{0}{\mathbf{x}}$

$$\det \begin{pmatrix} \dfrac{\partial F_1}{\partial x_1} & \dfrac{\partial F_1}{\partial x_2} \\[2ex] \dfrac{\partial F_2}{\partial x_1} & \dfrac{\partial F_2}{\partial x_2} \end{pmatrix} (\overset{0}{\mathbf{x}}) \neq 0,$$

dann folgt aus dem Satz über implizite Funktionen (s. [HRS]), daß die Gleichungen (1.14) lokal nach $x_1$ und $x_2$ als Funktionen von $x_3$ auflösbar sind, was zur lokalen Parametrisierung $\mathbf{x}(t) = (x_1(t), x_2(t), t)$ mit $x_3 = t$ als Parameter führt.

**Beispiel 1.10** Für $x_3 \neq 0$ lassen sich die beiden Flächen zweiter Ordnung

$$F_1(x_1, x_2, x_3) := x_2 - x_3^2 = 0, \quad F_2(x_1, x_2, x_3) := x_3 x_1 - x_2^2 = 0$$

wie folgt nach $x_1$ und $x_2$ als Funktionen des Parameters $x_3 = t$ auflösen

$$x_2 = t^2, \quad x_1 = \frac{x_2^2}{x_3} = t^3, \quad \text{also} \quad \overset{1}{\mathbf{x}}(t) = (t^3, t^2, t).$$

Für $x_3 = 0$ erhält man $x_2 = x_3^2 = 0$ und $x_1 = t$ beliebig, also $\overset{2}{\mathbf{x}}(t) = (t, 0, 0)$. Beide Schnittkurven schneiden sich in $\mathbf{x} = \mathbf{o}$.

**Aufgabe 1.1** Gegeben sei die Vektorfunktion
$$\mathbf{x} : [-2\pi, +2\pi] \to \mathbb{R}^3 \quad \text{mit} \quad \mathbf{x}(t) := \left(1 + \cos t, \sin t, 2\sin(\tfrac{t}{2})\right).$$
Zeige:

(a) $\mathbf{x}$ ist eine reguläre, parametrisierte, differenzierbare Kurve.

(b) Ihre Spur $\mathcal{K} = \mathbf{x}[-2\pi, +2\pi]$ ist der Durchschnitt des Zylinders $(x_1 - 1)^2 + x_2^2 = 1$ mit der Sphäre $x_1^2 + x_2^2 + x_3^2 = 4$.

Bestimme die Gleichung der Tangente an die Kurve im Punkt $\mathbf{x}_0 = \mathbf{x}(\tfrac{\pi}{2})$. Welche Parametrisierung von $\mathcal{K}$ liefert die Parametertransformation $t^* \mapsto t(t^*) = -2t^*$? Bleibt dabei die Orientierung von $\mathcal{K}$ erhalten?

Bemerkung: $\mathcal{K}$ heißt *Vivianische Kurve*. VIVIANI war Student von GALILEI und untersuchte diese Kurve im Jahr 1602.

**Aufgabe 1.2** Beweise, daß der Tangentenvektor einer regulären Kurve stets in Richtung wachsender Parameterwerte zeigt.

**Aufgabe 1.3** Zeige, daß die Funktionen $t(t^{(2)})$ und $\overset{2}{\mathbf{x}}(t^{(2)})$ in Beispiel 1.5 in $t^{(2)} = \tfrac{\pi}{3}$ und $t^{(2)} = \tfrac{5\pi}{3}$ nicht differenzierbar sind.

## 1.2 Bogenlänge

Eine der einfachsten und zugleich wichtigsten geometrischen Größen, die man einer Kurve (s. Bemerkung 1.7) zuordnet, ist ihre Länge.

---

**Definition 1.6** *Es seien $\mathbf{x} : I \to \mathbb{R}^3$ eine Kurve und $t_0$ ein fester Punkt aus $I$. Dann ist die Bogenlänge des Kurvenstückes $\mathbf{x} : [t_0, t] \to \mathbb{R}^3$ durch*

$$s_{t_0}(t) := \int_{t_0}^{t} |\mathbf{x}'(u)|\,du \tag{1.15}$$

*definiert. Falls $I = [a, b]$, so heißt*

$$s_a(b) = \int_{a}^{b} |\mathbf{x}'(u)|\,du \tag{1.16}$$

*Bogenlänge oder Länge der gegebenen Kurve $\mathbf{x} : I \to \mathbb{R}^3$. Das Differential*

$$ds = |\mathbf{x}'(t)|\,dt \tag{1.17}$$

*heißt Bogendifferential oder Bogenelement der Kurve.*

---

**Bemerkung 1.12** Wegen der Regularität von $\mathbf{x}$ ist

$$t \mapsto |\mathbf{x}'(t)| = \sqrt{(x_1'(t))^2 + (x_2'(t))^2 + (x_3'(t))^2}, \quad t \in I$$

eine differenzierbare skalare Funktion von $t$, so daß die Integrale (1.15) und (1.16) wohldefiniert sind. $s_{t_0}(t)$ ist also die Länge der Spur $\mathbf{x}(I)$ von $\mathbf{x}$ zwischen den Kurvenpunkten $\mathbf{x}(t_0)$ und $\mathbf{x}(t)$. Falls eine Verwechslungsgefahr ausgeschlossen ist, schreiben wir einfach $s$ statt $s_{t_0}$.

**Beispiel 1.11** Die Bogenlänge eines Geradenstücks (s. Beispiel 0.8)

$$\mathbf{x} : [t_0, t_1] \to \mathbb{R}^3 \quad \text{mit} \quad \mathbf{x}(t) = \overset{0}{\mathbf{x}} + t\mathbf{a}, \ t \in [t_0, t_1]$$

ist wegen $\mathbf{x}'(t) = \mathbf{a}$

$$s_{t_0}(t_1) = \int_{t_0}^{t_1} |\mathbf{a}| du = |\mathbf{a}|(t_1 - t_0).$$

**Beispiel 1.12** Für die Bogenlänge einer Windung der Schraubenlinie

$$\mathbf{x} : t \mapsto \mathbf{x}(t) = (r \cos t, r \sin t, ct), \ t \in [0, 2\pi]$$

erhält man aus (1.5) $|\mathbf{x}'(t)| = \sqrt{r^2 + c^2}$, also

$$s_0(2\pi) = \int_0^{2\pi} \sqrt{r^2 + c^2} dt = 2\pi\sqrt{r^2 + c^2}.$$

Im Spezialfall $c = 0$ (Kreis) ergibt sich der wohlbekannte Kreisumfang $2\pi r$. Die Bogenlänge von $\mathbf{x}([0, t])$ ist

$$s_0(t) = t\sqrt{r^2 + c^2}. \tag{1.18}$$

**Beispiel 1.13** Es sei $f : [a, b] \to \mathbb{R}$ eine differenzierbare Funktion und

$$\mathbf{x} : [a, b] \to \mathbb{R}^2 \quad \text{mit} \quad \mathbf{x}(t) = (t, f(t)), \ t \in [a, b]$$

die Parametrisierung des Graphen von $f$ (s. Beispiel 1.3). Dann gilt $\mathbf{x}'(t) = (1, f'(t))$, $|x'(t)|^2 = 1 + (f'(t))^2$ und

$$s_a(b) = \int_a^b \sqrt{1 + (f'(t))^2} dt. \tag{1.19}$$

**Beispiel 1.14** Für die Kurve (s. Abb. 1.7)

$$\mathbf{x}(t) = (e^t \cos t, e^t \sin t, e^t), \quad t \in [0, \frac{\pi}{2}]$$

erhält man

$$\mathbf{x}'(t) = e^t(\cos t - \sin t, \sin t + \cos t, 1)$$

und nach einer einfachen Zwischenrechnung

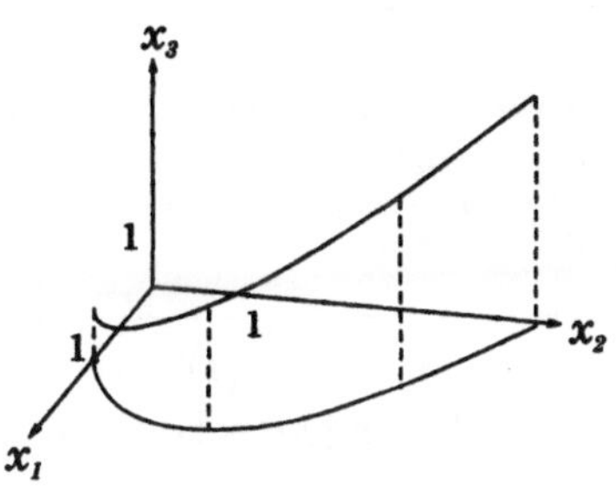


Abb. 1.7

$$s_0(t) = \int_0^t |\mathbf{x}'(u)|du = \int_0^t \sqrt{3}e^u du = \sqrt{3}(e^t - 1). \tag{1.20}$$

**Bemerkung 1.13** Die Bogenlänge einer Kurve $\mathbf{x} :$ $[a, b] \to \mathbb{R}^3$ kann als Grenzwert der Längen einbeschriebener Polygonzüge aufgefaßt werden. Dazu approximiert man die Spur $\mathcal{K} = \mathbf{x}([a, b])$ durch einen Polygonzug bezüglich einer Zerlegung

$$\mathcal{P} = \{a = t_0 < t_1 < \cdots < t_n = b\}$$

des Intervalls $[a, b]$ und betrachtet die Polygonzuglänge (s. Abb. 1.8)

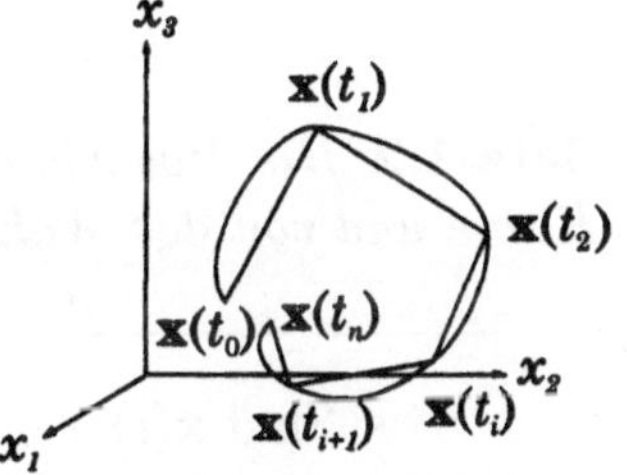


Abb. 1.8

$$l(\mathbf{x}, \mathcal{P}) := \sum_{i=1}^n |\mathbf{x}(t_i) - \mathbf{x}(t_{i-1})|.$$

Die Länge $l(\mathbf{x}, \mathcal{P})$ wächst, wenn man durch Zwischenschaltung von weiteren Kurvenpunkten den Polygonzug *verfeinert*. Es gibt Kurven, bei denen fortlaufende Verfeinerung der Polygonzuglänge die Längen $l(\mathbf{x}, \mathcal{P})$ über alle Grenzen wachsen läßt. Solche Kurven besitzen keine Bogenlänge (s. Abschnitt 2.3). Ist dagegen die Menge $\{l(\mathbf{x}, \mathcal{P})|\mathcal{P}\}$ nach oben beschränkt, und das ist insbesondere bei regulären Kurven der Fall, dann läßt sich zeigen (s. z.B. [Kre]), daß es zu jedem $\varepsilon > 0$ ein $\delta > 0$ gibt, so daß für

$$|\mathcal{P}| := \max_{1 \le i \le n}(t_i - t_{i-1}) < \delta \quad \text{gilt:} \quad |s_a(b) - l(\mathbf{x}, \mathcal{P})| < \varepsilon.$$

Kurven, die eine Bogenlänge besitzen, heißen nach G. Peano (1858-1932) *rektifizierbar* oder *streckbar*.

> **Satz 1.1** *Die Kurve* $\mathbf{x} : [a, b] \to I\!R^3$ *kürzester Länge zwischen zwei gegebenen Punkten* $\mathbf{p} = \mathbf{x}(a), \mathbf{q} = \mathbf{x}(b)$ *des* $I\!R^3$ *ist die Verbindungsgerade zwischen* $\mathbf{p}$ *und* $\mathbf{q}$.

*B e w e i s:* Ist $\mathbf{x}(t), t \in [a, b]$ eine beliebige Verbindungskurve von $\mathbf{p}$ und $\mathbf{q}$, dann gilt für jeden konstanten Vektor $\mathbf{v}$ mit $|\mathbf{v}| = 1$ wegen (0.7)

$$
\begin{aligned}
(\mathbf{q} - \mathbf{p}) \cdot \mathbf{v} &= (\mathbf{x}(b) - \mathbf{x}(a)) \cdot \mathbf{v} \\
&= \left( \int_a^b \mathbf{x}'(t)dt \right) \cdot \mathbf{v} = \int_a^b (\mathbf{v} \cdot \mathbf{x}'(t))dt \le \int_a^b |\mathbf{x}'(t)|dt = s_a(b),
\end{aligned}
$$

also insbesondere für $\mathbf{v} := \frac{(\mathbf{q} - \mathbf{p})}{|\mathbf{q} - \mathbf{p}|} : \ |\mathbf{q} - \mathbf{p}| \le s_a(b)$. $\qquad \square$

> **Satz 1.2** *Die Bogenlänge einer Kurve ist von der Parametrisierung der Kurve und von der Wahl des kartesischen Koordinatensystems unabhängig.*

*B e w e i s:* Sind $\mathbf{x}(t), t \in [a, b]$ und $\overset{*}{\mathbf{x}}(t^*), t^* \in [a^*, b^*]$ zwei Parametrisierungen mit der Parametertransformation $t^* \to t = t(t^*), t^* \in [a^*, b^*]$(s. Definition 1.5), dann folgt aus der Kettenregel (0.29) und der Substitutionsregel(s. [PfS])

$$
\int_a^b |\mathbf{x}'(t)|dt = \int_{a^*}^{b^*} \left| \frac{d\mathbf{x}}{dt}(t(t^*)) \right| \left| \frac{d}{dt^*}(t^*) \right| dt^* = \int_{a^*}^{b^*} |\overset{*}{\mathbf{x}}'(t^*)|dt^*.
$$

Zum Nachweis der Unabhängigkeit von der Wahl des Koordinatensystems sei daran erinnert, daß zwei kartesische Koordinatensysteme durch eine Bewegung (s. Abschnitt 0.1)

$$
\tilde{\mathbf{x}} = \mathbf{B}\mathbf{x} + \mathbf{c}, \quad \mathbf{B}^T\mathbf{B} = \mathbf{E}
$$

auseinander hervorgehen. Aus der Eigenschaft von Bewegungen folgt für $\tilde{\mathbf{x}}'(t) = \mathbf{B}\mathbf{x}'(t)$ sofort $|\tilde{\mathbf{x}}'(t)| = |\mathbf{x}'(t)|$ und damit die Behauptung. $\qquad \square$

**Bemerkung 1.14** Kurvendarstellungen sind stets sowohl von der Wahl des kartesischen Koordinatensystems als auch von der Wahl der Parametrisierung abhängig. *Geometrische Eigenschaften* der Kurve, also Ausdrücke in $\mathbf{x}(t)$ und ihren Ableitungen, die nur von der Kurve selbst, d.h. ihrer Spur im $I\!R^3$, nicht aber von der willkürlichen Wahl ihrer Darstellung abhängen, heißen *differentialgeometrische Invarianten*. Sie sind also *invariant* gegenüber

- *Umparametrisierungen der Kurve,*

- *Transformationen des kartesischen (Rechts-)Koordinatensystems (orientierungstreue Bewegungen).*

Nach Satz 1.2 ist die Bogenlänge eine solche Invariante. Weitere werden wir im folgenden kennenlernen. Die Invarianz gegenüber Umparametrisierungen verschafft man sich durch Parametrisierung der Kurve nach der Bogenlänge (s. Bemerkung 1.15). Die Invarianz gegenüber orientierungstreuen Bewegungen ist auf Grund der vektoriellen Schreibweise gesichert. Ein System von Invarianten heißt *vollständig,* wenn sich jede andere Invariante der betreffenden Kurve durch die Invarianten dieses Systems ausdrücken läßt. Die Hauptaufgabe der lokalen Kurventheorie ist die Herleitung eines vollständigen differentialgeometrischen Invariantensystems.

**Bemerkung 1.15** Ist $\mathbf{x}([a,t]) \to \mathbb{R}^3$ eine Kurve und $s = s(t) = \int_a^t |\mathbf{x}'(u)|\,du$ die Bogenlänge des Kurvenstücks $\mathbf{x}([a,t]), t \in [a,b]$, dann gilt für die Bogenlängenfunktion $t \mapsto s = s(t)$ nach dem Fundamentalsatz der Differential- und Integralrechnung

$$\frac{ds}{dt} = |\mathbf{x}'(t)| > 0. \tag{1.21}$$

Folglich besitzt $s = s(t)$ eine differenzierbare Umkehrfunktion $s \mapsto t = t(s)$ mit $s \in I_s := s([a,b])$ und (s. [PfS])

$$\frac{dt}{ds}\Big|_{t(s)} = \frac{1}{\dfrac{ds}{dt}\Big|_{s(t)}}. \tag{1.22}$$

Die Parametertransformation $t \to s = s(t)$ liefert gemäß Definition 1.5 (ersetze dort $t^*$ durch $s$!) eine *orientierungstreue Umparametrisierung der Kurve* $\mathbf{x}$ *nach der Bogenlänge:*

$$\overset{*}{\mathbf{x}} : I_s \to \mathbb{R}^3 \quad \text{mit} \quad \overset{*}{\mathbf{x}}(s) = \mathbf{x}(t(s)) = \mathbf{x}(t),\ t \in [a,b],\ s \in I_s, \tag{1.23}$$

für die nach (1.23), (1.22) und (1.21) gilt

$$\left|\frac{d\overset{*}{\mathbf{x}}}{ds}(s)\right| = \left|\frac{d\mathbf{x}(t(s))}{ds}\right| = |\mathbf{x}'(t)|\left|\frac{dt}{ds}\right| = \frac{|\mathbf{x}'(t)|}{\left|\frac{ds}{dt}\right|} = 1. \tag{1.24}$$

Damit ist bewiesen:

---

**Satz 1.3** *Zu jeder Kurve* $\mathbf{x} : I \to \mathbb{R}^3$ *gibt es eine orientierungstreue Umparametrisierung* $\overset{*}{\mathbf{x}} : I_s \to \mathbb{R}^3$ *nach der Bogenlänge* $s$.

---

**Bemerkung 1.16** Die Bogenlänge heißt wegen ihrer geometrischen Bedeutung, die sie vor anderen Parametern auszeichnet, auch *natürlicher Parameter* der Kurve.

**Beispiel 1.15** Für die Schraubenlinie $\mathbf{x}(t) = (r \cos t, r \sin t, ct)$, $t \in [0, b]$ (s. Beispiel 1.12) erhält man aus (1.18)

$$s = s(t) = \sqrt{r^2 + c^2}\, t, \quad t = t(s) = \frac{s}{\sqrt{r^2 + c^2}}, \quad s \in I_s = [0, \sqrt{r^2 + c^2}\, b]$$

und damit die folgende Umparametrisierung nach der Bogenlänge

$$\overset{*}{\mathbf{x}}(s) = (r \cos \frac{s}{\sqrt{r^2 + c^2}}, r \sin \frac{s}{\sqrt{r^2 + c^2}}, \frac{cs}{\sqrt{r^2 + c^2}}), \quad s \in I_s. \tag{1.25}$$

**Beispiel 1.16** Aus (1.20) folgt

$$t = t(s) = \ln(1 + \frac{s}{\sqrt{3}})$$

und damit als Parametrisierung der in Beispiel 1.14 dargestellten Kurve nach der Bogenlänge

$$\overset{*}{\mathbf{x}}(s) = \left(\frac{s}{\sqrt{3}} + 1\right)\left(\cos \ln(\frac{s}{\sqrt{3}} + 1), \sin \ln(\frac{s}{\sqrt{3}} + 1), 1\right), \quad s \in [0, \sqrt{3}(e - 1)]. \tag{1.26}$$

**Aufgabe 1.4** Bestimme für die Kurve $t \mapsto \mathbf{x}(t) = (t, \frac{4}{3}t^{\frac{3}{2}}, t^2)$, $t \in I = [0, 1]$ die Bogenlängenfunktion $s = s(t)$ und die Parametrisierung der Kurve nach der Bogenlänge.

## 1.3 Begleitendes Dreibein, Krümmung und Torsion

Die Beschreibung des Kurvenverlaufes in der Umgebung eines Kurvenpunktes $\mathbf{x}(s_0)$ vereinfacht sich, wenn man als Koordinatensystem ein angepaßtes orthonormales Dreibein benutzt, dessen Basisvektoren in Tangenten-, Normalen- und Binormalenrichtung (s. (1.29), (1.30), (1.33)) zeigen und dessen Ursprung in $\mathbf{x}(s_0)$ „verankert" ist. Dazu setzen wir im folgenden voraus, daß die Kurve

$$\mathbf{x} : s \mapsto \mathbf{x}(s), \quad s \in I \tag{1.27}$$

*nach der Bogenlänge s parametrisiert* sei. Dann gilt wegen (1.24) für alle $s \in I$

$$|\mathbf{x}'(s)| = 1. \tag{1.28}$$

In Abschnitt 1.1 (Definitionen 1.2 und 1.3) wurden der Tangentenvektor $\mathbf{x}'(s)$ und die Tangente definiert. Wegen (1.28) ist $\mathbf{x}'(s)$ ein Einheitsvektor.

---

**Definition 1.7** *Der Vektor* $\mathbf{t}(s_0) = \mathbf{x}'(s_0)$ *heißt Tangenteneinheitsvektor der Kurve bei* $\mathbf{x}(s_0)$. *Die Gerade*

$$\overset{T}{\mathbf{x}}(u) = \mathbf{x}(s_0) + u\mathbf{t}(s_0), \ u \in I\!\!R \tag{1.29}$$

*heißt Tangente der Kurve bei* $\mathbf{x}(s_0)$.

---

**Bemerkung 1.17** Bei einer Orientierungsänderung der Kurve wechselt $\mathbf{t}$ sein Vorzeichen, denn für $\mathbf{x}^*(-s) = \mathbf{x}(s)$ gilt $\frac{d\mathbf{x}^*}{d(-s)}(-s) = -\mathbf{x}'(s)$.

Man kann die Tangente an eine Kurve im Punkt $\mathbf{x}(s_0)$ als Grenzlage einer Sehnengerade durch zwei benachbarte Kurvenpunkte $\mathbf{x}(s_0)$ und $\mathbf{x}(s_0 + h)$ betrachten, die sich ergibt, wenn $h$ gegen Null strebt. So erhält man eine Gerade, die die Kurve im Punkt $\mathbf{x}(s_0)$ am besten approximiert.

---

**Definition 1.8** *Der für alle* $s_0$ *mit* $\mathbf{x}''(s_0) \neq \mathbf{o}$ *definierte Einheitsvektor*

$$\mathbf{n}(s_0) := \frac{\mathbf{x}''(s_0)}{|\mathbf{x}''(s_0)|} \tag{1.30}$$

*heißt Hauptnormalenvektor der Kurve bei* $\mathbf{x}(s_0)$. *Die Gerade*

$$\overset{N}{\mathbf{x}}(u) = \mathbf{x}(s_0) + u\mathbf{n}(s_0), \ u \in I\!\!R \tag{1.31}$$

*heißt Hauptnormale der Kurve bei* $\mathbf{x}(s_0)$.

---

**Definition 1.9** *Die Funktion*

$$s \mapsto \kappa(s) = |\mathbf{x}''(s)| \tag{1.32}$$

*heißt Krümmung der Kurve* $\mathbf{x}$.

**Bemerkung 1.18** Aus (1.28) und Bemerkung 0.8 folgt $\mathbf{n}(s) \perp \mathbf{t}(s)$.

**Bemerkung 1.19** Zur geometrischen Interpretation der Krümmung betrachten wir den Betrag des Winkel $\triangle\alpha(s,h)$ zweier benachbarter Tangentenvektoren $\mathbf{t}(s+h), \mathbf{t}(s)$ (s. Abb. 1.9). Aus (0.12) und (1.28) folgt $\sin\triangle\alpha(s,h) = |\mathbf{t}(s+h) \times \mathbf{t}(s)|$. Dann gilt wegen $\sin x = x - \frac{x^3}{3} + \cdots$ (s. [PfS])

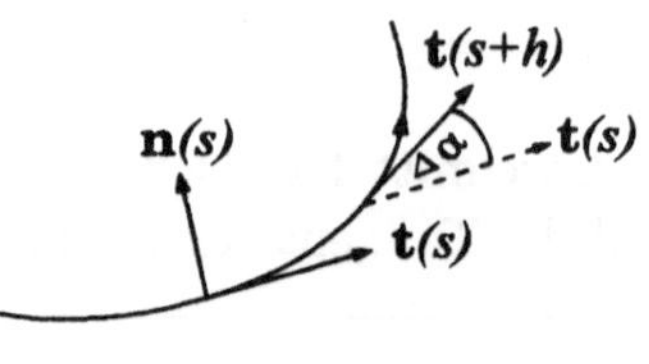


Abb. 1.9

$$\lim_{h\to 0}\frac{\triangle\alpha(s,h)}{h} = \lim_{h\to 0}\frac{1}{h}\sin\triangle\alpha(s,h) = \lim_{h\to 0}\frac{1}{h}\{\mathbf{t}(s)\times(\mathbf{t}(s+h)-\mathbf{t}(s))\}$$
$$= |\mathbf{t}(s)\times\mathbf{t}'(s)| = |\mathbf{t}'(s)| = |\mathbf{x}''(s)| = \kappa(s).$$

Die Krümmung gibt somit an, wie schnell sich die Kurve in einer Umgebung von $\mathbf{x}(s)$ von der Tangente durch $\mathbf{x}(s)$ „wegdreht".

---

**Satz 1.4** *Eine Kurve* $\mathbf{x} = \mathbf{x}(s)$ *ist dann und nur dann eine Gerade, wenn ihre Krümmung* $\kappa(s)$ *identisch Null ist.*

---

B e w e i s: Für eine Gerade $\mathbf{x}(s) = \mathbf{a} + s\mathbf{c}$, $s \in \mathbb{R}$ gilt $\mathbf{x}'(s) = \mathbf{c}, \mathbf{x}''(s) = \mathbf{o}$, also $\kappa(s) = |\mathbf{x}''(s)| = 0$ für alle $s$. Falls umgekehrt $\kappa(s) = |\mathbf{t}'(s)| = 0$ für alle $s$ gilt, so erhält man $\mathbf{t}'(s) = \mathbf{o}, \mathbf{x}'(s) = \mathbf{t}(s) = \mathbf{c} \neq \mathbf{o}$ und durch nochmalige Integration $\mathbf{x}(s) = \mathbf{a} + s\mathbf{c}$. $\square$

---

**Definition 1.10** *Ein Kurvenpunkt* $\mathbf{x}(s_0)$ *mit* $\kappa(s_0) = 0$ *heißt Wendepunkt.*

---

**Definition 1.11** *Der für alle* $s_0$ *mit* $\kappa(s_0) \neq 0$ *definierte Einheitsvektor*

$$\mathbf{b}(s_0) = \mathbf{t}(s_0) \times \mathbf{n}(s_0) \tag{1.33}$$

*heißt Binormalenvektor[4]) der Kurve* $\mathbf{x}$ *bei* $\mathbf{x}(s_0)$. *Die Gerade*

$$\overset{B}{\mathbf{x}}(u) = \mathbf{x}(s_0) + u\mathbf{b}(s_0), \quad u \in \mathbb{R} \tag{1.34}$$

*heißt Binormale der Kurve bei* $\mathbf{x}(s_0)$.

---

[4]) Der Name Binormalenvektor stammt von B. de SAINT-VENANT (1845).

**Bemerkung 1.20** Haupt- und Binormalenvektor existieren nur in Nichtwendepunkten. Aus den Eigenschaften des Vektorproduktes (s. Abschnitt 0.1) folgt:

$$|\mathbf{b}(s)| = 1, \ \mathbf{b}(s) \perp \mathbf{n}(s), \ \mathbf{b}(s) \perp \mathbf{t}(s), \{\mathbf{t}(s), \mathbf{n}(s), \mathbf{b}(s)\} \text{ ist } Rechtssystem.$$

Damit haben wir jedem Parameterwert $s$ mit $\kappa(s) \neq 0$ drei orthogonale Einheitsvektoren $\mathbf{t}(s), \mathbf{n}(s), \mathbf{b}(s)$ zugeordnet.

---

**Definition 1.12** *Das orthonormale Vektortripel* $\{\mathbf{t}(s_0), \mathbf{n}(s_0), \mathbf{b}(s_0)\}$ *heißt begleitendes oder Frenetsches Dreibein der Kurve im Punkt* $\mathbf{x}(s_0)$.

---

**Definition 1.13** *Die von je zwei Vektoren des begleitenden Dreibeins aufgespannte Ebene, ihr Ebenennormalenvektor und ihre Darstellung sind in folgender Tabelle zusammengestellt:*

| *Name* | *Aufgespannt von* | *Ebenennormalen- vektor* | *Darstellungen im Kurvenpunkt* $\overset{0}{\mathbf{x}}$ |
|---|---|---|---|
| *Schmiegebene* | $\mathbf{t}$ *und* $\mathbf{n}$ | $\mathbf{b}$ | $(\mathbf{x} - \overset{0}{\mathbf{x}})\mathbf{b} = 0$ *oder* <br> $\mathbf{x} = \overset{0}{\mathbf{x}} + u^1\mathbf{t} + u^2\mathbf{n}$ |
| *Normalebene* | $\mathbf{n}$ *und* $\mathbf{b}$ | $\mathbf{t}$ | $(\mathbf{x} - \overset{0}{\mathbf{x}})\mathbf{t} = 0$ *oder* <br> $\mathbf{x} = \overset{0}{\mathbf{x}} + u^1\mathbf{n} + u^2\mathbf{b}$ |
| *Streckebene* | $\mathbf{t}$ *und* $\mathbf{b}$ | $\mathbf{n}$ | $(\mathbf{x} - \overset{0}{\mathbf{x}})\mathbf{n} = 0$ *oder* <br> $\mathbf{x} = \overset{0}{\mathbf{x}} + u^1\mathbf{t} + u^2\mathbf{b}$ |

**Bemerkung 1.21** Die Streckebene heißt auch *rektifizierende Ebene*. In jedem Kurvenpunkt $\mathbf{x}(s_0)$ sind also drei Ebenen definiert. Für die von $\mathbf{t}(s_0)$ und $\mathbf{n}(s_0)$ im Punkt $\mathbf{x}(s_0)$ aufgespannte Schmiegebene erhält man insbesondere die Darstellungsmöglichkeiten

$$(\mathbf{x} - \mathbf{x}(s_0))\mathbf{b}(s_0) = 0 \ oder \ \mathbf{x} = \mathbf{x}(s_0) + u^1\mathbf{t}(s_0) + u^2\mathbf{n}(s_0); u^1, u^2 \in \mathbb{R}. \qquad (1.35)$$

Falls die Kurve $\mathbf{x}(s), s \in I$, eine *ebene* Kurve ist, d.h. ihre Spur $\mathbf{x}(I)$ in einer Ebene liegt, so ist diese Kurvenebene mit der Schmiegebene, die dann vom Kurvenpunkt unabhängig ist, identisch. Der Binormalenvektor als Normalenvektor der Schmiegebene ist nämlich konstant, da $\mathbf{t}(s)$ und $\mathbf{n}(s)$ stets in der gleichen Ebene liegen.

Analog zur Tangente (s. Bemerkung 1.17) kann man die Schmiegebene in $\mathbf{x}(s_0)$

an eine Kurve im Punkt $\mathbf{x}(s_0)$ als Grenzlage einer Ebene durch drei benachbarte Kurvenpunkte $\mathbf{x}(s_0), \mathbf{x}(s_0 + h), \mathbf{x}(s_0 + k)$ betrachten, die sich ergibt, wenn $h$ und $k$ gegen Null streben. So ist die Schmiegebene jene Ebene, die die Kurve im Punkt $\mathbf{x}(s_0)$ am besten approximiert.

Für die Ableitung von $\mathbf{b}(s) = \mathbf{t}(s) \times \mathbf{n}(s)$ erhält man aus (0.28) und (1.30)

$$\mathbf{b}'(s) = \mathbf{t}'(s) \times \mathbf{n}(s) + \mathbf{t}(s) \times \mathbf{n}'(s) = \mathbf{t}(s) \times \mathbf{n}'(s),$$

also $\mathbf{b}'(s) \perp \mathbf{t}(s), \mathbf{b}'(s) \perp \mathbf{b}(s)$ und

$$\mathbf{b}'(s) = -\tau(s)\mathbf{n}(s) \tag{1.36}$$

mit einer Funktion $\tau(s)$.

---

**Definition 1.14** *Es sei* $\mathbf{x}(s), s \in I$, *eine Kurve mit* $\mathbf{x}''(s) \neq \mathbf{o}$. *Die Funktion*

$$s \mapsto \tau(s) := -\mathbf{n}(s) \cdot \mathbf{b}'(s), \ s \in I \tag{1.37}$$

*heißt Torsion oder Windung der Kurve.*

---

**Bemerkung 1.22** Zur geometrischen Interpretation betrachten wir den Winkel $\triangle\beta(s, h)$ zweier benachbarter Binormalenvektoren $\mathbf{b}(s + h), \mathbf{b}(s)$. Dann folgt wie in Bemerkung 1.19 $|\tau(s)| = \lim_{h \to 0}(\triangle\beta(s, h)/h)$. Wegen $|\tau(s)| = |\mathbf{b}'(s)|$ (s. (1.36)) mißt also $|\tau(s)|$ die Änderungsrate benachbarter Schmiegebenen, $|\tau(s)|$ ist folglich ein Maß dafür, wie schnell sich die Kurve in einer Umgebung von $\mathbf{x}(s)$ aus der Schmiegebene im Punkt $\mathbf{x}(s)$ „herausdreht".

In Analogie zu Satz 1.4 erhält man

---

**Satz 1.5** *Eine Kurve* $\mathbf{x} = \mathbf{x}(s)$ *mit* $\mathbf{x}''(s) \neq \mathbf{o}$ *ist dann und nur dann eine ebene Kurve, wenn ihre Torsion identisch Null ist.*

---

B e w e i s : Ist die Kurve eben, dann ist nach Bemerkung 1.21 $\mathbf{b}(s) = \mathbf{b}_0$ konstant, also nach (1.37) $\tau \equiv 0$. Umgekehrt folgt aus $\tau \equiv 0$ und (1.36), daß $\mathbf{b}(s) = \mathbf{b}_0$ konstant ist. Dann ist $(\mathbf{x}(s) \cdot \mathbf{b}_0)' = \mathbf{x}'(s_0) \cdot \mathbf{b}_0 = 0$ und folglich $\mathbf{x}(s) \cdot \mathbf{b}_0$ konstant, so daß also $\mathbf{x}(s)$ in der Ebene mit $\mathbf{b}_0$ als Normalenvektor verläuft. $\square$

**Bemerkung 1.23** Im Gegensatz zur Krümmung kann die Torsion positiv oder negativ sein.

**Beispiel 1.17** Eine Parametrisierung der Schraubenlinie nach der Bogenlänge ist (s. Beispiele 1.2, 1.15 und (1.25))

$$\mathbf{x}(s) = (r\cos\frac{s}{l}, r\sin\frac{s}{l}, \frac{cs}{l}) \quad \text{mit} \quad l = \sqrt{r^2 + c^2},\ s \geq 0. \tag{1.38}$$

Durch Differentiation nach $s$ erhält man

$$\mathbf{x}'(s) = (-\frac{r}{l}\sin\frac{s}{l}, \frac{r}{l}\cos\frac{s}{l}, \frac{c}{l}) \tag{1.39}$$

$$\mathbf{x}''(s) = (-\frac{r}{l^2}\cos\frac{s}{l}, -\frac{r}{l^2}\sin\frac{s}{l}, 0). \tag{1.40}$$

Für die Krümmung folgt aus (1.32), (1.40)

$$\kappa(s) = |\mathbf{x}''(s)| = \frac{r}{l^2} = \frac{r}{r^2 + c^2}. \tag{1.41}$$

Als Krümmung des Kreises mit dem Radius $r$ bekommt man für den Spezialfall $c = 0 : \kappa(s) = \frac{1}{r}$. Damit sind

$$\mathbf{t}(s) = \mathbf{x}'(s),\ \mathbf{n}(s) = \frac{1}{\kappa(s)}\mathbf{x}''(s) = (-\cos\frac{s}{l}, -\sin\frac{s}{l}, 0) \tag{1.42}$$

und (s. (0.11))

$$\mathbf{b}(s) = \mathbf{t}(s) \times \mathbf{n}(s) = \det\begin{pmatrix} \mathbf{e}_1 & \mathbf{e}_2 & \mathbf{e}_3 \\ -\frac{r}{l}\sin\frac{s}{l} & \frac{r}{l}\cos\frac{s}{l} & \frac{c}{l} \\ -\cos\frac{s}{l} & -\sin\frac{s}{l} & 0 \end{pmatrix}$$

$$= \frac{1}{l}(c\sin\frac{s}{l}, -c\cos\frac{s}{l}, r) \tag{1.43}$$

die Vektoren des begleitenden Dreibeins der Schraubenlinie. Der Hauptnormalenvektor $\mathbf{n}(s)$ liegt also parallel zur $x_1, x_2$-Ebene und zeigt stets in Richtung der Schraubachse. Die Gleichungen der Tangente, Hauptnormale und Binormale in $\mathbf{x}(s_0)$ sind nach (1.29), (1.31), (1.34)

$$\overset{T}{\mathbf{x}}(u) = \mathbf{x}(s_0) + u\mathbf{t}(s_0) = \left(r\cos\frac{s_0}{l} - \frac{ur}{l}\sin\frac{s_0}{l}, r\sin\frac{s_0}{l} + \frac{ur}{l}\cos\frac{s_0}{l}, \frac{c\{s_0 + u\}}{l}\right)$$

$$\overset{N}{\mathbf{x}}(u) = \mathbf{x}(s_0) + u\mathbf{n}(s_0) = \left(r\cos\frac{s_0}{l} - u\cos\frac{s_0}{l}, r\sin\frac{s_0}{l} - u\sin\frac{s_0}{l}, \frac{cs_0}{l}\right)$$

$$\overset{B}{\mathbf{x}}(u) = \mathbf{x}(s_0) + u\mathbf{b}(s_0) = \left(r\cos\frac{s_0}{l} + \frac{uc}{l}\sin\frac{s_0}{l}, r\sin\frac{s_0}{l} - \frac{uc}{l}\cos\frac{s_0}{l}, \frac{cs_0 + ur}{l}\right).$$

Als Gleichung der Schmiegebene in $\mathbf{x}(s_0)$ erhält man nach (1.35)

$$c\sin\frac{s_0}{l}(x_1 - r\cos\frac{s_0}{l}) - c\cos\frac{s_0}{l}(x_2 - r\sin\frac{s_0}{l}) + r(x_3 - \frac{cs_0}{l}) = 0. \tag{1.44}$$

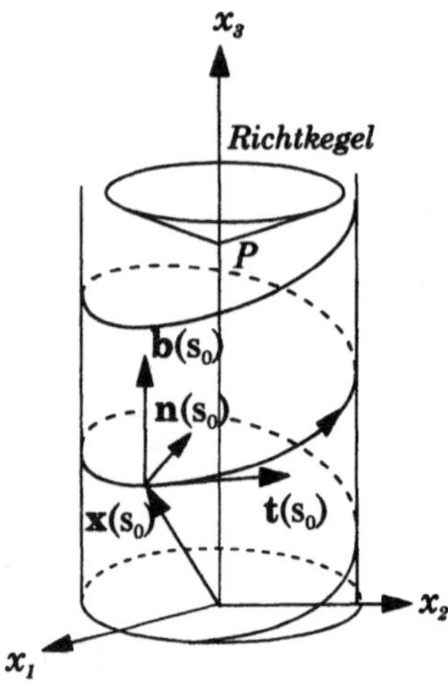


Abb. 1.10

Differentiation von (1.43) ergibt (s. Abb. 1.10)

$$\mathbf{b}'(s) = \frac{1}{l^2}\left(c\cos\frac{s}{l}, c\sin\frac{s}{l}, 0\right), \tag{1.45}$$

und aus (1.37), (1.42), (1.45) folgt für die Torsion der Schraubenlinie

$$\tau(s) = -\mathbf{n}(s)\cdot\mathbf{b}'(s) = \frac{c}{l^2} = \frac{c}{r^2+c^2}. \tag{1.46}$$

Die Schraubenlinie hat also konstante Krümmung und konstante Torsion. Durch das Vorzeichen der Torsion bzw. des Parameters $c$ wird der *Schraubsinn* festgelegt:

$c > 0$ : Rechtsschraubung (rechtsgewunden),

$c < 0$ : Linksschraubung (linksgewunden).

Wegen $\mathbf{n}(s) \perp \mathbf{e}_3$ ist $\mathbf{n}(s)$ auch Flächennormalenvektor des Schraubzylinders. Folglich ist die von $\mathbf{t}(s)$ und $\mathbf{b}(s)$ aufgespannte Streckebene Tangentialebene an den Schraubzylinder. Aus (1.39) folgt ferner für den Winkel zwischen der Schraubachse $\mathbf{e}_3$ und dem Tangentenvektor $\mathbf{t}(s)$

$$\cos\angle(\mathbf{e_3},\mathbf{t}(s)) = \frac{c}{l} = \frac{c}{\sqrt{r^2+c^2}} = \text{const.}$$

Der Winkel zwischen dem Tangentenvektor und der $x_1, x_2$-Ebene ist also konstant. Verschiebt man alle Tangenten der Schraubenlinie parallel durch einen festen Punkt P der Schraubachse, so bilden sie einen Kegel, den sogenannten *Richtkegel* der Kurve mit der Spitze P, der Schraubachse als Kegelachse und dem Öffnungswinkel $\alpha$ mit $\tan(2\alpha) = \dfrac{r}{c}$ (s. [Bra]).

**Bemerkung 1.24** Eine Kurve mit nichtverschwindender Krümmung heißt *Böschungslinie,* wenn ihre Tangenten mit einer festen Richtung einen konstanten Winkel bilden.[5] Aus Beispiel 1.17 folgt: Schraubenlinien sind spezielle Böschungslinien.

## 1.4 Frenetsche Gleichungen

Die Ableitungen $\mathbf{t}'(s), \mathbf{n}'(s), \mathbf{b}'(s)$ der Vektoren des begleitenden Dreibeines einer nach der Bogenlänge $s$ parametrisierten Kurve $\mathbf{x} : s \mapsto \mathbf{x}(s), s \in I$, lassen

---

[5] Um unerwünschtes Schalten bei Kraftfahrzeugen zu vermeiden, versucht man beim Straßenbau, möglichst Straßen konstanten Anstieges, also Böschungslinien, zu erreichen.

sich durch die Basisvektoren $\mathbf{t}(s), \mathbf{n}(s), \mathbf{b}(s)$ selbst ausdrücken. Die erste dieser *Ableitungsgleichungen* kennen wir schon aus (1.30) und (1.32): $\mathbf{t}' = \kappa\mathbf{n}$, wobei wir der Bequemlichkeit halber $s$ weglassen. Ferner entnehmen wir aus (1.36): $\mathbf{b}' = -\tau\mathbf{n}$.

Schließlich folgt aus $\mathbf{n} = \mathbf{b} \times \mathbf{t}$ (s. Bemerkung 1.20) und (0.28)

$$\mathbf{n}' = \mathbf{b}' \times \mathbf{t} + \mathbf{b} \times \mathbf{t}' = -\tau(\mathbf{n} \times \mathbf{t}) + \kappa(\mathbf{b} \times \mathbf{n}) = \tau\mathbf{b} - \kappa\mathbf{t}.$$

---

**Satz 1.6** *Für die Vektoren des begleitenden Dreibeines einer nach der Bogenlänge $s$ parametrisierten Kurve $\mathbf{x} = \mathbf{x}(s), s \in I$, mit $\kappa(s) \neq 0$ gelten die Frenetschen Gleichungen*

$$\begin{aligned} \mathbf{t}' &= & \kappa\mathbf{n} & \\ \mathbf{n}' &= -\kappa\mathbf{t} & & +\tau\mathbf{b} \\ \mathbf{b}' &= & -\tau\mathbf{n} & \end{aligned}$$

---

**Bemerkung 1.25** Die Frenetschen Gleichungen beherrschen die gesamte Theorie der Raumkurven. Sie wurden unabhängig von F. FRENET (1847) und J. A. SERRET (1851) entdeckt. Die schiefsymmetrische Struktur der Gleichungen

$$\begin{pmatrix} \mathbf{t}' \\ \mathbf{n}' \\ \mathbf{b}' \end{pmatrix} = \begin{pmatrix} 0 & \kappa & 0 \\ -\kappa & 0 & \tau \\ 0 & -\tau & 0 \end{pmatrix} \begin{pmatrix} \mathbf{t} \\ \mathbf{n} \\ \mathbf{b} \end{pmatrix}$$

folgt aus der Orthonormalität des begleitenden Dreibeins. Wegen $\tau\mathbf{t}' + \kappa\mathbf{b}' = \mathbf{o}$ sind die Vektoren $\{\mathbf{t}', \mathbf{n}', \mathbf{b}'\}$ linear abhängig.

**Aufgabe 1.5** Bestätige die Frenetschen Gleichungen für die Schraubenlinie unter Berücksichtigung von (1.42), (1.43) und Beispiel 1.17.

## Kinematische Deutung der Frenetschen Gleichungen

Wir wollen uns im folgenden mit den Bewegungen beschäftigen, die das begleitende Dreibein der zueinander orthogonalen Einheitsvektoren $\mathbf{t}(s), \mathbf{n}(s), \mathbf{b}(s)$ ausführt, wenn der Kurvenpunkt eine nach der Bogenlänge parametrisierte Kurve $\mathbf{x} = \mathbf{x}(s), s \in I$ durchläuft. Als „Zeitmaß" (Parameter) benutzt man also die Bogenlänge, so daß die Kurve mit der konstanten Geschwindigkeit $|\mathbf{x}'(s)| = 1$ durchlaufen wird und der Geschwindigkeitsvektor $\mathbf{x}'(s)$ (s. Bemerkung 1.3) mit dem Tangenteneinheitsvektor $\mathbf{t}(s)$ der Kurve zusammenfällt. Da bei dieser Bewegung die Winkel und Längen des Dreibeines ungeändert bleiben, haben wir es mit der Bewegung eines *starren Körpers* zu tun.

**Die sphärischen Bilder einer Kurve.** Von C. G. J. JACOBI (1804 - 1851) stammt die Idee, die Vektoren $\mathbf{t}(s), \mathbf{n}(s), \mathbf{b}(s)$ des begleitenden Dreibeines einer nach der Bogenlänge parametrisierten Kurve $\mathbf{x} = \mathbf{x}(s)$ mit $\kappa(s) \neq 0$ im Ursprung O des kartesischen Koordinatensystems anzutragen und die Kurven ihrer Endpunkte während der Bewegung des Kurvenpunktes auf der Einheitssphäre zu untersuchen. Die auf diese Weise durch

$$\mathbf{t}(s), \quad \mathbf{n}(s), \quad \mathbf{b}(s), \quad s \in I \tag{1.47}$$

beschriebenen Kurven auf der Einheitssphäre heißen *sphärisches Tangentenbild, sphärisches Hauptnormalenbild* bzw. *sphärisches Binormalenbild* der Kurve $\mathbf{x} = \mathbf{x}(s)$. Für die Bogendifferentiale $(ds)_t, (ds)_n, (ds)_b$ (s. (1.17)) dieser drei sphärischen Bilder erhält man aus den Frenetschen Gleichungen

$$\begin{aligned}
(ds)_t &= |\mathbf{t}'(s)|ds = |\kappa(s)\mathbf{n}(s)|ds = \kappa(s)ds \\
(ds)_n &= |\mathbf{n}'(s)|ds = |-\kappa(s)\mathbf{t}(s) + \tau(s)\mathbf{b}(s)|ds = \sqrt{(\kappa(s))^2 + (\tau(s))^2}ds \\
(ds)_b &= |\mathbf{b}'(s)|ds = |-\tau(s)\mathbf{n}(s)| = |\tau(s)|ds.
\end{aligned}$$

Krümmung und Betrag der Windung der Ausgangskurve $\mathbf{x} = \mathbf{x}(s)$ messen also die Geschwindigkeit, genauer den Betrag des Geschwindigkeitsvektors (s. Bemerkung 1.3), des sphärischen Tangenten- bzw. Binormalenbildes. Die von M. A. LANCRET (1802) eingeführte *Totalkrümmung*

$$\lambda := \sqrt{\kappa^2 + \tau^2} \tag{1.48}$$

mißt dann die Geschwindigkeit des sphärischen Hauptnormalenbildes, und es gilt die *Lancret-Gleichung*

$$(ds)_n^2 = (ds)_t^2 + (ds)_b^2. \tag{1.49}$$

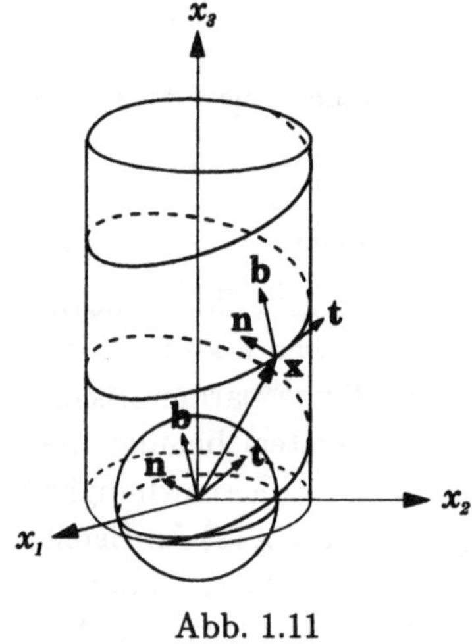


Abb. 1.11

**Beispiel 1.18** Für die Schraubenlinie aus Beispiel 1.17 gilt nach (1.39), (1.42), (1.43)

$$\mathbf{t} = \mathbf{t}(s) = \left(-\frac{r}{l}\sin\frac{s}{l}, \frac{r}{l}\cos\frac{s}{l}, \frac{c}{l}\right), l = \sqrt{r^2 + c^2},$$

$$\mathbf{n} = \mathbf{n}(s) = \left(-\cos\frac{s}{l}, -\sin\frac{s}{l}, 0\right)$$

$$\mathbf{b} = \mathbf{b}(s) = \frac{1}{l}\left(c\sin\frac{s}{l}, -\cos\frac{s}{l}, r\right).$$

Die sphärischen Bilder sind Kreisbögen auf der Einheitssphäre mit den konstanten $x_3$-Koordinaten $\frac{c}{l}, 0, \frac{r}{l}$.

**Aufgabe 1.6** Zeige, daß die Tangente an das sphärische Binormalenbild an eine Kurve $\mathbf{x}(s)$ parallel zur Hauptnormalen an $\mathbf{x}(s)$ in entsprechenden Punkten ist.

**Aufgabe 1.7** Zeige, daß eine Kurve genau dann eine Böschungslinie ist, wenn der Quotient aus Windung und Krümmung konstant ist.

**Bemerkung 1.26** Zu jedem Kurvenpunkt $\mathbf{x}(s)$ einer Kurve mit $\kappa(s) \neq 0$ gibt es genau eine Schraubenlinie, so daß Krümmung, Windung und das begleitende Dreibein beider Kurven in $\mathbf{x}(s)$ gleich sind. Aus (1.41) und (1.46) folgen nämlich in eindeutiger Weise der Radius $r$ und der Parameter $c$ der Schraubenlinie:

$$r = \frac{\kappa(s)}{(\kappa(s))^2 + (\tau(s))^2}, \quad c = \frac{\tau(s)}{\kappa(s))^2 + (\tau(s))^2}.$$

Die so bestimmte Schraubenlinie durch $\mathbf{x}(s)$ drehe man schließlich so, daß beide Dreibeine übereinstimmen.

Durchläuft man also die Kurve $\mathbf{x}(s)$, so hängt das begleitende Dreibein $\mathcal{D}(s) = (\mathbf{t}(s), \mathbf{n}(s), \mathbf{b}(s))$ mit einem infinitesimal benachbarten Dreibein $\mathcal{D}(s + \Delta s)$ durch eine *infinitesimale Schraubung* $\mathcal{S}(s, \Delta s)$ zusammen, die um eine bestimmte Achse $a(s, \Delta s)$ erfolgt und sich aus einer *infinitesimalen Drehung* um die Achse $a(s, \Delta s)$ und einer *infinitesimalen Translation* zusammensetzt. Die Translationsbewegung ist durch die Kurve und die Durchlaufgeschwindigkeit eins des Kurvenpunktes vollständig beschrieben. Die Drehung wird durch den Vektor der Winkelgeschwindigkeit charakterisiert.

**Die Winkelgeschwindigkeit.** Bekanntlich kann jede Drehung mit der Winkelgeschwindigkeit $\omega$ um eine Achse $a$ durch einen auf $a$ liegenden Vektor $\boldsymbol{\omega}$ der Länge $\omega$ kennzeichnen, dessen Schubsinn zusammen mit dem Drehsinn eine Rechtsschraubung bildet. Der Punkt $\mathbf{x}$ des rotierenden Körpers hat dann die Geschwindigkeit (s. Abb. 1.12)

$$\mathbf{x}' = \boldsymbol{\omega} \times \mathbf{x}. \tag{1.50}$$

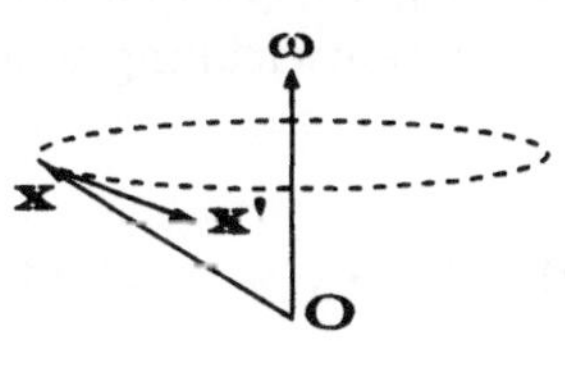


Denn $\boldsymbol{\omega} \times \mathbf{x}$ ist ein Vektor, dessen Richtung mit $\boldsymbol{\omega}$ und $\mathbf{x}$ einen rechten Winkel bildet und dessen Betrag gleich dem Produkt aus der Winkelgeschwindigkeit $\omega$ und dem Abstand von der Drehachse $r = |\mathbf{x}| \sin \angle(\boldsymbol{\omega}, \mathbf{x})$ ist.

Abb. 1.12

Setzt man nun in (1.50) für $\mathbf{x}$ der Reihe nach die Vektoren $\mathbf{t}, \mathbf{n}, \mathbf{b}$ des begleitenden Dreibeines der gegebenen Kurve $\mathbf{x} = \mathbf{x}(s)$ ein, so erhält man die *Formeln von* DARBOUX (1887)

$$\mathbf{t}' = \boldsymbol{\omega} \times \mathbf{t}, \quad \mathbf{n}' = \boldsymbol{\omega} \times \mathbf{n}, \quad \mathbf{b}' = \boldsymbol{\omega} \times \mathbf{b}, \tag{1.51}$$

aus denen unter Berücksichtigung der Frenetschen Gleichungen die Koordinaten $\omega_i$ von $\boldsymbol{\omega} = \omega_1 \mathbf{t} + \omega_2 \mathbf{n} + \omega_3 \mathbf{b}$ eindeutig bestimmbar sind. Man erhält nämlich aus

$$\begin{aligned}
\mathbf{t}' &= \kappa \mathbf{n} = \boldsymbol{\omega} \times \mathbf{t} = (\omega_1 \mathbf{t} + \omega_2 \mathbf{n} + \omega_3 \mathbf{b}) \times \mathbf{t} = \omega_3 \mathbf{n} - \omega_2 \mathbf{b} \\
\mathbf{b}' &= -\tau \mathbf{n} = \boldsymbol{\omega} \times \mathbf{b} = (\omega_1 \mathbf{t} + \omega_2 \mathbf{n} + \omega_3 \mathbf{b}) \times \mathbf{b} = \omega_2 \mathbf{t} - \omega_1 \mathbf{n}
\end{aligned}$$

durch Koeffizientenvergleich $\omega_1 = \tau,\ \omega_2 = 0,\ w_3 = \kappa$, also

$$\boldsymbol{\omega} = \tau \mathbf{t} + \kappa \mathbf{b}. \tag{1.52}$$

Der von $s$ abhängige Winkelgeschwindigkeitsvektor $\boldsymbol{\omega}$ heißt auch *Darbouxscher Drehvektor* der momentanen Drehung. Sein Betrag ist die Winkelgeschwindigkeit

$$\omega = \sqrt{\kappa^2 + \tau^2},$$

die also mit der Lancretschen Totalkrümmung (1.48) übereinstimmt. Der Darbouxsche Vektor liegt in der Streckebene und steht senkrecht auf der Ebene, in der $\mathbf{t}', \mathbf{n}', \mathbf{b}'$ liegen. Bei ebenen Kurven ($\tau = 0$) hat $\boldsymbol{\omega}$ die Richtung des Normalenvektors der Ebene, in der die Kurve liegt, und die Winkelgeschwindigkeit ist gleich der Krümmung der Kurve.

**Beispiel 1.19** Der Darbouxsche Drehvektor der Schraubenlinie aus Beispiel 1.17 ist gemäß (1.41), (1.39), (1.46), (1.43)

$$\boldsymbol{\omega}(s) = \tau(s)\mathbf{t}(s) + \kappa(s)\mathbf{b}(s) = \frac{1}{\sqrt{r^2 + c^2}}(0, 0, 1).$$

**Die kanonische Darstellung einer Raumkurve.** Um das Verhalten einer nach der Bogenlänge parametrisierten Kurve $\mathbf{x}(s)$ in einer Umgebung von $s = 0$ zu untersuchen, betrachtet man die ersten Glieder der Taylorentwicklung von $\mathbf{x}(s)$ in $s = 0$ (siehe (0.30))

$$\mathbf{x}(s) = \mathbf{x}(0) + \mathbf{x}'(0)s + \frac{1}{2!}\mathbf{x}''(0)s^2 + \frac{1}{3!}\mathbf{x}'''(0)s^3 + \cdots. \tag{1.53}$$

Setzt man $\mathbf{x}(0) =: \mathbf{x}_0,\ \mathbf{t}(0) =: \mathbf{t}_0,\ \kappa(0) = \kappa_0$, usw., so gilt nach (1.30) $\mathbf{x}_0'' = \kappa_0 \mathbf{n}_0$ und unter Beachtung der zweiten Frenetschen Gleichung

$$\mathbf{x}_0''' = (\kappa \mathbf{n})_0' = \kappa_0' \mathbf{n}_0 + \kappa_0 \mathbf{n}_0' = \kappa_0' \mathbf{n}_0 + \kappa_0(-\kappa_0 \mathbf{t}_0 + \tau_0 \mathbf{b}_0).$$

Damit nimmt (1.53) die folgende Gestalt an:

$$\mathbf{x}(s) = \mathbf{x}_0 + (s - \tfrac{\kappa_0^2}{6}s^3)\mathbf{t}_0 + (\tfrac{\kappa_0}{2}s^2 + \tfrac{\kappa_0'}{6}s^3)\mathbf{n}_0 + (\tfrac{\kappa_0\tau_0}{6}s^3)\mathbf{b}_0 + \cdots . \tag{1.54}$$

Mittels vollständiger Induktion und der Frenetschen Gleichungen kann man für beliebiges $n$ eine Zerlegung der Form

$$\mathbf{x}_0^{(n)} = F\mathbf{t}_0 + G\mathbf{n}_0 + H\mathbf{b}_0$$

beweisen, wobei $F, G, H$ ganze rationale Funktionen von $\kappa$ und $\tau$ sowie ihren Ableitungen nach $s$ sind.

Wählt man nun das kartesische Koordinatensystem wie folgt

$$\mathbf{x}_0 = (0,0,0), \quad \mathbf{t}_0 = (1,0,0), \quad \mathbf{n}_0 = (0,1,0), \quad \mathbf{b}_0 = (0,0,1),$$

dann erhält man aus (1.54) die folgende

---

*Kanonische Darstellung der Koordinaten des Kurvenpunktes* $\mathbf{x}(s)$

$$
\begin{aligned}
x_1(s) &= s &&- \tfrac{1}{6}\kappa_0^2 s^3 &&+ \cdots \\
x_2(s) &= &\tfrac{1}{2}\kappa_0 s^2 &+ \tfrac{1}{6}\kappa_0' s^3 &&+ \cdots \\
x_3(s) &= &&\tfrac{1}{6}\kappa_0\tau_0 s^3 &&+ \cdots
\end{aligned}
\tag{1.55}
$$

---

Zum Studium der Kurve $\mathbf{x}(s)$ in einer Umgebung von $s = 0$ genügt es, sich auf die Glieder niedrigster Ordnung in $s$ zu beschränken, wodurch als Näherungskurve die *kubische Schmiegparabel*

$$\tilde{\mathbf{x}}(s) = \left(s, \frac{\kappa_0}{2}s^2, \frac{\kappa_0\tau_0}{6}s^3\right) \tag{1.56}$$

entsteht, die in $s = 0$ dieselbe Krümmung und Windung wie die Kurve $\mathbf{x}(s)$ hat. Die Näherungskurve (1.56) ist von Vorteil für die Diskussion der *Normalrisse* der Kurve $\mathbf{x}(s)$ auf die Schmiegebene ($x_3 = 0$), die Normalebene ($x_1 = 0$) und die Streckebene ($x_2 = 0$). (1.56) liefert dann folgende *Näherungen dieser Risse* (s. Abb. 1.13):

In der Schmiegebene ($x_3 = 0$) die Kurve $x_1(s) = s$, $x_2(s) = \dfrac{\kappa_0 s^2}{2}$, d.h. die *quadratische Parabel*

$$x_2 = \frac{\kappa_0}{2}x_1^2. \tag{1.57}$$

In der Normalebene ($x_1 = 0$) die Kurve $x_2(s) = \tfrac{\kappa_0}{2}s^2$, $x_3(s) = \tfrac{\kappa_0\tau_0}{6}s^3$, d.h. die *semikubische Parabel* (oder *Neilsche Parabel*)

$$x_3 = \left(\frac{\sqrt{2}\tau_0}{3\sqrt{\kappa_0}}\right)x_2^{\frac{3}{2}}. \tag{1.58}$$

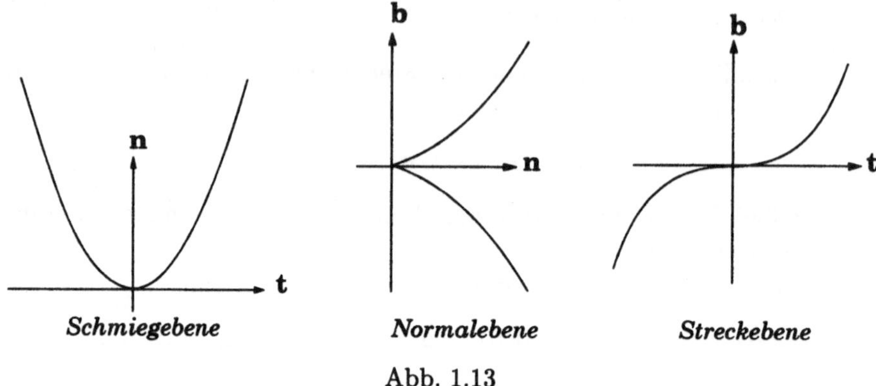

<table>
<tr><td align="center">*Schmiegebene*</td><td align="center">*Normalebene*</td><td align="center">*Streckebene*</td></tr>
</table>

Abb. 1.13

In der Streckebene $(x_2 = 0)$ die Kurve $x_1(s) = s, x_3(s) = \frac{\kappa_0 \tau_0}{6} s^3$, d.h. die *kubische Parabel*

$$x_3 = \left(\frac{\tau_0 \kappa_0}{6}\right) x_1^3. \tag{1.59}$$

Für $\tau \neq 0$ liegt die Kurve zu beiden Seiten der Schmiegebene.

## 1.5 Fundamentalsatz der Kurventheorie, Invarianten

Fassen wir die wichtigsten bisherigen Resultate zusammen:
- Jede (reguläre) Kurve besitzt eine Bogenlänge $s$ und kann nach dieser parametrisiert werden.
- In jedem festen Kurvenpunkt $\mathbf{x}(s_0)$ sind das begleitende Dreibein $(\mathbf{t}(s_0), \mathbf{n}(s_0), \mathbf{b}(s_0))$ sowie die Krümmung $\kappa(s_0)$ und die Torsion $\tau(s_0)$ wohldefiniert.
- Die Frenetschen Gleichungen verbinden die Ableitungen der Vektoren des begleitenden Dreibeins mit den Vektoren selbst, wobei Krümmung und Torsion gerade als Koeffizienten dieses Differentialgleichungssystems auftreten.

Kurvendarstellungen hängen sowohl von der Parameterwahl als auch von der Wahl des kartesischen Koordinatensystems ab. So liegt die Frage nahe, ob es möglich ist, eine Kurve unabhängig von diesen „künstlichen, willkürlichen" Festlegungen zu charakterisieren (abgesehen von ihrer speziellen Lage im Raum, d. h. von orientierungstreuen Bewegungen). Zur Lösung dieses Problems benötigt man differentialgeometrische Invarianten (s. Bemerkung 1.14). Eine solche Invariante ist die Bogenlänge (s. Satz 1.2). Weitere Invarianten sind die Krümmung $\kappa(s)$ und die Torsion $\tau(s)$. Die Invarianz gegenüber Umparametrisierung folgt durch Parametrisierung der Kurve nach der Bogenlänge (s.

Bemerkung 1.15).

---

**Definition 1.15** *Ist* $s \mapsto \overset{*}{\mathbf{x}}(s)$, $s \in I_s$ *eine Umparametrisierung einer Kurve* $t \mapsto \mathbf{x}(t)$, $t \in I$ *nach der Bogenlänge, so definiert man*

$$\kappa(t) := \overset{*}{\kappa}(s(t)), \quad \tau(t) := \overset{*}{\tau}(s(t)) \tag{1.60}$$

$$\mathbf{t}(t) := \overset{*}{\mathbf{t}}(s(t)), \quad \mathbf{n}(t) := \overset{*}{\mathbf{n}}(s(t)), \quad \mathbf{b}(t) := \overset{*}{\mathbf{b}}(s(t)). \tag{1.61}$$

*Mit anderen Worten: Krümmung, Torsion und begleitendes Dreibein einer beliebig parametrisierten Kurve* $\mathbf{x}(t)$ *und ihrer Umparametrisierung* $\overset{*}{\mathbf{x}}(s)$ *nach der Bogenlänge stimmen überein.*

---

Die Invarianz des begleitenden Dreibeins gegenüber orientierungstreuen Bewegungen ist auf Grund der vektoriellen Schreibweise gesichert (s. Abschnitt 0.1, Bemerkung 1.14). Krümmung und Torsion sind nach (1.32) und (1.37) durch den Vektorbetrag bzw. durch ein Skalarprodukt zweier Vektoren definiert, woraus sofort ihre Bewegungsinvarianz folgt. Damit erhalten wir:

---

**Satz 1.7** *Die Bogenlänge* $s$, *die Krümmung* $\kappa$ *und die Torsion* $\tau$ *einer Kurve sind differentialgeometrische Invarianten.*

---

Es stellt sich nun heraus, daß Krümmung und Torsion eine Kurve bis auf ihre räumliche Lage eindeutig festlegen, also ein *vollständiges* Invariantensystem darstellen (s. Bemerkung 1.14). Der folgende Fundamentalsatz stammt von S. LIE (1882) und G. DARBOUX (1887):

---

**Fundamentalsatz der lokalen Kurventheorie**
*Zu vorgegebenen differenzierbaren Funktionen*

$$\kappa(s) > 0, \quad \tau(s), \quad s \in I \tag{1.62}$$

*gibt es stets eine Kurve* $\mathbf{x} = \mathbf{x}(s)$, $s \in I$ *mit der Bogenlänge* $s$, *der Krümmung* $\kappa(s)$ *und der Torsion* $\tau(s)$. *Die Kurve ist durch die beiden Funktionen* (1.62) *bis auf orientierungstreue Bewegungen eindeutig bestimmt.*

---

Die grundsätzliche Bedeutung dieses Satzes liegt im Nachweis, daß Krümmung und Torsion ein *vollständiges* Invariantensystem der Kurve bilden. Jede geometrische Eigenschaft einer Kurve ist dann bereits durch Krümmung und Torsion allein bestimmt. Man kennt also die Geometrie der Kurve vollständig, wenn die *natürlichen Gleichungen*

$$\kappa = \kappa(s), \ \tau = \tau(s) \tag{1.63}$$

gegeben sind. Nach dem Fundamentalsatz ist die Kurve $\mathbf{x}(s)$ vollständig festgelegt durch einen festen Punkt $\mathbf{x}_0 = \mathbf{x}_0(s)$, das begleitende Dreibein $(\mathbf{t}_0, \mathbf{n}_0, \mathbf{b}_0)$ in diesem Punkt und durch die natürlichen Gleichungen (1.63).

Der Beweis dieses Satzes folgt aus der allgemeinen Theorie linearer Differentialgleichungssysteme, wenn man sie auf die Frenetschen Gleichungen (s. Satz 1.6) anwendet. Diese stellen nämlich ein System von neun homogenen, linearen Differentialgleichungen für die neun Koordinaten der Vektoren $\mathbf{t}, \mathbf{n}, \mathbf{b}$ dar. Unter obigen Differenzierbarkeitsvoraussetzungen besitzen die Frenetschen Gleichungen genau ein Tripel von Lösungsvektoren $\mathbf{t}(s), \mathbf{n}(s), \mathbf{b}(s)$, das für einen Anfangswert $s = s_0$ mit den vorgegebenen Anfangsvektoren $\mathbf{t}_0, \mathbf{n}_0, \mathbf{b}_0$ übereinstimmt (siehe z.B. [WeMe]). Der Ortsvektor $\mathbf{x}(s)$ der Kurve durch $\mathbf{x}_0$ ist dann eindeutig durch

$$\mathbf{x}(s) = \mathbf{x}_0 + \int_{s_0}^{s} \mathbf{t}(s)ds$$

bestimmt. Entsprechend der willkürlichen Wahl der Anfangsdaten $\mathbf{x}_0, \mathbf{t}_0, \mathbf{n}_0, \mathbf{b}_0$ ist die Kurve $\mathbf{x}(s)$ nur bis auf Bewegungen eindeutig bestimmt. Ausführliche Beweise des Fundamentalsatzes findet man z.B. in [Kre], [Stru], [Lip], [dCa].

**Bemerkung 1.27** Eine explizite Bestimmung der Kurve $\mathbf{x}(s)$ aus (1.62), d.h., die Integration der Frenetschen Gleichungen, kann i. allg. n i c h t durch elementare Quadraturen geleistet werden. S. LIE und G. DARBOUX zeigten nämlich, daß das System der Frenetschen Gleichungen einer Riccatischen Differentialgleichung äquivalent ist, die i. allg. nicht elementar integrierbar ist (vgl. [BrSe], [WeMe]).

**Beispiel 1.20** Die natürlichen Gleichungen eines Kreises mit dem Radius $r$ sind $\kappa(s) = \frac{1}{r}$, $\tau(s) \equiv 0$ (s. Beispiele 1.1 und 1.17 für $c = 0$). Nach dem Fundamentalsatz sind die Kreise die einzigen ebenen Kurven konstanter nichtverschwindender Krümmung. Die Frenetschen Gleichungen reduzieren sich wegen $\mathbf{b} = \text{const}, \tau \equiv 0$ auf $\mathbf{t}' = \frac{1}{r}\mathbf{n}$, $\mathbf{n}' = -\frac{1}{r}\mathbf{t}$, woraus durch nochmalige Differentiation die lineare Differentialgleichung für $\mathbf{t}$

$$\mathbf{t}'' + \frac{1}{r^2}\mathbf{t} = \mathbf{o}$$

folgt, aus der man leicht durch Integration die Parametrisierung (1.3) erhält.

Die einzigen Kurven mit $\kappa \equiv 0$ sind Geraden (s. Satz 1.4). Raumkurven konstanter Krümmung und konstanter Torsion sind die Schraubenlinien (s. Beispiel 1.17). Der Fundamentalsatz liefert nun

---

**Satz 1.8** *Die einzigen Kurven konstanter Krümmung und konstanter Torsion sind Geraden, Kreise und Schraubenlinien.*

---

## 1.6 Krümmung und Torsion bei beliebiger Parametrisierung

In den Abschnitten 1.3 bis 1.5 hatten wir stets Kurvenparametrisierungen nach der Bogenlänge $s$ vorausgesetzt. Wir betrachten nun eine Kurve $t \mapsto \mathbf{x}(t)$, $t \in I$ mit einem beliebigen Parameter $t$. Man beachte, daß in vielen Fällen die Bogenlänge $s(t)$ gar nicht explizit bestimmbar ist. In Definition 1.14 hatten wir Krümmung, Torsion und begleitendes Dreibein für beliebig parametrisierte Kurven erklärt. Im folgenden sollen auch explizite Berechnungsformeln hergeleitet werden. Dazu drücken wir die Ableitung nach $t$ durch einen Punkt über dem jeweiligen Kernbuchstaben aus: $\dfrac{d\mathbf{x}}{dt} = \dot{\mathbf{x}}$, $\dfrac{ds}{dt} = \dot{s}$, usw. Die Ableitung nach der Bogenlänge kennzeichnen wir wie bisher durch einen Strich. Man erhält unter Beachtung von (1.23), (1.21), (1.22), (1.61), (1.60), (1.30), (1.32), (1.33) und (1.37)

$$\dot{\mathbf{x}}(t) = \frac{d}{dt}\overset{*}{\mathbf{x}}(s(t)) = \overset{*}{\mathbf{x}}'(s)\dot{s}(t) = \overset{*}{\mathbf{t}}(s)|\dot{\mathbf{x}}(t)|,$$

also

$$\mathbf{t}(t) = \overset{*}{\mathbf{t}}(s) = \frac{\dot{\mathbf{x}}(t)}{|\dot{\mathbf{x}}(t)|}, \quad \kappa(t) = \overset{*}{\kappa}(s) = |\overset{*}{\mathbf{t}}'(s)| = \frac{|\dot{\mathbf{t}}(t)|}{|\dot{\mathbf{x}}(t)|},$$

$$\mathbf{n}(t) = \overset{*}{\mathbf{n}}(s) = \frac{\overset{*}{\mathbf{t}}'(s)}{\overset{*}{\kappa}(s)} = \frac{\dot{\mathbf{t}}(t)}{|\dot{\mathbf{t}}(t)|}, \quad \ddot{\mathbf{x}}(t) = \frac{d}{dt}(\overset{*}{\mathbf{x}}'(s)\dot{s}) = \overset{*}{\mathbf{x}}'\ddot{s} + \overset{*}{\mathbf{x}}''\dot{s}^2$$

$$|\dot{\mathbf{x}}(t) \times \ddot{\mathbf{x}}(t)| = |\dot{\mathbf{x}}|^3 \cdot |\overset{*}{\mathbf{x}}'(s) \times \overset{*}{\mathbf{x}}''(s)| = |\dot{\mathbf{x}}|^3 \overset{*}{\kappa}(s)|\overset{*}{\mathbf{t}}(s) \times \overset{*}{\mathbf{n}}(s)| = |\dot{\mathbf{x}}|^3 \kappa(t).$$

$$\tau(t) = \overset{*}{\tau}(s) = -\overset{*}{\mathbf{b}}'(s) \cdot \overset{*}{\mathbf{n}}(s) = \frac{-\dot{\mathbf{b}}(t) \cdot \mathbf{n}(t)}{|\dot{\mathbf{x}}(t)|} = \frac{(\mathbf{t}(t) \times \mathbf{n}(t)) \cdot \dot{\mathbf{n}}(t)}{|\dot{\mathbf{x}}(t)|}$$

$$= \frac{(\mathbf{t}(t) \times \dot{\mathbf{t}}(t)) \cdot \dot{\mathbf{n}}(t)}{|\dot{\mathbf{x}}(t)|^2 \kappa(t)} = \frac{(\mathbf{t}(t) \times \dot{\mathbf{t}}(t)) \cdot \ddot{\mathbf{t}}(t)}{|\dot{\mathbf{x}}(t)|^3 (\kappa(t))^2} = \frac{(\dot{\mathbf{x}}(t) \times \ddot{\mathbf{x}}(t)) \cdot \dddot{\mathbf{x}}(t)}{|\dot{\mathbf{x}}(t) \times \ddot{\mathbf{x}}(t)|^2}.$$

Damit folgt:

**Satz 1.9** *Für eine beliebig parametrisierte Kurve* $t \mapsto \mathbf{x}(t)$, $t \in I$ *mit nichtverschwindender Krümmung gilt*

$$\mathbf{t}(t) = \frac{\dot{\mathbf{x}}(t)}{|\dot{\mathbf{x}}(t)|}, \quad \mathbf{n}(t) = \frac{\dot{\mathbf{t}}(t)}{|\dot{\mathbf{t}}(t)|}, \quad \mathbf{b}(t) = \mathbf{t}(t) \times \mathbf{n}(t), \qquad (1.64)$$

$$\kappa(t) = \frac{|\dot{\mathbf{t}}(t)|}{|\dot{\mathbf{x}}(t)|} = \frac{|\dot{\mathbf{x}}(t) \times \ddot{\mathbf{x}}(t)|}{|\dot{\mathbf{x}}(t)|^3}, \qquad (1.65)$$

$$\tau(t) = \frac{-\dot{\mathbf{b}}(t) \cdot \mathbf{n}(t)}{|\dot{\mathbf{x}}(t)|} = \frac{(\dot{\mathbf{x}}(t) \times \ddot{\mathbf{x}}(t)) \cdot \dddot{\mathbf{x}}(t)}{|\dot{\mathbf{x}}(t) \times \ddot{\mathbf{x}}(t)|^2}. \qquad (1.66)$$

**Definition 1.16** *Durch jeden Kurvenpunkt* $\mathbf{x}(t_0)$ *einer Kurve* $t \mapsto \mathbf{x}(t)$, $t \in I$ *mit* $\kappa(t) \neq 0$ *gibt es genau einen in der Schmiegebene von* $\mathbf{x}(t_0)$ *liegenden Kreis* $\mathcal{K}(t_0)$ *mit dem Mittelpunkt*

$$\overset{M}{\mathbf{x}}(t_0) = \mathbf{x}(t_0) + \frac{1}{\kappa(t_0)} \mathbf{n}(t_0) \qquad (1.67)$$

*und dem Radius*

$$\varrho(t_0) = \frac{1}{\kappa(t_0)}. \qquad (1.68)$$

$\mathcal{K}(t_0)$ *heißt Krümmungskreis,* $\varrho(t_0)$ *Krümmungsradius und* $\overset{M}{\mathbf{x}}(t_0)$ *Krümmungsmittelpunkt der Kurve in* $\mathbf{x}(t_0)$.

**Bemerkung 1.28** Da der Krümmungskreis $\mathcal{K}(t_0)$ in der Schmiegebene und der Krümmungsmittelpunkt auf der Hauptnormalen liegen, kann man $\mathcal{K}(t_0)$ stets so orientieren, daß sein Tangenteneinheitsvektor in $\mathbf{x}(t_0)$ mit dem der Kurve übereinstimmt. Dann haben beide Kurven im *Berührungspunkt* $\mathbf{x}(t_0)$ sogar das gleiche begleitende Dreibein, und wegen $\kappa = \frac{1}{\varrho}$ sind in $\mathbf{x}(t_0)$ auch noch ihre Krümmungen gleich (s. Beispiel 1.17). Man nennt daher diese Berührung der Kurve durch den Krümmungskreis eine *Berührung zweiter Ordnung,* während die Tangente die Kurve in $\mathbf{x}(t_0)$ nur von *erster* Ordnung berührt (s. Abb. 1.14).

**Beispiel 1.21** Für die Kurve

$$\mathbf{x}(t) = (3t - t^3, 3t^2, 3t + t^3)$$

erhält man aus (1.64) - (1.68)

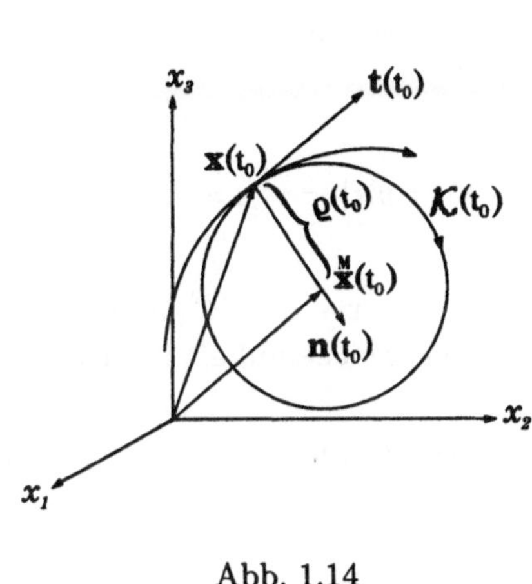

Abb. 1.14

$$\dot{\mathbf{x}}(t) = (3 - 3t^2, 6t, 3 + 3t^2),$$
$$|\dot{\mathbf{x}}(t)| = 3\sqrt{2}(1 + t^2),$$
$$\mathbf{t}(t) = \frac{1}{\sqrt{2}(1 + t^2)}(1 - t^2, 2t, 1 + t^2),$$
$$\mathbf{n}(t) = \frac{1}{1 + t^2}(-2t, 1 - t^2, 0),$$
$$\mathbf{b}(t) =$$
$$\frac{1}{\sqrt{2}(1 + t^2)^2} \det \begin{pmatrix} \mathbf{e_1} & \mathbf{e_2} & \mathbf{e_3} \\ 1-t^2 & 2t & 1+t^2 \\ -2t & 1-t^2 & 0 \end{pmatrix}$$
$$= \frac{1}{\sqrt{2}(1 + t^2)}(t^2 - 1, -2t, 1 + t^2),$$
$$\dot{\mathbf{x}}(t) \times \ddot{\mathbf{x}}(t) = 18(t^2 - 1, -2t, 1 + t^2),$$
$$\kappa(t) = \frac{|\dot{\mathbf{x}}(t) \times \ddot{\mathbf{x}}(t)|}{|\dot{\mathbf{x}}(t)|^3} = \frac{1}{3(1 + t^2)},$$

$$\tau(t) = \frac{1}{3(1+t^2)}, \quad \varrho(t) = 3(1 + t^2), \quad \overset{M}{\mathbf{x}}(t) = (-3t - t^3, 3, 3t + t^3).$$

Wegen $\dfrac{\tau(t)}{\kappa(t)} = $ const ist obige Kurve eine Böschungslinie (s. Aufgabe 1.7).

**Aufgabe 1.8** Berechne die Krümmung und Torsion für die Kurve $\mathbf{x}(t) = (t, t^2, t^3)$.

**Aufgabe 1.9** Bestimme begleitendes Dreibein, Krümmung, Torsion, Schmiegebene, Normalebene, Streckebene, Krümmungsradius und Krümmungsmittelpunkt der Kurve $\mathbf{x}(t) = (\cos t, \sin t, \ln \tan \frac{t}{2})$, $t \in [0, \pi)$ im Punkt $\mathbf{x}(\frac{\pi}{2}) = (0, 1, 0)$.

**Aufgabe 1.10** Zeige, daß die Menge aller Krümmungsmittelpunkte der Schraubenlinie (1.38) wieder eine Schraubenlinie bildet, und zwar mit der gleichen Ganghöhe und dem Radius $\frac{c^2}{r}$.

## 1.7 Anwendungen in der Mechanik

1. Interpretiert man $\mathbf{x} = \mathbf{x}(t)$ als Bahnkurve eines Massenpunktes mit $t$ als Zeitparameter, so sind $\dot{\mathbf{x}}(t)$ und $\ddot{\mathbf{x}}(t)$ der *Geschwindigkeits-* und *Beschleunigungsvektor* (s. Bemerkung 1.3). Offenbar gilt $\dot{\mathbf{x}}(t) = |\dot{\mathbf{x}}(t)|\mathbf{t}(t)$ mit $|\dot{\mathbf{x}}(t)| = v(t)$. (Zur Winkelgeschwindigkeit siehe Abschnitt 1.4.) Das begleitende Dreibein ist das der Bewegung des Massenpunktes am besten angepaßte Bezugssystem. Der Beschleunigungsvektor $\ddot{\mathbf{x}}(t)$ liegt stets in der Schmiegebene, seine Koordinaten $a_t$ und $a_n$ der Zerlegung

$$\ddot{\mathbf{x}} = a_t \mathbf{t} + a_n \mathbf{n}$$

heißen *Tangential-* oder *Bahnbeschleunigung* und *Normal-* oder *Zentripedal-beschleunigung*. Für $a_t$ und $a_n$ erhält man

$$a_t = \ddot{\mathbf{x}} \cdot \mathbf{t} = \frac{\dot{\mathbf{x}} \cdot \ddot{\mathbf{x}}}{\sqrt{\dot{\mathbf{x}} \cdot \dot{\mathbf{x}}}} = \frac{d}{dt}\sqrt{\dot{\mathbf{x}} \cdot \dot{\mathbf{x}}} = \dot{v}$$

und aus (1.64), (1.65), (1.68)

$$a_n = \ddot{\mathbf{x}} \cdot \mathbf{n} = \frac{1}{|\dot{\mathbf{t}}|}(\dot{\mathbf{t}} \cdot \ddot{\mathbf{x}}) = \frac{1}{|\dot{\mathbf{t}}|}(\dot{\mathbf{t}} \cdot \{\dot{v}\mathbf{t} + v\dot{\mathbf{t}}\}) = v|\dot{\mathbf{t}}| = v^2\kappa = \frac{v^2}{\varrho}.$$

**2. F l ä c h e n s a t z .** Ist $\mathbf{x} = \mathbf{x}(t)$, $t \in [a,b]$ eine Kurve des $\mathbb{R}^2$, so hat der vom Strahl $\mathbf{x}$ für $a \leq t \leq b$ überstrichene Sektor den Flächeninhalt (s. [KöPf])

$$F_a^b(\mathbf{x}) = \frac{1}{2}\int_a^b (x_1(t)\dot{x}_2(t) - x_2(t)\dot{x}_1(t))dt. \tag{1.69}$$

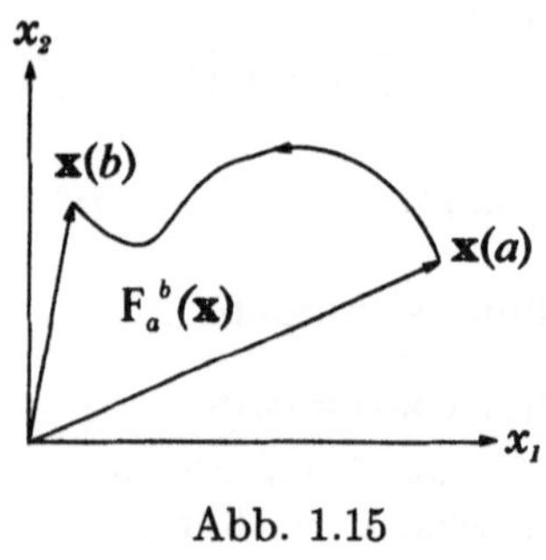


Abb. 1.15

Der Integrand
$c_{\mathbf{x}}(t) := \frac{1}{2}(x_1(t)\dot{x}_2(t) - x_2(t)\dot{x}_1(t))$
wird auch *Flächengeschwindigkeit* genannt (s. [Gri]). Wegen $\dot{c}_{\mathbf{x}}(t) = \frac{1}{2}(x_1(t)\ddot{x}_2(t) - x_2(t)\ddot{x}_1(t))$ ist $\dot{c}_{\mathbf{x}}(t)$ genau dann gleich Null, wenn $\mathbf{x}(t)$ und $\ddot{\mathbf{x}}(t)$ linear abhängig sind, was bei Zentralbewegungen der Fall ist. Dann ist also die Flächengeschwindigkeit konstant. Diese Aussage heißt *Flächensatz* oder *zweites Keplersches Gesetz* ([BHW]).

**Aufgabe 1.11** Zeige, daß die Kurve $\mathbf{x}(t) = (\cosh t, \sinh t, e^t)$ eben ist.

**Aufgabe 1.12** Die Kurve $\mathbf{x}(t) := (r\cosh t, r\sinh t, rt)$ $(r = \text{const})$ heißt *hyperbolische Schraubenlinie*.
(a) Bestimme die Bogenlängenfunktion $s_0(t)$, die Krümmung, die Torsion und die natürlichen Gleichungen.
(b) Beweise, daß auch $\tilde{\mathbf{x}}(t) = (rt, \sqrt{2}r\ln t, \frac{r}{t})$ die hyperbolische Schraubenlinie ist.

**Aufgabe 1.13** Zwei Kurven $\mathcal{K}, \mathcal{K}^*$ heißen *Bertrandsche Kurven*, wenn sie gemeinsame Hauptnormalen haben. Zeige, daß sowohl der Abstand zwischen zugehörigen Punkten als auch der Winkel zwischen zugehörigen Tangenten auf zwei Bertrandschen Kurven konstant sind.

# 2  Ebene Kurven

## 2.1 Darstellungsformen

Ebene Kurven sind nach Satz 1.5 durch eine verschwindende Torsion oder
durch einen konstanten Binormalenvektor charakterisiert. Wählt man das kartesische Koordinatensystem so, daß die ebene Kurve[6] in der $x_1, x_2$-Ebene liegt,
dann hat jede ebene Kurve nach Bemerkung 1.1 eine Parameterdarstellung der
Form $t \mapsto \mathbf{x}(t) = (x_1(t), x_2(t)) \in \mathbb{R}^2$. Beim Studium ebener Kurven werden
wir statt $x_1, x_2$ die üblichen Bezeichnungen $x, y$ verwenden. Jede (parametrisierte, differenzierbare) ebene Kurve ist also wie folgt darstellbar $\mathbf{x} : I \to \mathbb{R}^2$
mit $\mathbf{x}(t) = (x(t), y(t))$, $t \in I$, kurz:

$$\mathbf{x} = \mathbf{x}(t) \quad \text{oder} \quad x = x(t), \ y = y(t), \ t \in I. \tag{2.1}$$

Aus der Analysis ist uns der Graph einer differenzierbaren Funktion als Kurve
wohl vertraut (s. Beispiel 1.3). Eine Parameterdarstellung ist dann (s. (1.6))
$x(t) = t$, $y(t) = f(t)$. Die Darstellung

$$y = f(x) \quad \text{oder} \quad y = y(x), \quad x \in I \tag{2.2}$$

heißt *explizite Kurvendarstellung*.
Auch die Menge aller Punkte $(x, y) \in \mathbb{R}^2$, die einer Gleichung $F(x, y) = 0$
genügen, wobei $F$ eine differenzierbare Funktion ist, kann eine Kurve sein[7].
Unter der Voraussetzung $F(x_0, y_0) = 0$, $F_y(x_0, y_0) \neq 0$ ist $F(x, y) = 0$ in
einer Umgebung von $(x_0, y_0)$ eindeutig nach $y$ auflösbar: $y = y(x)$ [8] (s. (2.2),
Beispiel 0.17, [HRS]). Die Gleichung

$$F(x, y) = 0 \tag{2.3}$$

---

[6]) Hier ist eigentlich die Spur der Kurve gemeint (s. Bemerkung 1.2). Bei geometrischen
Betrachtungen lassen wir im folgenden der Einfachheit halber das Wort *Spur* gelegentlich
weg.

[7]) Nach einem Satz von WHITNEY ist jede abgeschlossene Menge des $\mathbb{R}^2$ die Nullstellen-
menge einer Funktion $F(x, y)$.

[8]) Analoges gilt im Fall $F_x(x_0, y_0) \neq 0$.

heißt *implizite Kurvendarstellung*.

Schließlich ist noch die Darstellung einer Kurve in Polarkoordinaten (s. Beispiel 0.15) gebräuchlich. Jeder Kurvenpunkt $\mathbf{x}$ mit $x = r\cos\varphi$, $y = r\sin\varphi$ und $\mathbf{x} \neq \mathbf{o}$ ist durch seinen Abstand $r$ vom Nullpunkt und seinen Winkel $\varphi = \angle(\mathbf{x}, \mathbf{e}_1)$ charakterisierbar. Oft ist eine Kurve bereits durch die sogenannte *Polargleichung* oder *Radiusfunktion*

$$r = r(\varphi), \quad \varphi \in I \tag{2.4}$$

eindeutig festgelegt. Diese erzeugt dann vermöge (0.37) eine Parameterdarstellung

$$x(\varphi) = r(\varphi)\cos\varphi, \; y(\varphi) = r(\varphi)\sin\varphi, \quad \varphi \in I. \tag{2.5}$$

**Beispiel 2.1** K r e i s d a r s t e l l u n g e n . Wir betrachten als Kurve einen Kreis $S_a$ mit dem Radius $a > 0$ und dem Mittelpunkt $O$ (s. Abb. 2.1).

Parameterdarstellung: $\quad x(t) = a\cos t, \; y(t) = a\sin t; \quad 0 \le t \le 2\pi$

Explizite Darstellung: $\quad y(x) = \begin{cases} +\sqrt{a^2 - x^2} & \text{(oberer Halbkreis)} \\ -\sqrt{a^2 - x^2} & \text{(unterer Halbkreis)} \end{cases}$

Implizite Darstellung: $\quad F(x, y) = x^2 + y^2 - a^2 = 0$

Polargleichung: $\qquad\qquad r(\varphi) = a = \text{const.}$

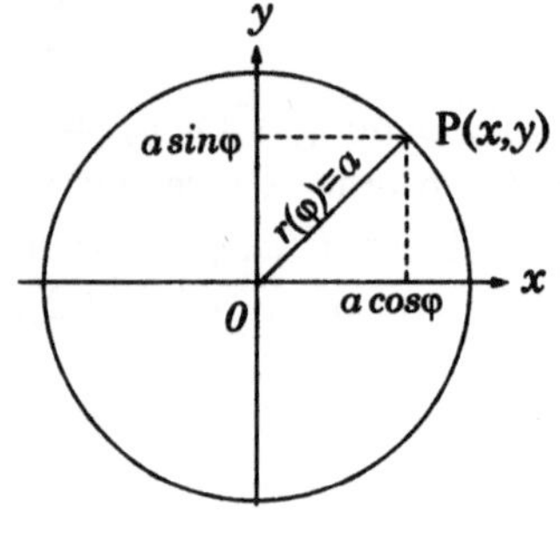


Abb. 2.1

Zur Berechnung des Tangenteneinheitsvektors $\mathbf{t}_0$ in

$$\mathbf{x}_0 = \mathbf{x}(t_0) = (x_0, y_0) = (r_0 \cos\varphi_0, r_0 \sin\varphi_0)$$

bezüglich der Kurvendarstellungen (2.2) - (2.4) erhält man für (2.2) aus Beispiel 1.13 $\mathbf{t}_0 = (1, y_0')$, für (2.3) aus (0.43) $y_0' = -\dfrac{(F_x)_0}{(F_y)_0}$ und für (2.4) aus (2.5)

$$y_0' = \frac{\left(\dfrac{dy}{d\varphi}\right)_0}{\left(\dfrac{dx}{d\varphi}\right)_0} = \frac{r_0' \sin\varphi_0 + r_0 \cos\varphi_0}{r_0' \cos\varphi_0 - r_0 \sin\varphi_0}, \tag{2.6}$$

wobei $y_0' = y'(x_0)$, $(F_x)_0 = F_x(x_0, y_0)$, $r_0' = r'(\varphi_0)$ usw. gesetzt wurde.

| Kurve | $\mathbf{t}_0$ | Tangentengleichung | |
|---|---|---|---|
| $(x(t), y(t))$ | $\dfrac{(\dot{x}_0, \dot{y}_0)}{\sqrt{\dot{x}_0^2 + \dot{y}_0^2}}$ | $\dot{x}_0(y - y_0) = \dot{y}_0(x - x_0)$ | (2.7) |
| $y = y(x)$ | $\dfrac{(1, y_0')}{\sqrt{1 + y_0'^2}}$ | $y - y_0 = y_0'(x - x_0)$ | (2.8) |
| $F(x, y) = 0$ | $\dfrac{((F_y)_0, -(F_x)_0)}{\sqrt{(F_x)_0^2 + (F_y)_0^2}}$ | $(F_x)_0(x - x_0) + (F_y)_0(y - y_0) = 0$ | (2.9) |
| $r = r(\varphi)$ | $\left(\dfrac{r_0' \cos\varphi_0 - r_0 \sin\varphi_0}{\sqrt{r_0'^2 + r_0^2}}, \dfrac{r_0' \sin\varphi_0 + r_0 \cos\varphi_0}{\sqrt{r_0'^2 + r_0^2}}\right)$ | $(r_0' \cos\varphi_0 - r_0 \sin\varphi_0)(y - y_0)$ $= (r_0' \sin\varphi_0 + r_0 \cos\varphi_0)(x - x_0)$ | (2.10) |

Aus (1.17), (1.19), (0.43), (2.5) und (2.6) bekommt man für das Bogenelement:

| | | |
|---|---|---|
| $(x(t), y(t))$ | $ds = \sqrt{(\dot{x}(t))^2 + (\dot{y}(t))^2}\,dt$ | (2.11) |
| $y = y(x)$ | $ds = \sqrt{1 + (y'(x))^2}\,dx$ | (2.12) |
| $r = r(\varphi)$ | $ds = \sqrt{(r(\varphi))^2 + (r'(\varphi))^2}\,d\varphi$ | (2.13) |

**Aufgabe 2.1** Bestimme aus (1.17), (2.5) das Bogenelement einer Kurve zur Darstellung (2.4).

---

**Definition 2.1** *Der Normalenvektor* $\mathbf{n}_+$ *einer ebenen Kurve ist der aus dem Tangenteneinheitsvektor* $\mathbf{t}$ *durch eine Drehung um* $90^0$ *entgegen dem Uhrzeigersinn hervorgehende Einheitsvektor.*

---

**Bemerkung 2.1** Der in Definition 2.1 erklärte Normalenvektor $\mathbf{n}_+$ stimmt mit dem in (1.30), (1.64) definierten Hauptnormalenvektor $\mathbf{n}$ für Raumkurven nur bis auf das Vorzeichen überein. Sie sind genau dann gleich, wenn das Zweibein $\{\mathbf{t}, \mathbf{n}\}$ die gleiche Orientierung wie $\{\mathbf{e}_1, \mathbf{e}_2\}$ hat.

**Bemerkung 2.2** Falls $\mathbf{t} = (t_1, t_2)$, so folgt für den Normalenvektor einer *ebenen* Kurve

$$\mathbf{n}_+ = (-t_2, t_1). \tag{2.14}$$

| Kurve | $\mathbf{n}_+$ | Normalengleichung | |
|---|---|---|---|
| $(x(t), y(t))$ | $\dfrac{(-\dot{y}_0, \dot{x}_0)}{\sqrt{\dot{x}_0^2 + \dot{y}_0^2}}$ | $\dot{x}_0(x - x_0) + \dot{y}_0(y - y_0) = 0$ | (2.15) |
| $y = y(x)$ | $\dfrac{(-y_0', 1)}{\sqrt{1 + y_0'^2}}$ | $(x - x_0) + y_0'(y - y_0) = 0$ | (2.16) |
| $F(x, y) = 0$ | $\dfrac{((F_x)_0, (F_y)_0)}{\sqrt{(F_x)_0^2 + (F_y)_0^2}}$ | $(F_y)_0(x - x_0) - (F_x)_0(y - y_0) = 0$ | (2.17) |

**Bemerkung 2.3** Die Frenetschen Gleichungen (Satz 1.6) reduzieren sich für eine ebene Kurve wegen $\mathbf{b}' = \mathbf{o}$ auf $\mathbf{t}' = \kappa\mathbf{n}, \quad \mathbf{n}' = -\kappa\mathbf{t}$. Um ihre Gültigkeit auch für das Zweibein $\{\mathbf{t}, \mathbf{n}_+\}$ zu sichern, muß man für eine ebene Kurve auch die Krümmungsdefinition 1.9 bzw. (1.65) entsprechend modifizieren:

---

**Definition 2.2** *Die Funktion*

$$\kappa_g(t) := \frac{\dot{\mathbf{t}}(t) \cdot \mathbf{n}_+(t)}{|\dot{\mathbf{x}}(t)|} \tag{2.18}$$

*heißt Krümmung der ebenen Kurve* $\mathbf{x}(t)$.

---

**Bemerkung 2.4** Wählt man als Parameter $t$ die Bogenlänge $s$, dann folgt aus (2.18) und $\mathbf{t}' = \kappa\mathbf{n}$

$$\kappa_g = \mathbf{t}'\mathbf{n}_+ = \kappa\mathbf{n}\mathbf{n}_+ =_{(\pm)}\kappa \Leftrightarrow \mathbf{n} =_{(\pm)}\mathbf{n}_+$$

sowie $\kappa_g\mathbf{n}_+ = \kappa\mathbf{n}$. Die Frenetschen Gleichungen für $\{\mathbf{t}, \mathbf{n}_+\}$ sind dann

$$\mathbf{t}' = \kappa_g\mathbf{n}_+, \quad \mathbf{n}'_+ = -\kappa_g\mathbf{t}. \tag{2.19}$$

In Abschnitt 4.7 (Bemerkung 4.41) wird ersichtlich, daß $\kappa_g$ gerade die geodätische Krümmung einer *ebenen* Kurve ist. Zur geometrischen Interpretation der Krümmung siehe Bemerkung 1.19.

**Vereinbarung** Im folgenden sollen unter dem Normalenvektor und der Krümmung einer *ebenen* (!) Kurve stets die in den Definitionen 2.1 und 2.2 erklärten $\mathbf{n}_+$ und $\kappa_g$ verstanden werden. Der Einfachheit halber bezeichnen wir sie aber wie bei Raumkurven mit $\mathbf{n}$ und $\kappa$.

Explizite Ausdrücke für die Krümmung in Abhängigkeit von den verschiedenen Kurvendarstellungen erhält man aus (2.18), (2.14), (2.7) - (2.10) und (2.15) - (2.17) (s. Tabelle). Insbesondere folgt aus $\mathbf{t} = \dfrac{\dot{\mathbf{x}}}{|\dot{\mathbf{x}}|}$, $\dot{\mathbf{t}}\mathbf{n} = \dfrac{\ddot{\mathbf{x}}\mathbf{n}}{|\dot{\mathbf{x}}|}$ und (2.15) die Formel (2.20). Die Differentiation von $y' = -\dfrac{F_x}{F_y}$ (s. (0.43)) liefert

$$y'' = \frac{-F_{xx}F_y{}^2 + 2F_xF_yF_{xy} - F_{yy}F_x{}^2}{F_y{}^3},$$

und aus $\quad \kappa = \dfrac{y''}{(1 + y'^2)^{\frac{3}{2}}} = \dfrac{F_y{}^3 y''}{(F_x{}^2 + F_y{}^2)^{\frac{3}{2}}} \quad$ folgt (2.22).

| Kurve | Krümmung $\kappa$ | |
|---|---|---|
| $(x(t), y(t))$ | $\dfrac{\dot{x}\ddot{y}-\dot{y}\ddot{x}}{(\dot{x}^2+\dot{y}^2)^{\frac{3}{2}}}$ | (2.20) |
| $y = y(x)$ | $\dfrac{y''}{(1+(y')^2)^{\frac{3}{2}}}$ | (2.21) |
| $F(x,y) = 0$ | $\dfrac{-F_{xx}F_y^2+2F_xF_yF_{xy}-F_x^2F_{yy}}{(F_x{}^2+F_y{}^2)^{\frac{3}{2}}}$ | (2.22) |
| $r = r(\varphi)$ | $\dfrac{r^2+2r'^2-rr''}{(r^2+r'^2)^{\frac{3}{2}}}$ | (2.23) |

**Aufgabe 2.2** Beweise (2.23).

**Bemerkung 2.5** Für eine ebene Kurve $y = f(x)$ sind folgende Bezeichnungen gebräuchlich (s. Abb. 2.2):

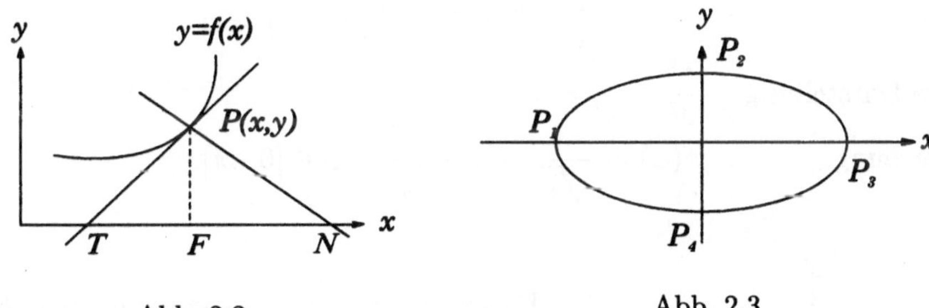


Abb. 2.2 								Abb. 2.3

$$
\begin{array}{ll}
\textit{Tangentenabschnitt} & \overline{PT} = \left|\dfrac{y_0}{y_0'}\sqrt{1 + y_0'^2}\right| \\[2mm]
\textit{Normalenabschnitt} & \overline{PN} = \left|y_0\sqrt{1 + y_0'^2}\right| \\[2mm]
\textit{Subtangentenabschnitt} & \overline{TF} = \left|\dfrac{y_0}{y_0'}\right| \\[2mm]
\textit{Subnormalenabschnitt} & \overline{FN} = |y_0 y_0'| \\[2mm]
\textit{Scheitel} & (x_0, f(x_0)) \text{ mit } \kappa'(x_0) = 0
\end{array}
$$

Die Punkte $P_i (i = 1, \cdots, 4)$ der Ellipse (s. Abb 2.3) sind z.B. Scheitelpunkte.

**Beispiel 2.2** Für $y = f(x) = \sin x$, $x \in I = [0, 2\pi]$ und $(x_0, y_0) = \left(\dfrac{3\pi}{4}, \dfrac{1}{\sqrt{2}}\right)$ folgt aus (2.8), (2.12), (2.16), (2.21)

$$\mathbf{t}_0 = \tfrac{1}{\sqrt{3}}(\sqrt{2}, -1), \quad ds = \sqrt{1 + \cos^2 x}\, dx, \quad \mathbf{n}_0 = \dfrac{1}{\sqrt{3}}(1, \sqrt{2}),$$

$$\kappa_0 = -\dfrac{\sin x_0}{(1 + \cos^2 x_0)^{\frac{3}{2}}} = -\dfrac{2}{3\sqrt{3}}.$$

Im Intervall $(0,\pi)$ ist die Krümmung negativ, denn der in (1.30) definierte Hauptnormalenvektor unterscheidet sich vom Normalenvektor um das Vorzeichen. Der Tangentenabschnitt ist $\frac{\sqrt{3}}{\sqrt{2}}$.

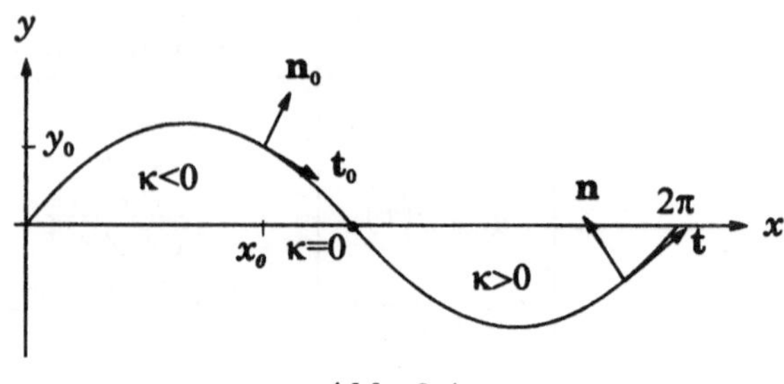


Abb. 2.4

**Beispiel 2.3** E l l i p s e   m i t   d e n   H a l b a c h s e n   $a,b$.

Parameterdarstellung:  $x(t) = a\cos t,\ y(t) = b\sin t,\ t \in [0, 2\pi]$

Explizite Darstellung:  $y(x) = \begin{cases} \dfrac{b}{a}\sqrt{a^2 - x^2} & \text{für}\quad y \geq 0 \\[2ex] -\dfrac{b}{a}\sqrt{a^2 - x^2} & \text{für}\quad y < 0 \end{cases}$

Implizite Darstellung:  $\dfrac{x^2}{a^2} + \dfrac{y^2}{b^2} = 1$

Polargleichung:  $r(\varphi) = \dfrac{b}{\sqrt{1 - \varepsilon^2 \cos^2\varphi}},\quad \varphi \in [0, 2\pi]$.

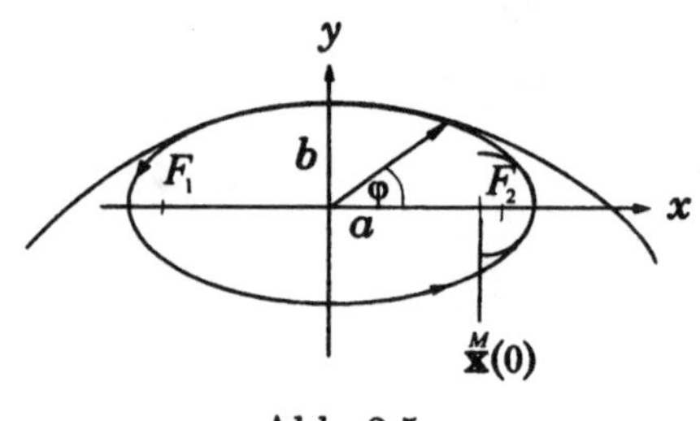


Abb. 2.5

Dabei ist $\varepsilon = \sqrt{1 - \frac{b^2}{a^2}}$ die *numerische Exzentrizität* (Abb. 2.5). Die Berechnung der Bogenlänge führt auf ein elliptisches Integral (s. [PfS], [Zei]). Tangenteneinheitsvektor, Normalenvektor und Krümmung sind

$$\mathbf{t}(t) = \frac{(-a\sin t, b\cos t)}{\sqrt{a^2 \sin^2 t + b^2\cos^2 t}},$$

$$\mathbf{n}(t) = \frac{-(b\cos t, a\sin t)}{\sqrt{a^2 \sin^2 t + b^2 \cos^2 t}},\quad \kappa(t) = \frac{ab}{(a^2 \sin^2 t + b^2 \cos^2 t)^{\frac{3}{2}}}. \tag{2.24}$$

In den Scheiteln $\mathbf{x}(0), \mathbf{x}(\frac{\pi}{2})$ erhält man für die Krümmung, die Krümmungsradien und die Krümmungsmittelpunkte (s. (2.20), (1.65), (1.67))

$\kappa(0) = \frac{a}{b^2},\ \kappa(\frac{\pi}{2}) = \frac{b}{a^2}, \varrho(0) = \frac{b^2}{a}, \varrho(\frac{\pi}{2}) = \frac{a^2}{b},\ \overset{M}{\mathbf{x}}(0) = (\frac{a^2-b^2}{a}, 0),\ \overset{M}{\mathbf{x}}(\frac{\pi}{2}) = (0, \frac{b^2-a^2}{b})$.
Die Ellipse ist der geometrische Ort aller Punkte, für die die Summe der

Abstände zu zwei festen *Brennpunkten* $F_1, F_2$ konstant ist.
Die Planeten bewegen sich auf Ellipsenbahnen um die Sonne. Mit der Erfindung des Spitzbogens, der auf der Ellipse beruht, wurde ein neues Konstruktionsprinzip eingeführt, das den Bau der gotischen Kathedralen ermöglichte.

**Beispiel 2.4** Für die P a r a b e l $y = \frac{1}{2}x^2$ folgt aus (2.12), (2.21)

$$
\begin{aligned}
ds &= \sqrt{1 + x^2}\,dx, \\
s(x) &= \int_0^x \sqrt{1 + t^2}\,dt = \frac{1}{2}(\ln(x + \sqrt{1 + x^2}) + x\sqrt{1 + x^2}) \\
\kappa(x) &= \frac{1}{(\sqrt{1 + x^2})^3}.
\end{aligned}
$$

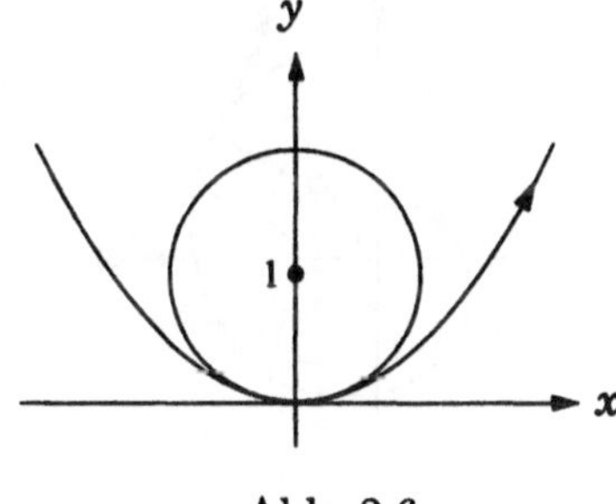

Krümmungsradius und Krümmungsmittelpunkt in $(0, 0)$ sind

$$\varrho(0) = \frac{1}{\kappa(0)} = 1, \quad \overset{M}{\mathbf{x}}(0) = (0, 1) \text{ (s. Abb. 2.6)}.$$

Betrachtet man dagegen die umorientierte Parabel $\mathbf{x}(t) = (-t, \frac{1}{2}t^2)$, $t \in \mathbb{R}$, so ändert die Krümmung ihr Vorzeichen (s. (2.20)). Wegen $\kappa'(0) = 0$ ist der Punkt $(0, 0)$ Scheitel.

Abb. 2.6

**Beispiel 2.5** L e m n i s k a t e   v o n   B e r n o u l l i. Die Lemniskate ist der geometrische Ort $\mathcal{K}$ aller Punkte $(x, y)$, für die das Produkt der Abstände zu den (Brenn-)Punkten $F_1 = (e, 0)$, $F_2 = (-e, 0)$ gleich $e^2$ ist (vgl. Abb. 2.7). Die Forderung $r_1 r_2 = e^2$ ist gleichwertig mit (vgl. [Gra])

$$F(x, y) := (x^2 + y^2)^2 - 2e^2(x^2 - y^2) = 0 \; ^9). \tag{2.25}$$

Die Substitution $y = x \sin t$, $a = \sqrt{2}e$ führt auf die Parameterdarstellung

$$\frac{1}{1 + \sin^2 t}(a \cos t, a \sin t \cos t), \quad t \in [0, 2\pi]. \tag{2.26}$$

Aus (2.25) folgt nach Einführung von Polarkoordinaten für den rechten Lemniskatenbogen die Polargleichung

$$r(\varphi) = e\sqrt{2 \cos 2\varphi}; \quad \varphi \in \left[\frac{-\pi}{4}, \frac{+\pi}{4}\right].$$

---

$^9$) Der Nullpunkt $(0, 0)$ ist ein singulärer Kurvenpunkt (s. Beispiel 2.9).

Die Sektorformel $dF = \frac{1}{2}r^2 d\varphi$ (vgl etwa [BrSe]) liefert als Flächeninhalt des $F_1$ enthaltenden Gebietes

$$A = \int_{-\frac{\pi}{4}}^{\frac{\pi}{4}} \frac{1}{2}r^2(\varphi)d\varphi = \frac{1}{2}\int_{-\frac{\pi}{4}}^{\frac{\pi}{4}} 2e^2 \cos 2\varphi \, d\varphi = e^2 = r_1 r_2.$$

Je nach Kurvendarstellung benutze man (2.20), (2.22), (2.23) zur Berechnung der Krümmung. Aus (2.25), (2.22) erhält man etwa im Punkt $\mathbf{x}_0 = (\sqrt{2}e, 0)$ unter Beachtung von $(F_y)_0 = (F_{yx})_0 = 0$, $(F_x)_0 = 4\sqrt{2}e^3$, $(F_{yy})_0 = 12e^2$

$$\kappa_0 = -\frac{(F_{yy})_0}{(F_x)_0} = \frac{-3}{\sqrt{2}e}.$$

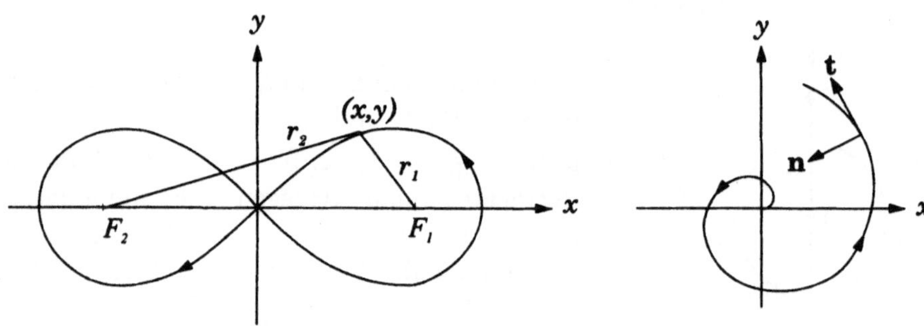


Abb. 2.7                                              Abb. 2.8

**Beispiel 2.6** A r c h i m e d i s c h e   S p i r a l e . Die Archimedische Spirale hat die Polargleichung (s. Abb. 2.8)

$$r(\varphi) = a\varphi \quad (a > 0, \ \varphi > 0). \tag{2.27}$$

Aus (2.13), (2.10), (2.23) folgt vermöge $r' = a, r'' \equiv 0$

$$s(\varphi) = a \int_0^\varphi \sqrt{1 + u^2}\, du = \frac{a}{2}[\ln(\varphi + \sqrt{1 + \varphi^2}) + \varphi\sqrt{1 + \varphi^2}],$$

$$\mathbf{t}(\varphi) = \frac{1}{\sqrt{1 + \varphi^2}}(\cos\varphi - \varphi\sin\varphi, \sin\varphi + \varphi\cos\varphi) =: (t_1, t_2),$$

$$\mathbf{n}(\varphi) = (-t_2, t_1), \quad \kappa(\varphi) = \frac{\varphi^2 + 2}{a(1 + \varphi^2)^{\frac{3}{2}}},$$

$$\lim_{\varphi \to \infty} \cos \angle(\mathbf{x}(\varphi), \mathbf{t}(\varphi)) = \lim_{\varphi \to \infty} \frac{1}{a\varphi\sqrt{1 + \varphi^2}} = 0.$$

**Beispiel 2.7** Rollt ein Kreis mit dem Radius $a$ auf einer Geraden ohne zu gleiten, dann beschreibt ein fester Punkt P dieses Kreises eine Kurve, die man *(gewöhnliche) Zykloide* (oder *Radkurve*) nennt. Man beobachtet sie etwa beim

Abrollen eines mit einem Bolzen versehenen Rades auf einer Straße oder Schiene. Sie begegnet uns auch als *Brachistochrone* und beim *Zykloidenpendel*. Eine Brachistochrone ist eine Verbindungskurve zweier Punkte, so daß ein unter dem Einfluß der Schwerkraft gleitender Massenpunkt in kürze

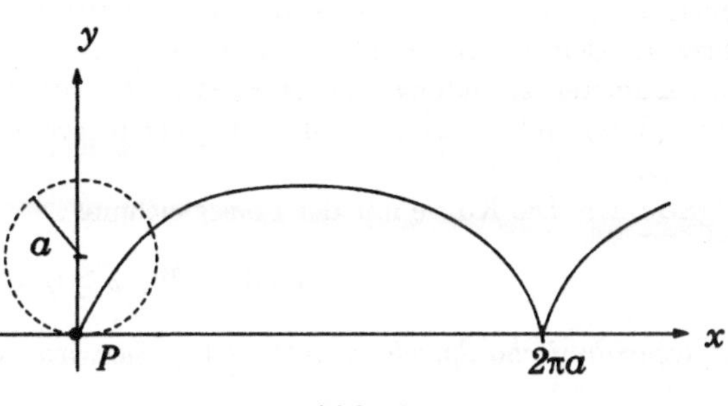

Abb. 2.9

ster Zeit vom höheren zum tieferen Punkt gelangt. Die Brüder BERNOULLI zeigten, daß eine solche Verbindungskurve ein Zykloidenbogen ist, falls die Punkte nicht in gleicher Höhe liegen.

Das Zykloidenpendel stammt von HUYGENS (1673). Es handelt sich um ein *isochrones* Pendel, bei dem also die Schwingungsdauer von der Größe des Ausschlages unabhängig ist. Die Aufhängung erfolgt derart, daß der Faden auf einem Zykloidenbogen abrollt (s. Aufgabe 2.12).

Eine Parameterdarstellung der Zykloide ist

$$x(t) = a(t - \sin t), \ y(t) = a(1 - \cos t), \quad t \in [0, 2\pi]. \tag{2.28}$$

**Aufgabe 2.3** Bestimme den Tangenteneinheitsvektor, die Bogenlänge und die Krümmung der Zykloide (2.28).

**Aufgabe 2.4** Die durch $y = a \cosh \frac{x}{a}$ explizit dargestellte Kurve heißt *Kettenlinie* oder *Seilkurve*. Sie ist die von einem vollständig biegsamen, nicht dehnbaren, an zwei Aufhängungen $P_1, P_2$ befestigten Seil gleichmäßiger Dicke gebildete Gleichgewichtslage und wurde 1690 von JOHANN BERNOULLI entdeckt (Abb. 2.10). Bestimme Bogenlänge und Krümmungsradius der Kettenlinie.

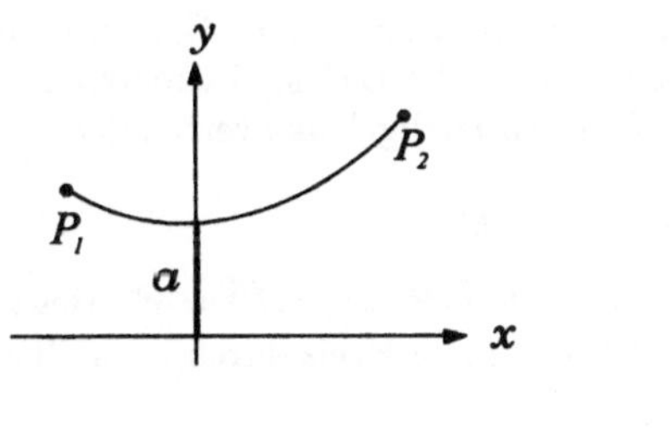

Abb. 2.10

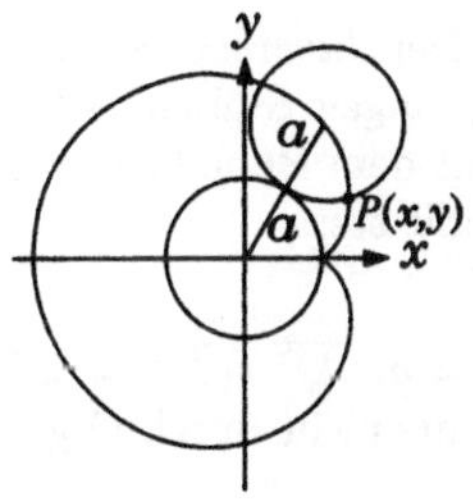

Abb. 2.11

**Aufgabe 2.5** Die durch

$$F(x,y) := (x^2 + y^2 - a^2)^2 - 4a^2[(x-a)^2 + y^2] = 0 \tag{2.29}$$

implizit definierte Kurve heißt *Kardioide* oder *Herzkurve* . Sie entsteht durch Abrollen eines Kreises mit dem Radius $a$ auf einem anderen Kreis mit dem gleichen Radius (s. Abb. 2.11). Eine Parameterdarstellung ist $x(t) = a(2\cos t - \cos 2t)$, $y(t) = a(2\sin t - \sin 2t)$. Bestimme mittels (2.29) und (2.22) die Krümmung der Kurve im Punkt $(-3a, 0)$.

**Aufgabe 2.6** Die Kurve mit der Polargleichung

$$r(\varphi) = e^{a\varphi}, \ \varphi \geq 0, \ a > 0 \tag{2.30}$$

heißt *logarithmische Spirale* (s. Abb. 2.12). Sie wird wegen

$$r(\varphi + 2k\pi) = e^{2ak\pi} r(\varphi) \tag{2.31}$$

für jede ganze Zahl $k$ bei der Drehung um den Ursprung und dem Streckfaktor $e^{2ak\pi}$ auf sich abgebildet.

Zeige: $\angle(\mathbf{x}(\varphi), \mathbf{x}'(\varphi)) = \text{const}$, $\kappa(s) = \dfrac{1}{as + \sqrt{1 + a^2}}$.

Wegen des konstanten Winkels $\angle(\mathbf{x}(\varphi), \mathbf{x}'(\varphi))$ heißt obige Spirale auch *gleichwinklige Spirale*. Man benutzt sie z.B. bei Turbinenrädern und rotierenden Schneidwerkzeugen.

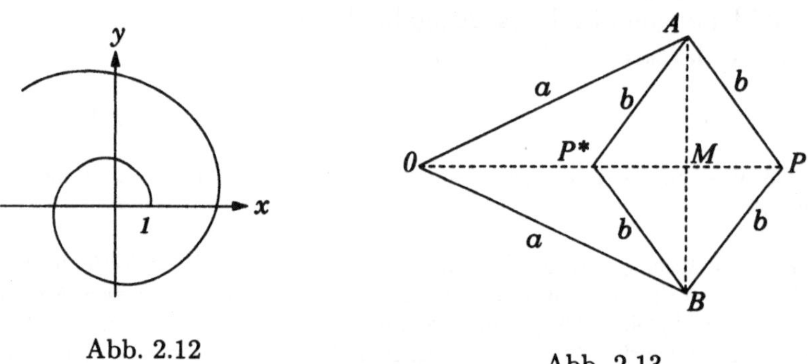


Abb. 2.12

Abb. 2.13

**Aufgabe 2.7** Der *Inversor von* Peaucellier besteht aus einem Gelenkrhombus $APBP^*$ und zwei gleichlangen Stäben $OA, OB$. Die Stäbe $OA, OB$ sind drehbar im Ursprung $O$ gelagert und mit dem Rhombus in $A$ und $B$ durch Drehgelenke verbunden.

Man zeige: Es gilt stets

$$r \cdot r^* = a^2 - b^2$$

mit $\overline{OA} = \overline{OB} = a$, $\overline{AP} = \overline{BP} = \overline{BP^*} = \overline{AP^*} = b$, $\overline{OP} = r$, $\overline{OP^*} = r^*$. Bewegt sich $P$ auf einer Geraden, die nicht durch $O$ geht, so $P^*$ auf einem Kreis durch $O$ (s. [Schö]).

## 2.2 Singuläre Punkte

Bisher hatten wir stets *reguläre* Kurven betrachtet. Die eine Kurve darstellenden Funktionen sollten also beliebig oft differenzierbar und der Tangentenvektor an die Kurve in jedem Punkt vom Nullvektor verschieden sein (s.

Definition 1.4 und 0.1). In diesem Abschnitt werden auch ebene Kurven einbezogen, für die die zweite Voraussetzung in einzelnen Punkten nicht erfüllt ist. Wir erinnern an dieser Stelle an die Darstellungen (2.7) - (2.9) für den Tangenteneinheitsvektor der Kurve und definieren in Abhängigkeit von den Kurvendarstellungen (2.1) und (2.3):

---

**Definition 2.3**    *a) Ein Punkt $(x_0, y_0)$ einer parametrisierten Kurve $x = x(t)$, $y = y(t)$, $t \in I$ mit $(x_0, y_0) = (x(t_0), y(t_0))$ heißt singulärer Punkt der Kurve, falls gilt*

$$\dot{x}(t_0) = \dot{y}(t_0) = 0.$$

*b) Ein Punkt $(x_0, y_0)$ einer implizit dargestellten Kurve $F(x, y) = 0$ heißt singulärer Punkt, falls außer $F(x_0, y_0) = 0$ gilt*

$$F_x(x_0, y_0) = 0, \quad F_y(x_0, y_0) = 0. \tag{2.32}$$

---

**Beispiel 2.8** Der Nullpunkt $(0, 0)$ ist singulärer Punkt der Kurve $x(t) = t^3, y(t) = t^2$ (s. Abb. 1.6).

**Beispiel 2.9** Der Punkt $(0, 0)$ der Lemniskate (2.25) ist wegen $F_x(0, 0) = F_y(0, 0) = 0$ ein singulärer Punkt.

**Bemerkung 2.6** Der in (2.7) und (2.9) erklärte Tangenteneinheitsvektor ist in einem singulären Punkt der Nullvektor. In der Umgebung eines singulären Kurvenpunktes ist eine (lokale) Auflösung in der Form $y = y(x)$ oder $x = x(y)$ nicht ohne weiteres möglich (s. [HRS]). Die Eigenschaft eines Punktes $(x_0, y_0)$, singulär zu sein, kann gegebenenfalls nur eine Folge der Parametrisierung der Kurve sein. So ist z.B. $(0, 0)$ bei $(t^3, t^3)$ singulär, jedoch bei $(t, t)$ regulär, obwohl beide Kurven die gleiche Spur haben. Eine explizit darstellbare Kurve $y = f(x)$ mit einer differenzierbaren Funktion $f$ (s. (2.2)) besitzt keine singulären Punkte.

Es sei $(x_0, y_0)$ ein singulärer Punkt einer durch $F(x, y) = 0$ implizit dargestellten Kurve mit folgenden Bedingungen:

- $F_{xx}(x_0, y_0)$, $F_{xy}(x_0, y_0)$, $F_{yy}(x_0, y_0)$ sind nicht alle gleich Null.
- Es existiert eine Umgebung von $(x_0, y_0)$, in der $F_x$ und $F_y$ keine weiteren Nullstellen haben.

Dann liefert der folgende Satz (s. [HRS]) eine Übersicht über das Verhalten der Kurve in der Umgebung von $(x_0, y_0)$ :

**Satz 2.1** *Es seien $F$ differenzierbar, $(x_0, y_0)$ ein singulärer Punkt der Kurve $F(x, y) = 0$ und $\Delta_0 := (F_{xx}F_{yy} - F_{xy}^2)(x_0, y_0)$.*

  a) *Für $\Delta_0 < 0$ zerfällt die Kurve in einer Umgebung von $(x_0, y_0)$ in zwei Kurvenstücke, die sich in $(x_0, y_0)$ mit einem von Null verschiedenen Winkel schneiden („Doppelpunkt").*

  b) *Für $\Delta_0 > 0$ ist $(x_0, y_0)$ ein isolierter Punkt der Kurve („Einsiedlerpunkt").*

  c) *Für $\Delta_0 = 0$ zerfällt die Kurve in einer Umgebung von $(x_0, y_0)$ in zwei sich in $(x_0, y_0)$ berührende Kurvenstücke („Selbstberührung" oder „Spitze") (s. Abb. 2.14).[10]*

Abb. 2.14

**Bemerkung 2.7** Während in einem Doppelpunkt zwei verschiedene Tangenten existieren, fallen im Fall c) die beiden Tangenten zusammen.

**Beispiel 2.10**   a) Die Lemniskate (2.25) hat in $(0, 0)$ wegen $\Delta_0 < 0$ einen Doppelpunkt.

  b) Die Kurve $F(x, y) := x^4 + y^4 = 0$ besteht nur aus dem Einsiedlerpunkt $(0, 0)$.

  c) Die Kurve $F(x, y) := y^3 - x^2 = 0$ ist nur für $y \geq 0$ definiert. Auflösungen sind $x = \pm\sqrt{y^3}$. Eine Parametrisierung ist $x(t) = t^3$, $y(t) = t^2$ (s. Abb. 1.6). In $(0, 0)$ befindet sich eine Spitze mit vertikaler Tangente.

**Aufgabe 2.8** Man untersuche den singulären Punkt $(0, 0)$ von $F(x, y) = by^2 - x^2(x - a) = 0$ für die Fälle $b > 0$, $a > 0$; $b > 0$, $a = 0$; $b < 0, a > 0$; $b < 0$, $a < 0$ und $b < 0$, $a = 0$.

---

[10]) Der Beweis dieses Satzes wird mittels Taylorentwicklung von $F(x, y)$ in $(x_0, y_0)$ geführt (s. z.B. [BrSe]). Singuläre Punkte spielen in der Chaos-Theorie ([Jet]) eine wichtige Rolle.

## 2.3 Fraktale Geometrie

Gelegentlich benötigt man Kurven mit Ecken, so daß man in gewissen Punkten die Forderung der Differenzierbarkeit der Parametrisierung der Kurve (s. Definition 1.1) aufgeben muß. *„Differenzierbar"* wird dann durch *„stückweise differenzierbar"* ersetzt (s. Abschnitt 0.2).

---

**Definition 2.4** *Eine parametrisierte, stückweise differenzierbare, ebene Kurve ist eine stetige, stückweise differenzierbare Vektorfunktion* $\mathbf{x} : I \to \mathbb{R}^2$ *eines Intervalls* $I \subset \mathbb{R}$ *in den* $\mathbb{R}^2$.

---

**Beispiel 2.11** Ein gleichseitiges Dreieck läßt sich durch

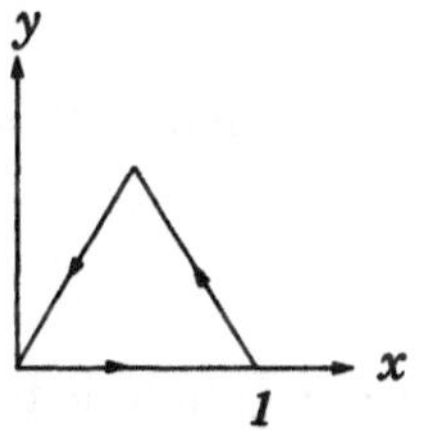

$$\mathbf{x}(t) = \begin{cases} (t,0), & falls \quad 0 \le t \le 1, \\ (1,0) + (t-1)(-\tfrac{1}{2}, \tfrac{\sqrt{3}}{2}), & falls \quad 1 \le t \le 2, \\ (\tfrac{1}{2}, \tfrac{\sqrt{3}}{2}) + (t-2)(-\tfrac{1}{2}, -\tfrac{\sqrt{3}}{2}), & falls \quad 2 \le t \le 3, \end{cases}$$

parametrisieren. In den Eckpunkten ist $\mathbf{x}$ stetig, aber nicht differenzierbar.

Abb. 2.15

Jede reguläre Kurve ist rektifizierbar, besitzt also eine Bogenlänge (s. Definition 1.6, Bemerkung 1.13). Umgekehrt muß nicht jede rektifizierbare Kurve regulär sein. Das Dreieck in Beispiel 2.11 ist z.B. nicht regulär, aber rektifizierbar.

Jeder beschränkte Bereich des $\mathbb{R}^2$ mit rektifizierbarer, injektiver Randkurve besitzt einen Flächeninhalt (s. [Heu]). Insbesondere hat jeder Normalbereich mit einer stückweise glatten Randkurve stets einen Flächeninhalt (s. z.B. [KöPf]). Man kann aber gewissen Punktmengen des $\mathbb{R}^2$ einen Flächeninhalt zuordnen, obwohl ihre „Randkurve"nicht rektifizierbar ist. Solche Punktmengen, die man nicht unter die anschaulichen Begriffe *Kurve* oder *Flächenstück* einordnen kann und bei denen nicht ohne weiteres in sinnvoller Weise eine *Länge* oder ein *Flächeninhalt* definierbar sind, sollen nun untersucht werden.

**Beispiel 2.12** V o n   K o c h s c h e   S c h n e e f l o c k e n k u r v e .
Die Konstruktion der Kurve erfolgt durch einen Iterationsprozeß. Die Ausgangskurve sei ein gleichseitiges Dreieck $C_0$, aus dem eine neue Kurve $C_1$ dadurch entstehe, daß man auf dem mittleren Drittel jeder Seite wieder ein solches Dreieck errichte und dann dieses mittlere Drittel weglasse. Mit den Seiten des so entstehenden Polygons verfahre man ebenso usw. So entsteht eine Fi-

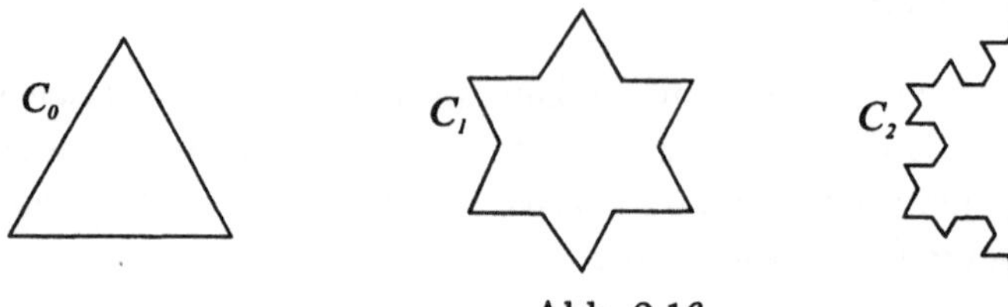

Abb. 2.16

gurenfolge $C_0, C_1, \ldots$ (s. Abb. 2.16 (nach [Sche])). Die „Grenzkurve" kann natürlich nicht gezeichnet werden. Wir fragen aber nach ihrer Länge und dem eingeschlossenen Flächeninhalt.

Ist $l_0$ der Umfang von $C_0$, dann hat $C_1$ den Umfang $\frac{4l_0}{3}$, und der Umfang von $C_n$ ist dann offenbar $l_n = (\frac{4}{3})^n l_0$. Die „Grenzkurve"kann also wegen $\lim\limits_{n\to\infty} (\frac{4}{3})^n = \infty$ keine endliche Länge haben.

Bezeichne $A_n := A(C_n)$ den Inhalt des von $C_n$ eingeschlossenen Flächenstückes, dann ist

$$A_1 = A_0 + 3 \cdot \frac{A_0}{9} = (1 + 3 \cdot \tfrac{1}{9})A_0,$$
$$A_2 = A_1 + 3 \cdot 4 \cdot (\tfrac{1}{9})^2 A_0 = (1 + \tfrac{3}{4} \cdot \tfrac{4}{9} + \tfrac{3}{4} \cdot (\tfrac{4}{9})^2)A_0,$$

da $C_{n+1}$ aus viermal so vielen Strecken wie $C_n$ besteht und der Inhalt jedes neuen Dreiecks das $(\frac{1}{9})^n$-fache von $A_0$ ist. Es gilt also für $n \geq 1$

$$A_n - A_{n-1} = 3 \cdot 4^{n-1}(\tfrac{1}{9})^n A_0 = \tfrac{3}{4}(\tfrac{4}{9})^n A_0,$$
$$A_n = (1 + \tfrac{3}{4} \cdot \tfrac{4}{9} + \cdots + \tfrac{3}{4} \cdot (\tfrac{4}{9})^n)A_0 = \tfrac{1}{4} + \tfrac{3}{4}(1 + \tfrac{4}{9} + \cdots + (\tfrac{4}{9})^n)A_0.$$

Die „Grenzkurve" umschließt also eine Fläche mit dem Inhalt

$$A = \lim_{n\to\infty} A_n = \left(\frac{1}{4} + \frac{3}{4}\lim_{n\to\infty}\sum_{k=0}^{n}(\frac{4}{9})^k\right)A_0 = \left(\frac{1}{4} + \frac{3}{4}\cdot\frac{1}{1-\frac{4}{9}}\right)A_0 = \frac{8}{5}A_0.$$

**Beispiel 2.13** S i e r p i n s k i - D r e i e c k . Dieses entsteht aus einem gleichseitigen Dreieck durch sukzessives Entfernen der jeweiligen, um den Faktor 2 verkleinerten Dreiecke, deren Ecken die jeweiligen Seitenmittelpunkte der Dreiecke aus dem vorangegangenen Iterationsschritt sind. Da der Flächeninhalt der Fläche bei jedem Iterationsschritt mit dem Faktor $\frac{3}{4}$ zu multiplizieren ist, muß das Sierpinski- Dreieck den Flächeninhalt Null haben (s. Abb. 2.17 (nach [Sche])).

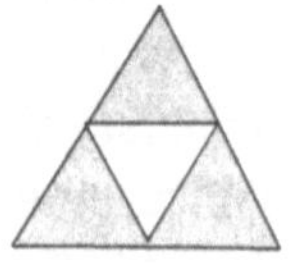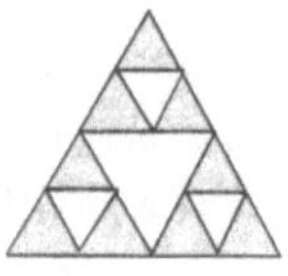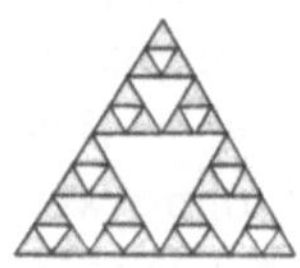

Abb. 2.17

In der euklidischen Geometrie ist der Begriff der *Dimension* wohldefiniert (s.

[Zei]). So hat eine Gerade die Dimension 1, eine Ebene die Dimension 2. Kann man auch für allgemeine Punktmengen, wie sie etwa in den Beispielen 2.12, 2.13 beschrieben wurden, eine Dimension definieren? Wir wollen hier einen von FELIX HAUSDORFF(1868 - 1942) im Jahre 1919 vorgeschlagenen Dimensionsbegriff in vereinfachter Form vorstellen, der in der in jüngster Zeit entwickelten „*Geometrie der Fraktale*" eine Rolle spielt.

---

**Definition 2.5** *M sei eine Punktmenge des $I\!R^n$ mit folgender Eigenschaft: M lasse sich so in N Teilmengen $M_1, \cdots M_N$ („Selbstähnlichkeitselemente") zerlegen, daß jede Teilmenge bei Streckung mit dem Faktor k kongruent zu M ist. Die Zahl $d = \dfrac{\log N}{\log k}$ heißt Dimension (genauer: Selbstähnlichkeitsdimension) von M.*

---

**Beispiel 2.14**

Strecke*:*     $N = k$, *also* $d = 1$

Rechteck*:*   $N = k^2$, *also* $d = 2$.

Die obige Definition steht also dem anschaulichen Dimensionsbegriff nicht entgegen (s. Abb. 2.18).

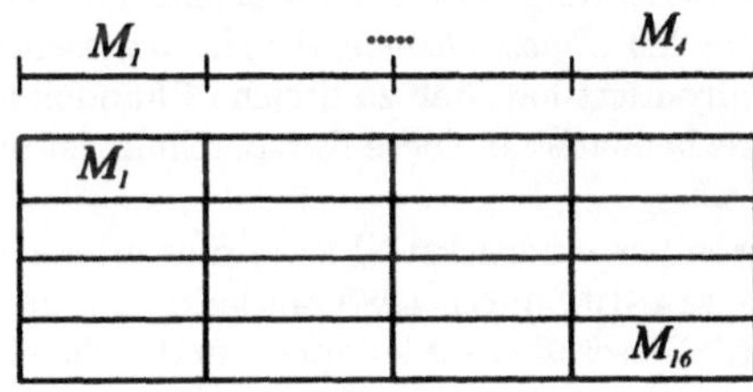

Abb. 2.18

**Beispiel 2.15** D i m e n s i o n   d e r   S c h n e e f l o c k e n k u r v e . Denkt man sich das Ausgangsdreieck (s. Abb. 2.16) zu einer Strecke aufgebogen, so multipliziert sich bei jedem Iterationsschritt die Zahl der „Selbstähnlichkeitselemente" mit 4, es ist also $N = 4$, und das neue Element ist mit dem Faktor $k = 3$ kongruent zum vorhergehenden (s. Abb. 2.19). Man erhält folglich als Dimension $d = \dfrac{\log 4}{\log 3} \approx 1,262\ldots$ .

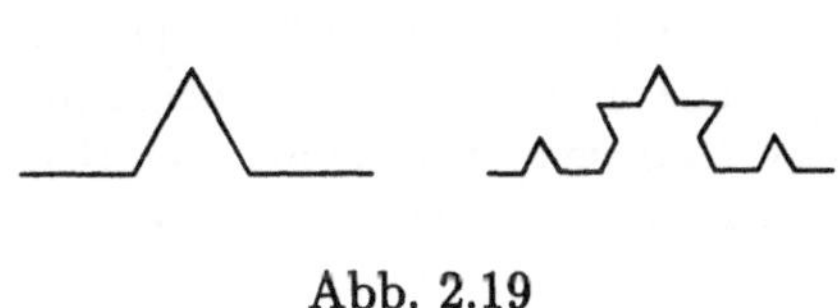
Abb. 2.19

**Beispiel 2.16** Das Sierpinski-Dreieck in Abbildung 2.17 hat die Dimension $d = \frac{\log 3}{\log 2} \approx 1.585\cdots$, denn nach jedem Iterationsschritt erhält man 3 Teilmengen, welche bei Streckung mit dem Faktor 2 die vorangegangene Menge ergeben.

**Bemerkung 2.8** Punktmengen mit nichtganzzahliger Dimension nennt man *Fraktale*. Das Konzept der *Fraktalen Geometrie* stammt von B. MANDELBROT vom T. J. Watson-Forschungszentrum der IBM, der in seinem 1987 auf Deutsch erschienen Buch „Die fraktale Geometrie der Natur" in Mathematik und Naturwissenschaften ein neues Denken erzeugte. Fraktale Geometrie ist in erster Linie eine neue Sprache. Ihre Elemente entziehen sich aber einer direkten Anschauung und unterscheiden sich darin grundlegend von den Elementen der vertrauten euklidischen Geometrie wie etwa Linie, Kreis und Kugel. Die fraktale Sprache drückt sich in Algorithmen aus, d.h. in Verfahrensregeln und -anweisungen, die sich erst mit Hilfe eines Computers in Formen und Strukturen verwandeln. Zudem ist der Vorrat dieser Elemente unerschöpflich groß.

Die Essenz der Mandelbrotschen Botschaft ist, daß viele natürliche Strukturen wie z.B. Wolken, Gebirge, Küsten- oder tektonische Bruchlinien, Blutgefäßsysteme oder Bruchflächen von Materialien und vergleichbare Strukturen scheinbar uneingeschränkter Komplexität tatsächlich eine geometrische Regelmäßigkeit haben - die sogenannte Skaleninvarianz. Das bedeutet: Analysiert man diese Strukturen bei unterschiedlichen Größenmaßstäben, so stößt man immer wieder auf dieselben Grundelemente. Ihr Zusammenspiel in verschiedenen Maßstäben findet gerade im Begriff der fraktalen Dimension eine angemessene mathematische Beschreibung.

Die Bedeutung der Skaleninvarianz hat eine bemerkenswerte Parallele in der ebenfalls höchst aktuellen *Chaos-Theorie,* die Naturwissenschaftler und Mathematiker mit der Überraschung konfrontiert hat, daß zahlreiche Phänomene trotz strengem Determinismus prinzipiell nicht berechenbar sind. Diese Entsprechung ist nicht zufällig; sie ist Zeugnis einer tiefen Verwandtschaft.

Besonders eindrucksvoll kann dies an einem mathematischen Konstrukt diskutiert werden, das MANDELBROT 1980 entdeckt hat und das seitdem als Mandelbrot-Menge bezeichnet wird. Dieses überaus komplexe und vielleicht schönste Objekt, das die Mathematik je zugänglich und sichtbar gemacht hat, birgt einen bizarren Reichtum an Formen und Strukturen; es wirft aber zugleich grundlegende mathematische Probleme auf, die in scheinbar groteskem Gegensatz zur Einfachheit der Erzeugungsregeln stehen, mit denen sich diese Menge eindeutig beschreiben und geometrisch konstruieren läßt.

Die Mandelbrot-Menge ist ein Paradigma für Ordnung und Chaos. Doch ihre wohl faszinierendste Eigenschaft wurde erst kürzlich entdeckt: Sie kann als Bildlexikon für unendlich viele Algorithmen interpretiert werden und ist damit ein fraktaler Bildspeicher beträchtlicher Effizienz und Organisation.

Eine weitere Parallele zwischen der fraktalen Geometrie und der modernen Chaos-Theorie besteht darin, daß die schrittmachenden Entdeckungen erst durch Computerexperimente möglich gemacht wurden. Dies ist für das traditionelle Mathematikverständnis eine Herausforderung, die von manchen als Erneuerung, von anderen als Abkehr von der wahren Mathematik empfunden wird (s. [Man], [Pei]).


## 2.4 Evolute und Evolvente

Im folgenden Abschnitt sei $\mathbf{x} : I \to \mathbb{R}^2$ mit $\mathbf{x}(t) = (x(t), y(t))$, $t \in I$ eine reguläre ebene Kurve ohne Wendepunkte (s. Definitionen 1.4, 1.10). In jedem Kurvenpunkt $\mathbf{x}(t)$ sind dann der Tangenteneinheitsvektor $\mathbf{t}(t)$, der Normalenvektor $\mathbf{n}(t)$ (s. Definition 2.1), die Krümmung $\kappa(t)$ (s. Definition 2.2) und wegen $\kappa(t) \neq 0$ auch der Krümmungsmittelpunkt (s. Definition 1.16)

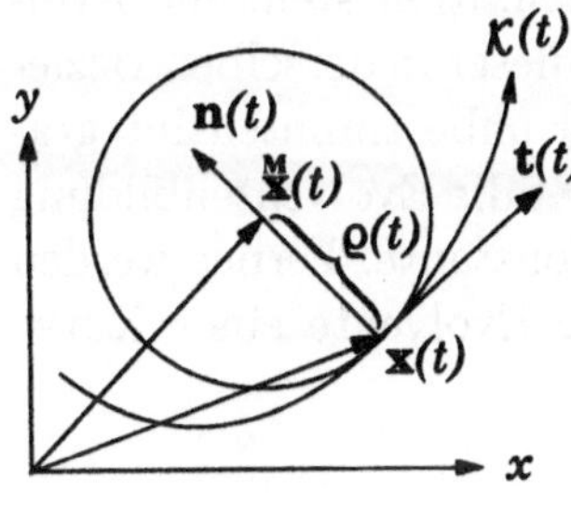

$$\overset{M}{\mathbf{x}}(t) = \mathbf{x}(t) + \frac{1}{\kappa(t)}\mathbf{n}(t)$$

wohldefiniert. Der Krümmungskreis $\mathcal{K}(t)$ mit $\overset{M}{\mathbf{x}}(t)$ als Mittelpunkt und $\varrho(t) = \frac{1}{|\kappa(t)|}$ als Radius - auch *Schmiegkreis* genannt - berührt die Kurve in $\mathbf{x}(t)$ in zweiter Ordnung (s. Bemerkungen 1.28, 2.4, Abb. 2.20).

Abb. 2.20

---

**Definition 2.6** *Die Evolute einer regulären Kurve* $\mathbf{x}(t)$, $t \in I$ *ist die durch*

$$t \to \overset{M}{\mathbf{x}}(t) = \mathbf{x}(t) + \frac{1}{\kappa(t)}\mathbf{n}(t), \ t \in I \qquad (2.33)$$

*definierte Kurve. Mit anderen Worten: Die Evolute einer Kurve ist der geometrische Ort ihrer Krümmungsmittelpunkte.*

---

**Bemerkung 2.9** Aus (2.33), (2.1), (2.15) und (2.20) erhält man für die Koordinatenfunktionen der Evolute von $\mathbf{x}(t) = (x(t), y(t))$

$$\overset{M}{x}(t) = x(t) - \dot{y}(t)\left(\frac{\dot{x}^2 + \dot{y}^2}{\dot{x}\ddot{y} - \dot{y}\ddot{x}}\right)(t), \ \overset{M}{y}(t) = y(t) + \dot{x}(t)\left(\frac{\dot{x}^2 + \dot{y}^2}{\dot{x}\ddot{y} - \dot{y}\ddot{x}}\right)(t) . \quad (2.34)$$

Bei expliziter Kurvendarstellung $y = y(x)$ folgt die entsprechende Formel aus (2.16) und (2.21).

**Beispiel 2.17** Aus (2.34) und Beispiel 2.3 bekommt man für die Evolute der Ellipse

$$\overset{M}{x}(t) = a\cos t - \tfrac{1}{a}(a^2 \sin^2 t + b^2 \cos^2 t)\cos t = \left(a - \tfrac{b^2}{a}\right)\cos^3 t$$

$$\overset{M}{y}(t) = b\sin t - \tfrac{1}{b}(a^2 \sin^2 t + b^2 \cos^2 t)\sin t = \left(b - \tfrac{a^2}{b}\right)\sin^3 t,$$

oder in parameterfreier Darstellung

$$\left(\frac{ax}{a^2 - b^2}\right)^{\frac{2}{3}} + \left(\frac{by}{a^2 - b^2}\right)^{\frac{2}{3}} = 1. \qquad (2.35)$$

Diese Kurve heißt *Astroide* oder *Sternkurve* (s. Abb. 2.21).

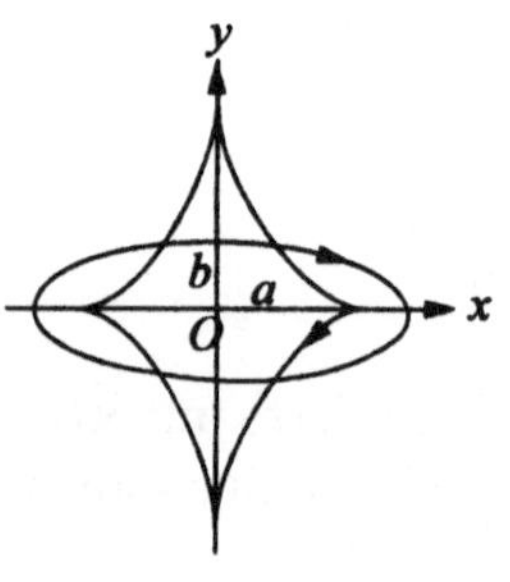


Die Umkehrung zur Evolutendefinition stellt die Evolventenbildung dar. Sie steht zu dieser in derselben Beziehung wie die Differentiation zur unbestimmten Integration. Ähnlich wie diese beinhaltet die Evolventenbildung die Wahl einer willkürlichen Konstante. Ferner werden wir sehen, daß die Evolute der Evolvente einer Kurve die Kurve selbst ist.

Abb. 2.21

Wir erinnern an die Bogenlängenfunktion $s_{t_0}(t) = \int_{t_0}^t |\dot{\mathbf{x}}(u)|\,du$ (s. (1.15)) und definieren:

---

**Definition 2.7** *Die Evolvente einer regulären Kurve $t \mapsto \mathbf{x}(t)$, $t \in [a,b]$ mit dem Anfangspunkt $\mathbf{x}(t_0)$, wobei $a < t_0 < b$, ist die durch*

$$t \mapsto \overset{E}{\mathbf{x}}(t) = \mathbf{x}(t) - s_{t_0}(t)\mathbf{t}(t), \; t \in [a, t_0] \tag{2.36}$$

*definierte Kurve.*

---

**Bemerkung 2.10** Nach Definition 2.7 entsteht die Evolvente einer Kurve als Bahn eines Fadenknotens, wenn der Faden zunächst auf der Kurve mit dem Knoten im Punkt $\mathbf{x}(t_0)$ liegt, in $\mathbf{x}(a)$ befestigt ist und dann derart abgewickelt wird, daß der gespannte abgewickelte Teil des Fadens der Länge $|s_{t_0}(t)|$ in der jeweiligen Tangente liegt (s. Abb. 2.22). Daher auch der Name Evolvente (lat. *evolvere: abwickeln*). Die Namen *Evolute* und *Evolvente* prägte C. HUYGENS (1673). Statt eines Fadens kann man auch ein Lineal benutzen, das längs der Kurve abrollt, ohne dabei zu gleiten.

**Beispiel 2.18** E v o l v e n t e   d e r   K e t t e n l i n i e   $y = a \cosh \frac{x}{a}$ (s. Abb. 2.10, Aufgabe 2.4).

Aus der Parameterdarstellung $\mathbf{x}(t) = (t, a\cosh\frac{t}{a})$ folgt $\dot{x}(t) = (1, \sinh\frac{t}{a})$ und für $t_0 = 0$ (s. Aufgabe 2.4) $s_0(t) = a\sinh\frac{t}{a}$. Man erhält also aus (2.36)

$$\begin{aligned} \overset{E}{x}(t) &= t - a\tanh\tfrac{t}{a} \\ \overset{E}{y}(t) &= a\big(\cosh\tfrac{t}{a}\big)^{-1}. \end{aligned} \tag{2.37}$$

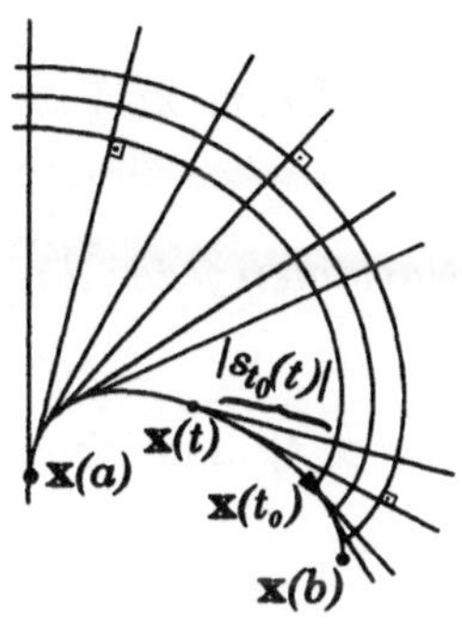


Abb. 2.22

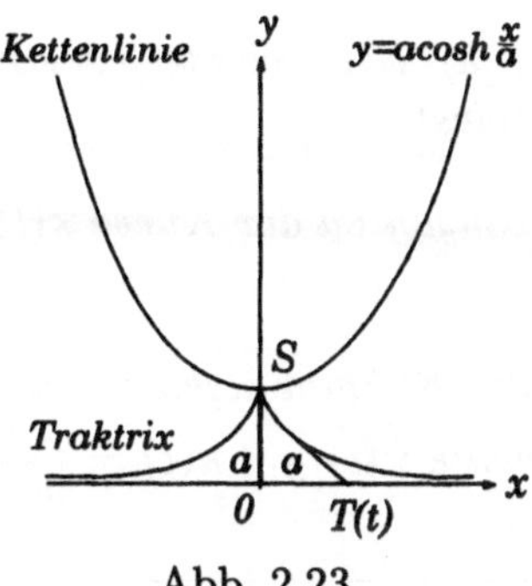


Abb. 2.23

Die Kurve mit der Parameterdarstellung (2.37) heißt *Traktrix*. Sie hat den konstanten Tangentenabschnitt $a$ (s. Abb. 2.23, Bemerkung 2.5, Aufgabe 2.9).[11])
Ein Punkt $S$ an einem undehnbaren Faden der Länge $a$, dessen Ende $T(t)$ sich zunächst im Nullpunkt 0 befindet, beschreibt bei der Bewegung von $T(t)$ längs der $x$-Achse gerade die Traktrix. Sie heißt daher auch *Schleppkurve*. Die Traktrix wird auch *Hundekurve* oder *Verfolgungskurve* genannt, da sie den Weg eines Hundes beschreibt, der ein in geradliniger Richtung fliehendes Beutetier, aus seitlicher Richtung kommend, verfolgt und dabei zu diesem Beutetier konstanten Abstand bewahrt.
Löst man die zweite Gleichung von (2.37) nach $t$ auf, so erhält man durch Einsetzen von $t$ in die erste Gleichung eine explizite Darstellungsform für die Traktrix

$$x = a \operatorname{arcosh}\frac{a}{y} - \sqrt{a^2 - y^2}. \tag{2.38}$$

**Aufgabe 2.9** Zeige, daß die Traktrix den konstanten Tangentenabschnitt $a$ hat.

**Aufgabe 2.10** Bestimme die Evolvente des Kreises (1.3) mit dem Anfangspunkt $(1,0)$.

**Aufgabe 2.11** Bestimme die Evolute von $x(t) = a(\cos t + t \sin t)$, $y(t) = a(\sin t - t \cos t)$.

**Aufgabe 2.12** Zeige, daß die Evolute der Zykloide (s. (2.28)) wieder eine Zykloide ist.

Wir beweisen nun die bereits erwähnte Umkehrrelation:

---

[11]) Aus dieser Definition wurde die Traktrix erstmalig von G. W. LEIBNIZ (1693) gewonnen. C. HUYGENS nannte die Kurve Traktorie.

---

**Satz 2.2**     a) *Die Evolute jeder Evolvente einer Kurve* $\mathbf{x}(t)$ *ist die Kurve* $\mathbf{x}(t)$ *selbst.*

    b) *Die Tangenten der Kurve* $\mathbf{x}(t)$ *sind die Normalen jeder ihrer Evolventen.*

    c) *Für die Krümmungen* $\kappa$ *und* $\overset{E}{\kappa}$ *der Kurve* $\mathbf{x}(t)$ *und einer beliebigen Evolvente* $\overset{E}{\mathbf{x}}(t)$ *gilt* $\overset{E}{\kappa}(t) = \dfrac{\operatorname{sign}\kappa}{|s_{t_0}(t)|}.$ [12]

---

B e w e i s : Aus (2.36) und (2.19) folgt $\dfrac{d\overset{E}{\mathbf{x}}}{dt} = \dot{\mathbf{x}} - \dot{s}_{t_0}\mathbf{t} - s_{t_0}\dot{\mathbf{t}} = -s_{t_0}\kappa\mathbf{n}|\dot{\mathbf{x}}|.$

Für den Tangenteneinheitsvektor $\overset{E}{\mathbf{t}}$ und den Normalenvektor $\overset{E}{\mathbf{n}}$ der Evolvente $\overset{E}{\mathbf{x}}$ gilt also $\overset{E}{\mathbf{t}} = -\operatorname{sign}(s_{t_0}\kappa)\mathbf{n}$, $\overset{E}{\mathbf{n}} = \operatorname{sign}(s_{t_0}\kappa)\mathbf{t}$, womit die Aussage (b) gezeigt ist. Ferner erhält man aus (2.18) und (2.19)

$$\overset{E}{\kappa} = \frac{\overset{E}{\mathbf{n}}\dfrac{d}{dt}\overset{E}{\mathbf{t}}}{\left|\dfrac{d}{dt}\overset{E}{\mathbf{x}}\right|} = \frac{-\mathbf{t}\dot{\mathbf{n}}}{|s_{t_0}\kappa||\dot{\mathbf{x}}|} = \frac{\kappa}{|s_{t_0}\kappa|} = \frac{(\operatorname{sign}\kappa)}{|s_{t_0}|}, \tag{2.39}$$

und aus (2.33), (2.36), (2.39) folgt schließlich für die Evolute $\overset{ME}{\mathbf{x}}$ von $\overset{E}{\mathbf{x}}$

$$\overset{ME}{\mathbf{x}} = \mathbf{x} - s_{t_0}\mathbf{t} + \frac{1}{\overset{E}{\kappa}}\operatorname{sign}(s_{t_0}\,\kappa)\mathbf{t} = \mathbf{x} - \mathbf{t}(s_{t_0} - |s_{t_0}|\operatorname{sign}s_{t_0}) = \mathbf{x}. \quad \square$$

**Bemerkung 2.11** Unter der *Einhüllenden (Enveloppe, Hüllkurve)* einer Kurvenschar versteht man eine Kurve, die in jedem ihrer Punkte eine Kurve der vorgegebenen Schar berührt. So ist beispielsweise jede Kurve die Einhüllende ihrer Tangentenschar.

**Bemerkung 2.12** Die Eigenschaft (b) des Satzes 2.2 kann man nun wie folgt ausdrücken: *Die Evolute ist die Einhüllende der Normalenschar der Evolvente* (s. Abb. 2.22). Oder: *Die Evolventen einer gegebenen Kurve sind die orthogonalen Trajektorien*[13] *der Schar der Tangenten an die Ausgangskurve.* Weil die Evolventen einer Kurve auf ihren Normalen gleiche Stücke abschneiden und längs einer Normalen parallele Tangenten haben, nennt man sie nach LEIBNIZ

---

[12] Es ist $\operatorname{sign} u := \begin{cases} \phantom{-}1 \text{ für } u > 0 \\ -1 \text{ für } u < 0. \end{cases}$

[13] orthogonal schneidende Kurvenschar.

*Parallelkurven* (s. Abb. 2.22, Bemerkung 2.10).[14]) Evolventen und Evoluten finden vielfache Anwendungen, z.B. bei der Evolventenverzahnung (s. [Hoh]) und beim Zykloidenpendel (s. Beispiel 2.6, Aufgabe 2.12).

## 2.5 Einige bedeutende ebene Kurven

Ebene Kurven sind seit der griechischen Antike ein interessanter Forschungsgegenstand. Sowohl physikalisch-technische als auch geometrische Aufgabenstellungen führten immer wieder außer auf Ellipsen, Parabeln und Hyperbeln auch auf andere Kurven, wie z.B. Zykloiden (Beispiel 2.7), Spiralen (Beispiel 2.6, Aufgabe 2.6), Kardioiden (Aufgabe 2.5), Astroiden (Beispiel 2.16), Kettenlinien und die Traktrix (Beispiel 2.17). DIOKLES studierte die Zissoide im Zusammenhang mit dem klassischen Problem der Würfelverdopplung, und NEWTON erstellte eine Klassifikation der kubischen Kurven. Die Klothoiden sind für den modernen Straßenbau bedeutsam geworden.

### Die Zissoide des Diokles

Die Zissoide ist die in nichtparametrischer Form durch

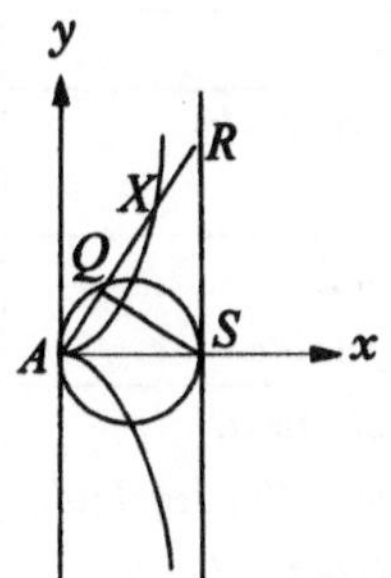

$$x^3 + xy^2 - 2ay^2 = 0 \qquad (2.40)$$

definierte Kurve. Mittels der Substitution $y = xt$ erhält man eine Parameterdarstellung

$$x(t) = \frac{2at^2}{1+t^2}, \quad y(t) = \frac{2at^3}{1++t^2}. \qquad (2.41)$$

Abb. 2.24

Im Nullpunkt hat die Zissoide einen singulären Punkt (Spitze) (s. Satz 2.1, Abb. 2.24).

In der Antike benutzte man sie bei den Versuchen, die Würfelverdopplung und Dreiteilung des Winkels zu lösen (s. etwa [BrKn]). Der Name Zissoide bedeutet *„von der Form des Efeublattes"*. Durch einen Kreis mit dem Mittelpunkt $(\frac{\sqrt{a}}{2}, 0)$ und dem Radius $\frac{\sqrt{a}}{2}$ werden Punkte $A, Q, X, R$ definiert (s. Abb 2.24). Bewegt man die Gerade $AR$ so, daß $A$ fest und die Abstände zwischen $A$ und $X$ sowie zwischen $Q$ und $R$ gleich bleiben, dann beschreibt der Punkt $X$ gerade eine

---

[14]) Jede ebene Kurve $\mathbf{x}(t)$, $t \in I$ hat eine einparametrige Schar von Parallelkurven $\mathbf{x}_\lambda(t) = \mathbf{x}(t) + \lambda\mathbf{n}(t)$, $\lambda \in \mathbb{R}$. Der auf ihren gemeinsamen Normalen gemessene Abstand ist also konstant. Die mechanische Herstellung von Parallelkurven erfolgt bei Nachformverfahren für die Feinbearbeitung von Werkstücken (s. [Hoh]), [HoLa], [Bär]).

Zissoide (s. Abb. 2.24). Zur Krümmung der Zissoide siehe [Gra].

## Radlinien

Die *gemeinen* (oder *gespitzten*) *Hy-pozykloiden* entstehen als Bahnkurven der Umfangspunkte beim Abrollen eines Kreises auf einem anderen Kreis. Solche Kurven wurden schon von A. DÜRER (1525) und G. DESARGUES (1593-1662) betrachtet und besonders von P. de la HIRE (1640-1718) und L. EULER (1707-1783) studiert.

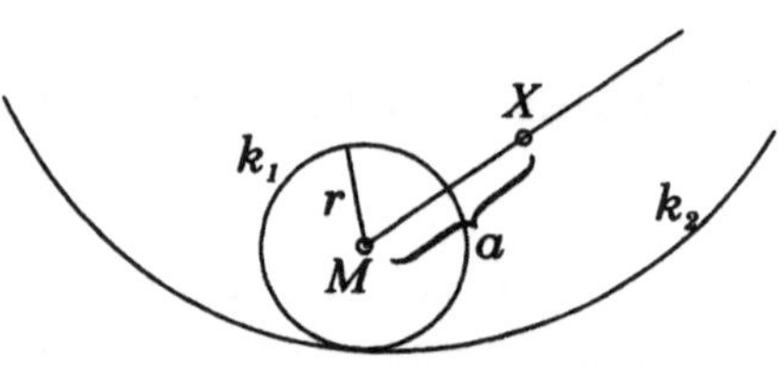


Abb. 2.25

Es sei $k_1(M, r)$ ein Kreis vom Radius $r$, wobei sich $X$ auf einer vom Mittelpunkt $M$ ausgehenden Halbgerade im Abstand $a$ von $M$ befinde (s. Abb. 2.25).
Die folgende Übersicht vermittelt die wichtigsten Sonderformen für den Fall, daß $k_2$ eine Gerade oder ein Kreis vom Radius $R$ ist, wobei noch darauf zu achten ist, ob $k_1$ innen oder außen auf $k_2$ abrollt. Die so entstehenden Kurven nennt man *Radlinien* (oder *Rollkurven* ). Für $X \in k_1$ entstehen *Zykloiden*, für $X \notin k_1$ *Trochoiden* (s. z.B. [Klo]).

| | $k_2$ Gerade | $k_2$ Kreis vom Radius $R$ | |
| --- | --- | --- | --- |
| | | $M$ außerhalb $k_2$ | $M$ innerhalb $k_2$ $(r < R)$ |
| $a = r$ $(X \in k_1)$ | *(gemeine) Zykloide* oder *Radkurve* | *(gemeine)* *Epizykloide* | *(gemeine)* *Hypozykloide* |
| $a < r$ | *verkürzte* bzw. gestreckte *Zykloide* oder *Trochoide* | *verkürzte* bzw. *gestreckte Epizykloide* oder *Epitrochoide* | *verkürzte* bzw. *gestreckte Hypozykloide* oder *Hypotrochoide* |
| $a > r$ | *verlängerte* bzw. *verschlungene Zykloide* oder *Trochoide* | *verlängerte* bzw. *verschlungene* *Epizykloide* oder *Epitrochoide* | *verlängerte* bzw. *verschlungene* *Hypozykloide* oder *Hypotrochoide* |
| $a$ beliebig | *Zykloide* | *Epizykloide* | *Hypozykloide* |

Die Zykloiden haben die Parameterdarstellung

$$\mathbf{x}(t) = (rt - a\sin t, r - a\cos t).$$

Für $a = r$ erhält man die *gemeine* (oder *gewöhnliche*) Zykloide (s. Beispiel 2.6). Parameterdarstellungen der *Epi- und Hypozykloiden* sind ([Klo])

$$\mathbf{x}(t) = \left( (R \pm r)\cos t \mp a\cos \frac{R \pm r}{r}t;\ (R \pm r)\sin t - a\sin \frac{R \pm r}{r}t \right).$$

Falls $\frac{R}{r}$ rational ist, sind die Kurven geschlossen. Aus der Darstellung der Epizykloide[15]) (oberes Vorzeichen) folgt für $R = r = a$ die der *Kardioide* (s. Aufgabe 2.5).

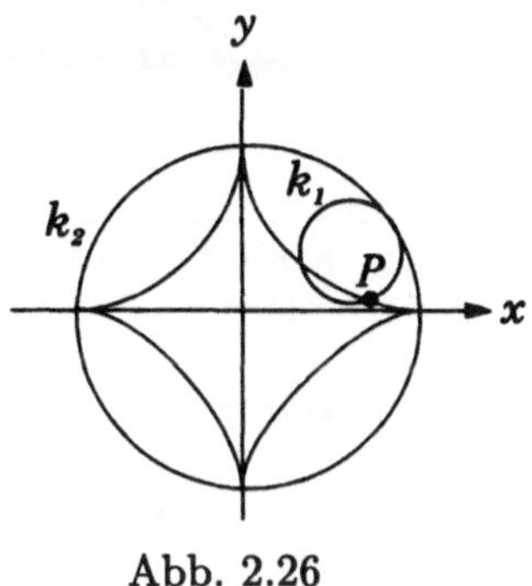

Abb. 2.26

Für $R = 4r = 4a$ bekommt man aus der Darstellung der Hypozykloide (unteres Vorzeichen) die *Astroide* (s. auch (2.35), Abb. 2.26)
$\mathbf{x}(t) = R(\cos^3 t, \sin^3 t)$ bzw. $x^{\frac{2}{3}} + y^{\frac{2}{3}} = R^{\frac{2}{3}}$.
Von J. BERNOULLI (1692) und P. de la HIRE (1694) stammt das bemerkenswerte Resultat: *Die Evolute einer (gemeinen) Epi- oder Hypozykloide ist eine dazu ähnliche Radlinie* (s. Aufgabe 2.12).

## Klothoiden

Eine der ästhetischsten ebenen Kurven ist die *Klothoide* oder *Cornusche Spirale*.[16]) Sie untersuchte der französische Physiker A. CORNU (1874) bei der geometrischen Diskussion der Frauenhoferschen und Fresnelschen Beugungserscheinungen des Lichtes.

Die zuerst von CESARO (1816) aufgestellte natürliche Gleichung (s. (1.63)) der Klothoide lautet

$$\kappa(s) = \frac{s}{a^2} \quad (a = \text{const}). \tag{2.42}$$

Die Krümmung der Klothoide ist also zu ihrer Bogenlänge $s$ proportional. Um die Gestalt der Klothoide näher zu bestimmen, nehmen wir an, daß der zu $s = 0$ gehörende Kurvenpunkt im Nullpunkt 0 liege und seine Tangente die $x$-Richtung sei. Durch Integration der Frenetschen Gleichung $\mathbf{t}' = \kappa\mathbf{n}$ erhält man unter Beachtung der Anfangsbedingungen $\mathbf{t}(0) = (1,0)$, $\mathbf{x}(0) = (0,0)$ die Parameterdarstellung (s. z.B. [Klo])

$$x(t) = \frac{a}{\sqrt{2}} \int_0^t \frac{\cos u}{\sqrt{u}}\,du, \quad y(t) = \frac{a}{\sqrt{2}} \int_0^t \frac{\sin u}{\sqrt{u}}\,du, \tag{2.43}$$

wobei $t = \frac{s^2}{2a^2}$ ist. Die beiden in (2.43) auftretenden *Fresnelschen Integrale* [BrSe] sind nicht elementar auswertbar. Für $t \to \pm\infty$ bekommt man die sogenannten *Wickelpunkte* $x_0 = y_0 = \pm a\frac{\sqrt{\pi}}{2}$ (s. Abb. 2.27).

---

[15]) Die Epizykloide spielt bei der Verzahnung von Stirnrädern (s. [Hoh]) eine wichtige Rolle (*Zykloidenverzahnung*).

[16]) Im Deutschen auch Spinnkurve genannt.

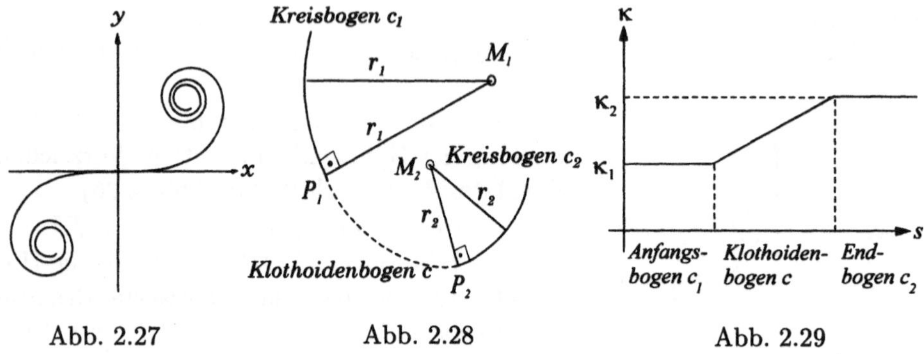


Abb. 2.27                          Abb. 2.28                          Abb. 2.29

## Anwendung beim Straßenbau

Beim Trassieren von Straßen hat man die Aufgabe zu lösen, entweder ein gerades und ein kreisbogenförmiges oder zwei kreisbogenförmige Straßenstücke durch einen verbindenden stetig gekrümmten Übergangsbogen so zu verbinden, daß die Straßenkrümmung $\kappa$ auch an den beiden Anschlußstellen $P_1$ und $P_2$ stetig bleibt (s. Abb. 2.28, 2.29). Die Stetigkeit wird aus fahrdynamischen Gründen gefordert. Für die Zentripedalbeschleunigung gilt nämlich $a_n = v^2\kappa$ (s. Abschnitt 1.6), und für eine Klothoide folgt hieraus nach (2.42) für die Änderung der Zentripedalbeschleunigung auf dem Wegstück $\triangle s$ : $\triangle a_n = v^2\triangle\kappa = v^2\frac{\triangle s}{a^2}$. Sind $\kappa_1$ und $\kappa_2$ die konstanten Krümmungen des Anfangsbogens $c_1$ (Kreis oder Gerade) und des Endbogens $c_2$, und ist $\kappa$ die Krümmung des verbindenden Klothoidenbogens, so zeigt Abb. 2.29 den stetigen, stückweise linearen Verlauf von $\kappa = \kappa(s)$. Die Lenkung des Fahrzeuges ist bei gerader oder kreisbogenförmiger Fahrbahn um den konstanten Winkel $\triangle\varphi = \kappa\triangle s$ (beachte: $\kappa = \frac{1}{r}$) einzuschlagen. Dabei ist $\triangle s$ der konstante Abstand der beiden Wagenachsen. Auf dem Klothoidenbogen $c$ ist dann der Einschlagwinkel $\triangle\varphi = \kappa\triangle s = \frac{s}{a^2}\triangle s$ proportional dem zurückgelegten Weg $s$. Als Anfangspunkt der Wegmessung ist dabei der Wendepunkt der Klothoide gewählt, der, wenn der Anfangsbogen geradlinig war, zugleich der Anfangspunkt $P_1$ ist. Den Parameter $a$ wählt man so, daß die Krümmungsradien von $c$ und $c_2$ im Anschlußpunkt $P_2$ gleich sind. Wegen dieser fahrtechnischen Zweckmäßigkeit der Klothoidenbögen wurde die Klothoide durch den österreichischen Straßenbauer OERLEY (1878 - 1936) in den modernen Straßenbau eingeführt. 1902 empfahl der französische Geometer d'OCAGNE die Klothoide auch als Übergangsbogen bei Eisenbahnen. Inzwischen benutzt man dafür aber Parabelbögen dritten und vierten Grades ([Stru]).

Weitere wichtige Kurven sind die Lemniskate (s. Beispiel 2.5) und die Traktrix (s. Beispiel 2.17).

## Cassinische Kurven

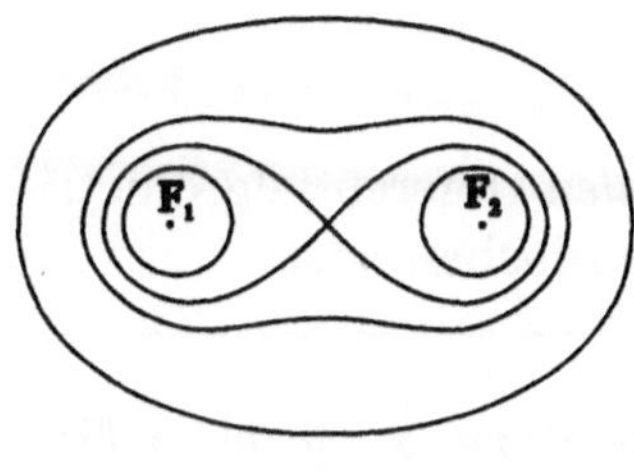


Abb. 2.30

Eine Cassinische Kurve ist der geometrische Ort aller Punkte $x, y$, für die das Produkt der Abstände von zwei festen Punkten $F_1(e, 0), F_2(-e, 0)$ konstant gleich $a^2$ ist. Sie wird implizit durch die Gleichung

$$F(x, y) := \left(x^2 + y^2\right)^2 - 2e^2(x^2 - y^2) + e^4 - a^4 = 0$$

definiert (Abb. 2.30). Für den Spezialfall $a = e$ erhält man die in Beispiel 2.5 untersuchte Bernoullische Lemniskate.

**Aufgabe 2.13** Es sei $x(t) = a \cosh t$, $y(t) = b \sinh t$, $t \in \mathbb{R}$.

a) Zeige, daß die Hyperbelgleichung $\frac{x^2}{a^2} - \frac{y^2}{b^2} = 1$ erfüllt ist. Skizziere die Kurve.

b) Gib die Gleichung der Tangente und der Normale in $(x_0, y_0)$ an.

c) Gib die Gleichung der *Asymptoten*[17]) für $x \to \infty$ an.

**Aufgabe 2.14** Es sei $x(t) = c \sin \omega t$, $y(t) = d \sin(\sigma t + \rho)$ mit $c, d, \omega, \sigma, \rho \in \mathbb{R}$. Deutet man $t$ als die Zeit, dann stellen diese Kurven Schwingungen dar. Sie wurden u.a. von LISSAJOUS (1850) näher studiert und heißen daher *Lissajous-Kurven*. Durch Variation der Kreisfrequenzen $\omega, \sigma$ und der Phasenverschiebung $\rho$ kann man mit einem Computer oder einem Laserstrahl eine große Formenvielfalt an Kurven erzeugen.
Teste dies mit einem Computer für $c = d = 1$, $\rho = \frac{\pi}{2}$, $\sigma = k\omega$ ($k$ ganz).

---

[17]) Unter einer *Asymptote* versteht man die Grenzlage der Tangenten, deren Berührungspunkte sich längs der Kurve ins Unendliche entfernen. Eine strenge Definition der Asymptoten findet man z.B. in [PfS].

# 3 Globale Eigenschaften ebener Kurven

In diesem Kapitel sollen einige Resultate aus der *globalen* Differentialgeometrie ebener Kurven dargestellt werden. Dazu benötigt man insbesondere:

**Definition 3.1**   a) *Eine reguläre, parametrisierte Kurve* $\mathbf{x} : [a, b] \to \mathbb{R}^2$ *heißt geschlossen, falls gilt:*

$$\mathbf{x}(a) = \mathbf{x}(b), \ \mathbf{x}^{(n)}(a) = \mathbf{x}^{(n)}(b), \ n = 1, 2, 3, \cdots . \qquad (3.1)$$

b) *Die Kurve* $\mathbf{x}$ *heißt einfach, wenn für* $t_1, t_2 \in [a, b)$ *mit* $t_1 \neq t_2$ *gilt* $\mathbf{x}(t_1) \neq \mathbf{x}(t_2)$ *(s. Abb. 3.1).*

c) *Das von einer einfachen, geschlossenen Kurve* $\mathcal{K}$ *berandete Gebiet nennt man Inneres von* $\mathcal{K}$*.* $\mathcal{K}$ *heißt positiv orientiert, wenn bei Durchlauf von* $\mathcal{K}$ *in Richtung wachsender Parameter das Innere von* $\mathcal{K}$ *auf der linken Seite liegt (s. Abb. 3.1).*[18]

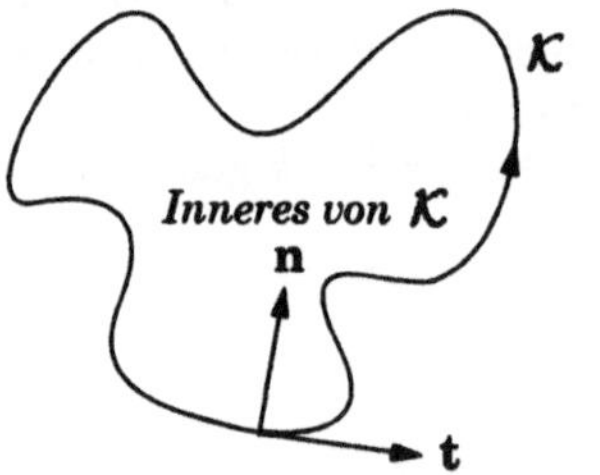


a) einfache, geschlossene, positiv orientierte Kurve

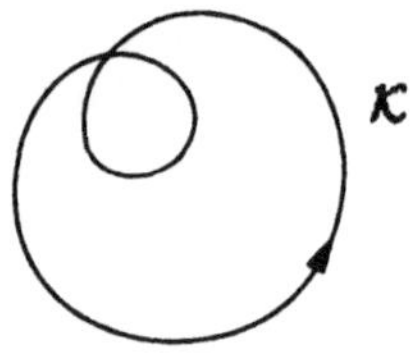


b) geschlossene, nichteinfache Kurve

Abb. 3.1

---

[18] Manchmal sprechen wir von einer Kurve und meinen die Spur von $\mathbf{x}$.

## 3.1 Die isoperimetrische Ungleichung

Eine der ältesten Fragestellungen der globalen Differentialgeometrie ist: *Welche von allen einfachen, geschlossenen Kurven gegebener Länge berandet den größten Flächeninhalt?* Erst 1870 gab K. WEIERSTRASS einen strengen Beweis für die Lösung dieses *isoperimetrischen*[19]) *Problems* an. Er zeigte, daß der Kreis die einzige Lösung ist. Ein einfacher Beweis stammt von E. SCHMIDT (1939). Mit Hilfe der Inhaltsformel (1.69) (s. [KöPf]) wird gezeigt (s. z.B. [dCa]):

---

**Satz 3.1 (Isoperimetrische Ungleichung)** *Ist $\mathcal{K}$ eine einfache, geschlossene Kurve der Länge $l$ und $A$ der Flächeninhalt des Inneren von $\mathcal{K}$, dann gilt*

$$l^2 - 4\pi A \geq 0,$$

*wobei Gleichheit genau dann eintritt, wenn $\mathcal{K}$ ein Kreis mit dem Radius $r = \frac{l}{2\pi}$ ist.*

---

**Bemerkung 3.1** Die obigen Differenzierbarkeitsvoraussetzungen an $\mathcal{K}$ können wesentlich abgeschwächt werden. Es genügt die Existenz der Bogenlänge und des Flächeninhaltes. Insbesondere für stückweise glatte, stetige Kurven gilt Satz 3.1.

Aus der Tatsache, daß $A = \dfrac{l^2}{4\pi}$ der Inhalt eines Kreises vom Umfang $l$ ist, ergibt sich die *isoperimetrische Eigenschaft* des Kreises: *Unter allen ebenen Figuren gleichen Umfangs hat die Kreisscheibe den größten Flächeninhalt* [20]). Oder: *Unter allen ebenen Figuren gleichen Flächeninhaltes hat der Kreis den kleinsten Umfang.* Diese Eigenschaft erklärt weitere den Kreis auszeichnende Eigenschaften:

(1) Die Fettaugen auf der Fleischbrühe sind kreisförmig. Die Molekularkräfte erzeugen nämlich eine Figur kleinsten Umfangs - und damit kleinster potentieller Energie - für die gegebene Fettmenge.

(2) In der Elastizitätstheorie wird gezeigt, daß sich eine vollkommen elastische Säule mit einem *kreisförmigen* Querschnitt bei gleichem Kraftaufwand am wenigsten verdrillen läßt.

---

[19]) Von *isos* für gleich und *perimetron* für Umfang (griech.).

[20]) Diese Maximaleigenschaft des Kreises ist mit dem Namen der legendären Königin DIDO von Karthago verbunden. Der König JARBAS von Numidien bot ihr nur so viel Land zum Kauf an, wie sie mit einem Ochsenfell umspannen konnte. Sie hatte ein Kreisgebiet zwischen 10 und 40 Hektar erhandelt.

(3) Lord RAYLEIGH entdeckte im Jahre 1877, daß unter allen eingespannten Membranen gleichen Flächeninhaltes die *kreisförmigen* (z.B. beim Trommeln) den tiefsten Grundton haben.

(4) Im Vergleich zu allen anderen ebenen Gebieten gleichen Inhaltes kann auf einer *Kreisscheibe* der höchste Sandhaufen aufgehäuft werden.

(5) In eine geschlossene ebene Kurve aus Draht spanne man ein ebenes Seifenhäutchen, lege einen dünnen Faden in Gestalt einer Schlaufe auf das Häutchen, entferne anschließend vorsichtig das Häutchen *innerhalb* der Schlaufe, dann sucht das verbleibende Häutchen außerhalb des Fadens seinen Flächeninhalt so weit wie möglich zu verringern und bringt den Faden in eine *kreisförmige* Gestalt.

Das räumliche Analogon der obigen Minimaleigenschaft des Kreises ist:
*Unter allen Körpern gleichen Volumens hat die Kugel die kleinste Oberfläche.*

## 3.2 Der Umlaufsatz

Es sei $\mathcal{K} : \mathbf{x} = \mathbf{x}(s) = (x(s), y(s))$, $s \in [0, l]$ eine ebene, geschlossene, nach der

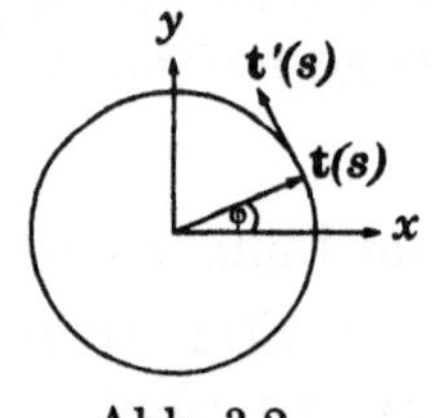

Abb. 3.2

Bogenlänge $s$ parametrisierte Kurve (s. Satz 1.3). Da dann der Betrag des Tangentenvektors $\mathbf{t}(s) = (x'(s), y'(s))$ die Länge 1 hat, ist $\mathbf{t} = \mathbf{t}(s)$ eine auf dem Einheitskreis liegende Kurve, die man *Tangentenbild* oder *Tangentenindikatrix* nennt (s. auch (1.47)). Aus (2.19) folgt $\mathbf{t}' = \mathbf{x}'' = \kappa\mathbf{n}$ (s. Abb. 3.2).

Für $\varphi(s) := \measuredangle(\mathbf{t}(s), \mathbf{e}_1)$ gilt $x'(s) = \cos\varphi(s)$, $y'(s) = \sin\varphi(s)$, $\varphi(s) = \arctan\dfrac{y'(s)}{x'(s)}$ und

$$\mathbf{t}' = \frac{d}{ds}(\cos\varphi, \sin\varphi) = \varphi'(-\sin\varphi, \cos\varphi) = \varphi'\mathbf{n},$$

also

$$\kappa(s) = \varphi'(s).$$

*Die Krümmung ist die Ableitung des Drehwinkels* (s. auch Bemerkung 1.19). Während $\varphi(s)$ wegen der Eigenschaften von arctan (s. [Zei]) nur lokal, d.h. für hinreichend kleine $s$, definiert ist, ist die durch

$$\varphi(s) := \int_0^s \kappa(u)\,du \tag{3.2}$$

erklärte Funktion für alle $s$ wohldefiniert, die wegen

$$\varphi' = \kappa = x'y'' - x''y' = [\arctan(\tfrac{y'}{x'})]'$$

(s. (2.20)) bis auf eine Konstante mit dem oben lokal definierten $\varphi$ übereinstimmt. Das durch (3.2) definierte $\varphi(s)$ mißt den Gesamtwinkel, der vom Endpunkt von $\mathbf{t}(s)$ auf der Tangentenindikatrix überstrichen wird, wenn die Kurve $\mathcal{K}$ von 0 nach $l$ durchlaufen wird. Weil $\mathcal{K}$ geschlossen ist, ist dieser Winkel ein ganzes Vielfaches $n_k$ von $2\pi$, d.h. (s. Abb. 3.3)

$$\int_0^l \kappa(s)ds = \varphi(l) - \varphi(0) = 2\pi n_k. \tag{3.3}$$

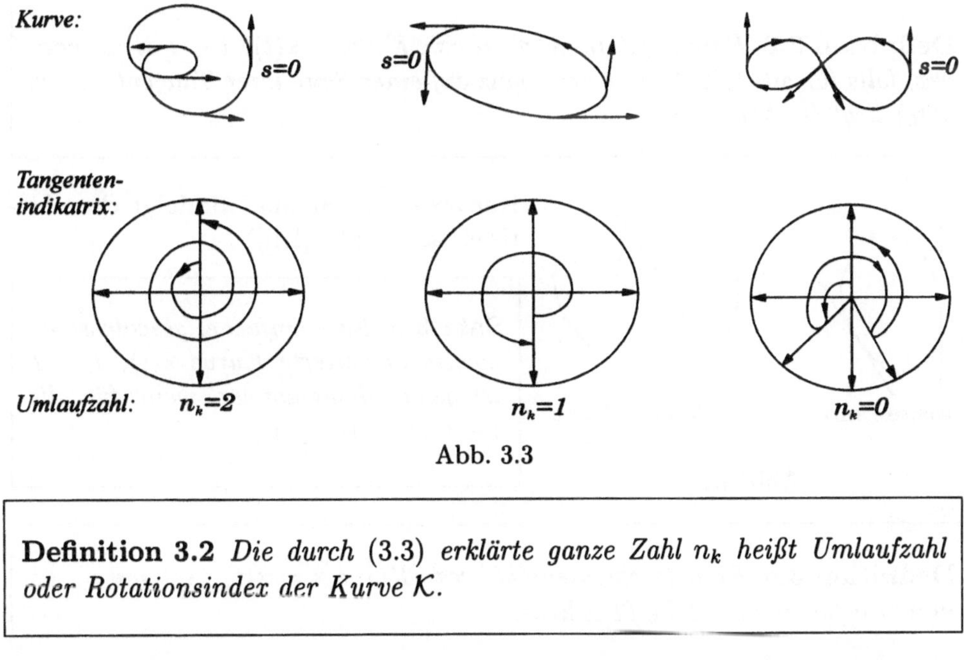

Abb. 3.3

**Definition 3.2** *Die durch (3.3) erklärte ganze Zahl $n_k$ heißt Umlaufzahl oder Rotationsindex der Kurve $\mathcal{K}$.*

Abb. 3.3 zeigt einige Kurven mit ihren Umlaufzahlen. Die Umlaufzahl einer positiv orientierten Kurve ist positiv. Sie wechselt bei Umorientierung ihr Vorzeichen.

Der folgende Satz gibt eine wichtige globale Eigenschaft der Umlaufzahl an:

---

**Satz 3.2 (Umlaufsatz)** *Die Umlaufzahl einer einfachen, geschlossenen Kurve ist ±1, wobei das Vorzeichen von der Orientierung der Kurve abhängt.*

---

**Beispiel 3.1** Für den Einheitskreis $\mathcal{K} : \mathbf{x}(s) = (\cos s, \sin s)$, $s \in [0, 2\pi]$ erhält man $\kappa(s) = 1$, $\int\limits_0^{2\pi} \kappa(s)ds = 2\pi$, also $n_k = 1$.

**Bemerkung 3.2** Der Umlaufsatz kann auf stückweise glatte Kurven erweitert werden (s. z.B. [Kli]).

## 3.3 Konvexe Kurven und Vierscheitelsatz

---

**Definition 3.3** *Eine reguläre ebene Kurve $\mathcal{K} : \mathbf{x} = \mathbf{x}(t)$, $t \in I$ heißt konvex, falls für alle $t_0 \in I$ die Kurve ganz auf einer Seite ihrer Tangente durch $\mathbf{x}(t_0)$ liegt (s. Abb. 3.4).*

---

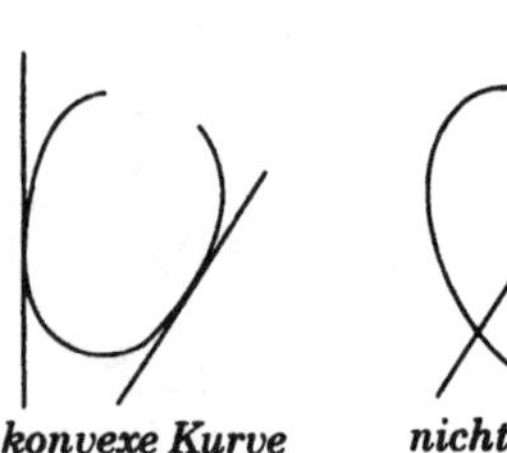

**konvexe Kurve**        **nichtkonvexe Kurve**

Abb. 3.4

Konvexe Kurven sind wie folgt charakterisierbar (s. z.B. [Kli]):

---

**Satz 3.3** *Eine einfache, geschlossene, positiv orientierte Kurve $\mathbf{x}(t)$, $t \in I$ ist genau dann konvex, wenn für alle $t \in I$ gilt: $\kappa(t) \geq 0$.*

---

---

**Definition 3.4** *Eine geschlossene konvexe Kurve $\mathbf{x} = \mathbf{x}(t), t \in I$ mit $\kappa(t) > 0$ für alle $t \in I$ heißt Eilinie.*

---

Wir erinnern an die Definition des *Scheitels* (oder *Scheitelpunktes*) (s. Bemerkung 2.5): Ein *Scheitel* einer regulären Kurve $\mathbf{x} = \mathbf{x}(t)$ ist ein Punkt $\mathbf{x}(t_0)$ mit $\dot{\kappa}(t_0) = 0$ ($\kappa(t_0)$ ist Extremalpunkt).

**Beispiel 3.2** Die Ellipse $x(t) = a\cos t$, $y(t) = b\sin t$, $t \in [0, 2\pi]$ (s. Beispiel 2.3) hat genau vier Scheitel, nämlich jene Punkte, in denen die Achsen die

Ellipse schneiden. Aus (2.24) folgt nach einfacher Rechnung $\kappa'(t_i) = 0$ für $t_1 = 0, t_2 = \frac{\pi}{2}, t_3 = \pi, t_4 = \frac{3\pi}{2}$. Ferner gilt für alle $t : \kappa(t) \neq 0$. Die Ellipse ist folglich eine Eilinie.

---

**Satz 3.4 (Vierscheitelsatz)** *Eine einfache, geschlossene, konvexe Kurve hat mindestens vier Scheitel* [21] ).

---

**Definition 3.5** *Eine Eilinie* $\mathbf{x}(t), t \in I$ *heißt Gleichdick, wenn für alle* $t_1, t_2 \in I$ *mit* $\mathbf{t}(t_1) = -\mathbf{t}(t_2)$ *der Abstand* $|\mathbf{x}(t_1) - \mathbf{x}(t_2)|$ *konstant ist.*

---

**Bemerkung 3.3** Das Innere eines Gleichdickes hat also in jeder Richtung

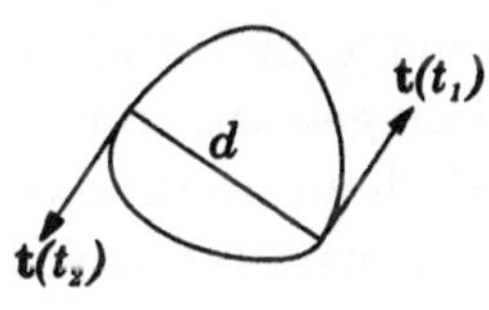


Abb. 3.5

(etwa mit einer Schieblehre gemessen) die gleiche Breite $d$ (Abb. 3.5). Mit anderen Worten: Der Abstand paralleler Tangenten hat den konstanten Wert $d$. Solche Kurven untersuchte schon L. EULER (1778). Das einfachste Gleichdick ist ein Kreis. Gleichdicke und Kreise haben gemeinsame Eigenschaften. Es gilt z.B. (s. [Stru]): *Gleichdicke und Kreise mit derselben Breite d besitzen auch denselben Umfang* $\pi d$. [22] )

Auf Grund dieses Resultates genügt die Messung in der Schieblehre nicht, wenn man prüfen will, ob ein - etwa durch spitzenloses Schleifen - hergestelltes Werkstück einen kreisförmigen Querschnitt hat. Ein weiteres Beispiel eines Gleichdickes ist das aus drei Sechstelkreisbögen zusammengesetzte Reuleaux-sche Dreieck, das in Kurvenschubgetrieben (s. [Hoh]) verwendet wird.

**Bemerkung 3.4** Für das Studium von Kurven im $\mathbb{R}^2$ und $\mathbb{R}^3$ sei unter der am Ende des Buches angegebenen Literatur besonders empfohlen: [Stru], [Kre], [BlLe], [Lip], [Klo].Die Frenetschen Gleichungen für beliebig parametrisierte Raumkurven sowie Literatur zu Bertrand- und Cesàro-Kurven als Verallgemeinerung der Böschungslinien findet man in [GiHo]. Ein an Anwendungen, insbesondere an Problemen der konstruktiven Differentialgeometrie, interessierter Leser wird in [GiSe], [Bra], [Hoh], [MaNi], [HoLa] wichtige Anregungen

---

[21] ) Beweise dieses bedeutenden Satzes findet man z.B. in [dCa] und [Kli]. Der Satz wurde zuerst von dem Inder S. MUKHOPADHYAYA (1909) bewiesen.

[22] ) Gleichdicke spielen in der Technik eine Rolle (s. z.B. [Hoh]). Sie lassen sich in einfacher Weise in *Zinderkurven* umformen. Diese weisen eine Schar von Hauptsehnen konstanter Länge auf, welche gleichzeitig Umfang und Inhalt halbieren (s. [GiHo]).

finden. Zahlreiche Computerprogramme zur rechnergestützten konstruktiven Geometrie sind in [GiSe] enthalten. Für viele in den Anwendungen auftretende Kurven kennt man zunächst keine analytische Darstellung. Für solche Kurven muß man durch Näherungsverfahren geeignete Darstellungen *konstruieren,*was heute meist mittels CAGD-Methoden erfolgt (s. Kapitel 8, [HoLa], [GiSe], [Bär]). In manchen Fällen kann man aber für graphisch gegebene Kurven durch graphische Näherungskonstruktionen Tangenten, Krümmungskreise usw. ermitteln (s. z.B. [Hoh]).

Schließlich sei auf das 1994 in deutscher Sprache erschienene Buch von A. GRAY [Gra] hingewiesen, das sich gegenüber vergleichbaren deutschsprachigen Werken vor allen dadurch auszeichnet, daß es den Leser in die Lage versetzt, die oft komplizierten Rechnungen mit kurzen Computerprogrammen durchzuführen bzw. zu vereinfachen und damit die Anschaulichkeit der Theorie mit Hilfe selbst erzeugter Bilder zu erhöhen. Voraussetzung ist das Programm **Mathematica**, das nicht nur zum Zeichnen von Kurven, sondern auch zur Berechnung und graphischen Darstellung von Bogenlänge, Krümmung und Torsion benutzt wird. Umgekehrt wird Mathematica wirkungsvoll eingesetzt, um eine Kurve mit vorgegebener Krümmung und Torsion numerisch zu bestimmen und zu zeichnen. Insbesondere können die geometrischen Auswirkungen von Änderungen eventuell auftretender Parameter anschaulich dargestellt werden. Ebenso wird Mathematica zur Konstruktion einer Schraubenlinie über einer beliebigen ebenen Kurve verwendet. Mit Hilfe von Mathematica können sogar theoretische Überlegungen durchgeführt werden, die in ihrem Schwierigkeitsgrad manchen rechenaufwendigen mathematischen Beweisen klassischer Lehrbücher nahekommen.

# 4 Lokale Flächentheorie

Unsere anschauliche Vorstellung von einer Fläche ist die von einer zweidimensionalen Punktmenge. Im Großen kann eine Fläche eine komplizierte Gestalt haben und muß in keiner Weise einer Ebene ähneln. Aber jedes hinreichend kleine Stück der Fläche sollte wie ein leicht gekrümmter Teil einer Ebene aussehen. Wie beim Kurvenbegriff ist auch für den Flächenbegriff eine Fassung zu finden, die den Erfordernissen der Differentialgeometrie und der Naturwissenschaften Rechnung trägt. Das Werkzeug unserer Untersuchungen sind Vektorfunktionen von *zwei* reellen Variablen (s. Abschnitt 0.2).

## 4.1 Der Flächenbegriff

Im folgenden bezeichne $U$ eine Teilmenge des $\mathbb{R}^2$. $U$ kann z.B. ein offenes, halboffenes oder abgeschlossenes Rechteck sein. Ein Punkt aus $U$ wird mit $\mathbf{u} = (u^1, u^2)$ bezeichnet[23]. Wir erinnern an die Definition 1.1 einer Kurve als Vektorfunktion $\mathbf{x} : I \to \mathbb{R}^3$ sowie an die Definition einer Vektorfunktion von zwei reellen Variablen $u^1, u^2$, insbesondere an die Beispiele 0.11, 0.12 und an die Definition 0.1 und 0.2.

---

**Definition 4.1** *Ein parametrisiertes Flächenstück ist eine differenzierbare Vektorfunktion* $\mathbf{x} : U \to \mathbb{R}^3$. *Die reellen Variablen* $u^1, u^2$ *in* $\mathbf{u} = (u^1, u^2) \in U$ *heißen Parameter von* $\mathbf{x}$. *Die Bildmenge* $\mathbf{x}(U)$ *heißt Spur von* $\mathbf{x}$.

---

**Bemerkung 4.1** Nach den Ausführungen in Abschnitt 0.2 ist ein (parametrisiertes) Flächenstück im $\mathbb{R}^3$ durch drei skalare differenzierbare Koordinatenfunktionen $x_i(u^1, u^2)$, $i = 1, 2, 3$ mit einem gemeinsamen Definitionsbereich $U \subset \mathbb{R}^2$ eindeutig charakterisiert. Wir benutzen für $\mathbf{x} : U \to \mathbb{R}^3$ auch die Schreibweisen $\mathbf{u} \mapsto \mathbf{x}(\mathbf{u})$ oder

$$\mathbf{x}(u^1, u^2) = \big(x_1(u^1, u^2), x_2(u^1, u^2), x_3(u^1, u^2)\big), \mathbf{u} = (u^1, u^2) \in U. \qquad (4.1)$$

---

[23]) Die hochgestellten Indizes bei $u^1, u^2$ sind durch die spätere Summenkonvention gerechtfertigt.

Die Darstellung (4.1) heißt auch *Parametrisierung* oder *Parameterdarstellung* [24] *eines Flächenstückes.* $U$ heißt *Parameterbereich.* Eine Teilmenge $\mathcal{F} \subset \mathbb{R}^3$ heißt durch $\mathbf{x}$ parametrisiert, wenn $\mathbf{x} : U \to \mathbb{R}^3$ ein Flächenstück mit $\mathbf{x}(U) = \mathcal{F}$ ist. Eine Teilmenge $\mathcal{F} \subset \mathbb{R}^3$ kann in unterschiedlicher Weise parametrisiert werden. Die Beispiele 0.11 und 0.12 liefern Parametrisierungen der Ebene und der Sphäre. Für jedes feste $u^1$ bzw. $u^2$ erhält man aus (4.1) natürlich definierte Kurven.

---

**Definition 4.2** *Ist* $\mathbf{x} : U \to \mathbb{R}^3$ *ein parametrisiertes Flächenstück und* $(u_0^1, u_0^2) \in U$ *ein fester Punkt, so heißen die Kurven*

$$u^1 \mapsto \mathbf{x}(u^1, u_0^2) \quad und \quad u^2 \mapsto \mathbf{x}(u_0^1, u^2) \tag{4.2}$$

$u^1-$ *bzw.* $u^2-Parameterlinien$ *von* $\mathbf{x}$ *durch* $\mathbf{x}(u_0^1, u_0^2)$.

---

Die Parametrisierung (0.34) der Sphäre hat die Breiten- und Längenkreise als Parameterlinien.

**Bemerkung 4.2** Nach Definition 1.2 sind die Vektoren (s. (0.35))

$$\mathbf{x}_{u^1}(u_0^1, u_0^2), \qquad \mathbf{x}_{u^2}(u_0^1, u_0^2) \tag{4.3}$$

Tangentenvektoren an die Parameterlinien im Punkt $\mathbf{x}(u_0^1, u_0^2)$.

**Beispiel 4.1** Die Spur des Flächenstückes $\mathbf{x} : U \to \mathbb{R}^3$ mit

$$\mathbf{x}(u^1, u^2) = (r \cos u^1, r \sin u^1, u^2), \quad U = \{(u^1, u^2) | 0 \le u^1 < 2\pi, \ 0 \le u^2 \le 1\}$$

ist ein *Zylinder* mit dem Radius $r$, der Höhe 1 und der $x_3$-Achse als Drehachse (s. Abb. 4.1).
Die Vektorfunktion $\mathbf{x}$ ist differenzierbar und injektiv[25]). Die $u^1$-Parameterlinien sind die Breitenkreise, die $u^2$-Parameterlinien die Mantellinien des Zylinders. Setzt man $u^1 = u^2 = t$, so bekommt man als Bildkurve $t \mapsto \mathbf{x}(t,t)$ eine auf $\mathbf{x}(U)$ liegende Schraubenlinie der Ganghöhe $2\pi$. Für die Tangentenvektoren an die Parameterlinien im Punkt $\mathbf{x}_0 := \mathbf{x}(u_0^1, u_0^2)$ erhält man

$$\mathbf{x}_{u^1}(u_0^1, u_0^2) = (-r \sin u_0^1, r \cos u_0^1, 0), \quad \mathbf{x}_{u^2}(u_0^1, u_0^2) = (0, 0, 1).$$

Beide Vektoren sind nirgends parallel, also linear unabhängig. Die Injektivität von $\mathbf{x}$ ginge offenbar verloren, wenn man $u^1 \in [0, 2\pi]$ oder $u^1 \in \mathbb{R}$ zuließe. Dann würde nämlich die durch $(1, 0, 0)$ gehende Mantellinie oder der ganze

---

[24]) nach C. F. GAUSS (1828).
[25]) Falls $\mathbf{x}$ injektiv (eineindeutig) ist, folgt aus $\mathbf{x}(\mathbf{u}) = \mathbf{x}(\mathbf{u}^*)$ stets $\mathbf{u} = \mathbf{u}^*$.

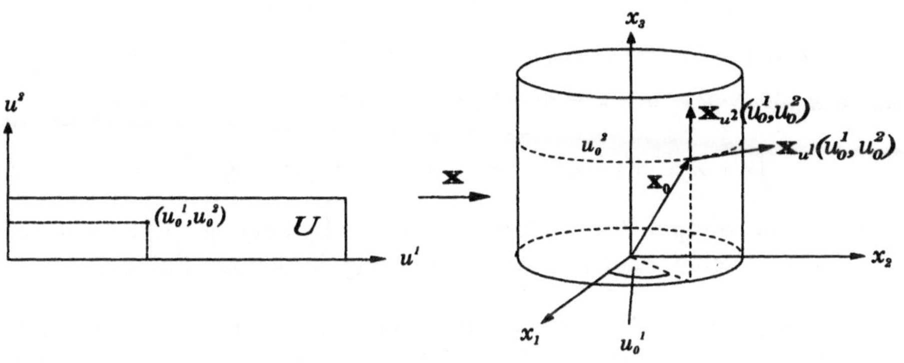

Abb. 4.1

Zylinder mehrfach überdeckt werden.

**Bemerkung 4.3** Das Beispiel $\mathbf{x}(u^1, u^2) = (u^1 + 2u^2)\mathbf{a}$ mit $\mathbf{a} \neq \mathbf{o}$ und $(u^1, u^2) \in U = I\!\!R^2$ zeigt, daß die Tangentenvektoren (4.3) nicht linear unabhängig zu sein brauchen. Man erhält nämlich $\mathbf{x}_{u^1}(u^1, u^2) = \frac{1}{2}\mathbf{x}_{u^2}(u^1, u^2) = \mathbf{a}$. Die Spur $\mathbf{x}(U)$ ist gar keine Fläche im anschaulichen Sinne, sondern stellt eine (ein-dimensionale) Gerade durch $O$ mit $\mathbf{a}$ als Richtungsvektor dar. Um solche „Entartungen" zu vermeiden und später die Existenz der Tangentialebene in jedem Flächenpunkt zu sichern, fordert man künftig für parametrisierte Flächenstücke zusätzlich die lineare Unabhängigkeit der Tangentenvektoren $\mathbf{x}_{u^1}, \mathbf{x}_{u^2}$ in jedem Flächenpunkt. Nach Satz 0.1 ist dies gleichbedeutend mit $\mathbf{x}_{u^1} \times \mathbf{x}_{u^2} \neq \mathbf{o}$ oder $Rang J_{\mathbf{x}} = 2$.

---

**Definition 4.3** *Ein reguläres parametrisiertes Flächenstück* [26]*) (oder kurz: eine Fläche) ist eine differenzierbare Vektorfunktion* $\mathbf{x} : U \to I\!\!R^3$ *mit*

$$(\mathbf{x}_{u^1} \times \mathbf{x}_{u^2})(\mathbf{u}) \neq \mathbf{o} \quad \text{für alle} \quad \mathbf{u} \in U. \tag{4.4}$$

---

**Beispiel 4.2** Die in Beispiel 4.1 gewählte Parametrisierung $\mathbf{x}$ des Zylinders ist wegen $|\mathbf{x}_{u^1} \times \mathbf{x}_{u^2}|(\mathbf{u}) = |(r \cos u^2, r \sin u^2, 0)| = r \neq 0$ regulär.

**Beispiel 4.3** Für die Parametrisierung (0.34) der Sphäre $S_r(0)$ gilt (siehe (0.10), Beispiel 0.13)

---

[26]) Statt *„regulär"* benutzt man auch *„glatt"*.

$$\mathbf{x}_{u^1}(u^1, u^2) = (-r\sin u^1 \sin u^2, r\cos u^1 \sin u^2, 0),$$

$$\mathbf{x}_{u^2}(u^1, u^2) = (r\cos u^1 \cos u^2, r\sin u^1 \cos u^2, -r\sin u^2),$$

$$(\mathbf{x}_{u^1} \times \mathbf{x}_{u^2})(u^1, u^2) = -r^2 \sin u^2(\cos u^1 \sin u^2, \sin u^1 \sin u^2, \cos u^2),$$

$$|\mathbf{x}_{u^1} \times \mathbf{x}_{u^2}|(u^1, u^2) = r^2 \sin u^2 = 0 \Leftrightarrow u^2 = 0,\ u^2 = \pi. \tag{4.5}$$

Im Nord- und Südpol der Sphäre ist also die Bedingung (4.4) nicht erfüllt, d.h., (0.34) ist keine reguläre Parametrisierung der ganzen Sphäre.

**Bemerkung 4.4** Im allgemeinen hat man es mit Parametrisierungen zu tun, die nur in einigen Punkten (s. Beispiel 4.3) nicht regulär sind. Wir definieren daher:

---

**Definition 4.4** *Ein parametrisiertes Flächenstück* $\mathbf{x} : U \to I\!\!R^3$ *heißt in* $\mathbf{u}_0 \in U$ *(bzw. in* $\mathbf{x}(\mathbf{u}_0)$*) regulär [singulär], falls*

$$(\mathbf{x}_{u^1} \times \mathbf{x}_{u^2})(\mathbf{u}_0) \neq \mathbf{o} \quad [(\mathbf{x}_{u^1} \times \mathbf{x}_{u^2})(\mathbf{u}_0) = \mathbf{o}]$$

*gilt. Der Punkt* $\mathbf{u}_0$ *(bzw.* $\mathbf{x}(\mathbf{u}_0)$*) heißt in diesem Fall regulärer [singulärer] Punkt von* $\mathbf{x}$.

---

**Bemerkung 4.5** Jedes in $\mathbf{u}_0 \in U$ reguläre Flächenstück ist lokal injektiv (s. Bemerkung 0.10).

**Bemerkung 4.6** Nach Definition 4.2 wird das Geradennetz $u^1 = u_0^1 = \text{const}$, $u^2 = t$; $u^1 = t$, $u^2 = u_0^2 = \text{const}$ in $U$ durch $\mathbf{x}$ auf das *Parameterliniennetz* der Spur von $\mathbf{x}$ abgebildet. Bei regulären Flächenstücken ergibt sich jeder Punkt $\mathbf{x}(u_0^1, u_0^2)$ in eindeutiger Weise als Schnittpunkt der zugehörigen $u^1$- und $u^2$-Parameterlinie (s. z.B. Abb. 4.1), was an die Festlegung eines Punktes im Koordinatensystem des $I\!\!R^n$, $(n = 2, 3)$ durch Parallelen zu den Achsen erinnert, so daß man $u^1$ und $u^2$ auch *krummlinige Koordinaten* (oder auch Gaußsche Koordinaten) des Punktes $\mathbf{x}(u^1, u^2)$ nennt. Auf der Sphäre kann man z.B. geographische Länge und Breite als krummlinige Koordinaten benutzen.

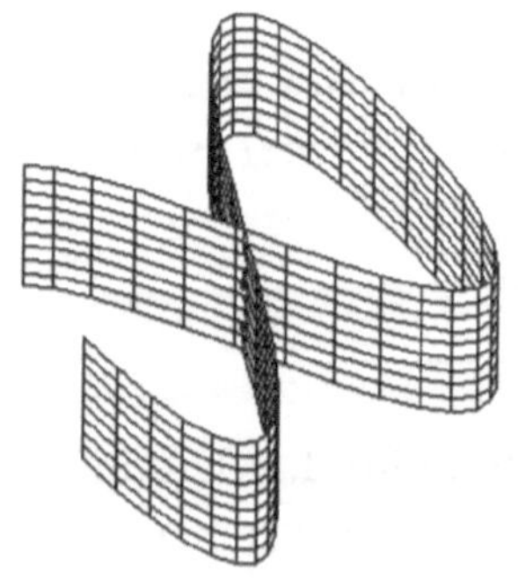

Abb. 4.2

**Bemerkung 4.7** Reguläre Flächenstücke können sich selbst durchdringen, wie folgendes Beispiel zeigt (s. Abb. 4.2 (nach [Gra]))

$$\mathbf{x}(u^1, u^2) = (\sin u^1, \sin 2u^1, u^2),$$
$$-1.2\pi \le u^1 \le \frac{\pi}{2}, \ 0 \le u^2 \le 1.$$

Bei Anwendungen in der Technik treten Selbstdurchdringungen häufig auf (s. z.B. [GiSe]).

**Bemerkung 4.8** Ist $f : U \to \mathbb{R}$ eine differenzierbare Funktion von zwei reellen Variablen, so kann ihr Graph $\mathcal{F} = \{(u^1, u^2, f(u^1, u^2))|(u^1, u^2) \in U\}$ wie folgt parametrisiert werden:

$$\mathbf{x} : U \to \mathbb{R}^3 \quad \text{mit} \quad \mathbf{x}(u^1, u^2) = (u^1, u^2, f(u^1, u^2)). \tag{4.6}$$

Man erhält aus (4.6) $\mathbf{x}_{u^1} = (1, 0, f_{u^1})$, $\mathbf{x}_{u^2} = (0, 1, f_{u^2})$ und

$$\mathbf{x}_{u^1} \times \mathbf{x}_{u^2} = (-f_{u^1}, -f_{u^2}, 1), \ |\mathbf{x}_{u^1} \times \mathbf{x}_{u^2}| = \sqrt{1 + f_{u^1}^2 + f_{u^2}^2}. \tag{4.7}$$

Der Graph jeder differenzierbaren Funktion zweier Variabler ist also die Spur eines regulären Flächenstückes.

Oft benutzt man statt $x_1, x_2, x_3$ die Bezeichnung $x, y, z$. Die Rolle von $u^1, u^2$ spielen dann $x$ und $y$. Jede differenzierbare Funktion

$$z = f(x, y) \quad \text{oder} \quad z = z(x, y), \quad (x, y) \in U = D(f) \tag{4.8}$$

induziert also eine Parameterdarstellung $(x, y) \mapsto (x, y, z(x, y))$. Man nennt die Darstellung (4.8) auch *explizite Flächendarstellung*.[27])

**Beispiel 4.4** Für $f(u^1, u^2) = \sqrt{1 - (u^1)^2 - (u^2)^2}$,
$(u^1, u^2) \in U = \{(u^1, u^2)|(u^1)^2 + (u^2)^2 < 1\}$ folgt

$$\mathbf{x}(u^1, u^2) = \left(u^1, u^2, \sqrt{1 - (u^1)^2 - (u^2)^2}\right) \tag{4.9}$$

und $(x_1(\mathbf{u}))^2 + (x_2(\mathbf{u}))^2 + (x_3(\mathbf{u}))^2 = 1$. Als Spur von $\mathbf{x}$ bzw. Graph von $f$ erhält man also wegen $x_3(\mathbf{u}) > 0$ die *obere Halbsphäre* mit dem Radius 1 und dem Mittelpunkt $O$ (s. Abb. 4.3).

---

[27]) Siehe (2.2) als Analogon in der Kurventheorie. Offenbar ist nicht jedes Flächenstück explizit darstellbar (z.B. die Sphäre).

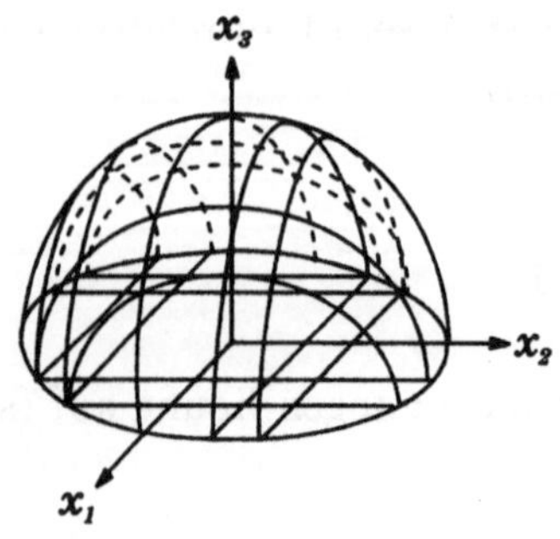


Abb. 4.3

Die Bilder der im Einheitskreis liegenden Koordinatenlinien $x_1 = u^1 = \text{const}$, $x_2 = u^2 = \text{const}$ bei der Abbildung $f$ sind dann gerade die Parameterlinien auf der Halbsphäre. Bemerkenswert ist, daß bei der Parametrisierung (4.9) der oberen Halbsphäre im Gegensatz zu der durch (0.34) für $0 \le u^2 < \frac{\pi}{2}$ induzierten der Nordpol $(0, 0, 1)$ ein regulärer Punkt ist (vgl. Beispiel 4.3).

**Bemerkung 4.9** Ist $\mathbf{x} : U \to \mathbb{R}^3$ ein reguläres Flächenstück, so folgt aus $\mathbf{x}_{u^1} \times \mathbf{x}_{u^2} \neq \mathbf{o}$ (was nach Satz 0.1 mit Rang $J_\mathbf{x} = 2$ gleichbedeutend ist), daß man aus den Gleichungen $x_i = x_i(u^1, u^2)$, $i = 1, 2, 3$ die beiden Parameter $u^1, u^2$ eliminieren kann (s. Bemerkung 0.10 und [HRS]). Man erhält dann eine *implizite Flächendarstellung*

$$F(x_1, x_2, x_3) = 0 \tag{4.10}$$

mit einer differenzierbaren Funktion $F$ dreier Variablen. Ist umgekehrt $F(x_1, x_2, x_3)$ eine differenzierbare Funktion, deren Niveaufläche

$$\mathcal{F} := \{(x_1, x_2, x_3) | F(x_1, x_2, x_3) = 0\}$$

(s. [HRS]) nicht leer ist und deren Gradient $(F_{x_1}, F_{x_2}, F_{x_3})$ in den Punkten von $\mathcal{F}$ nicht verschwindet, dann ist $\mathcal{F}$ stets lokal regulär parametrisierbar (s. z.B. [Gra]).

**Beispiel 4.5** Wir betrachten folgende *Flächen zweiter Ordnung* (s. [Eis], [Lip] und Abb. 4.4):

$$(1) \quad \text{Ellipsoid:} \quad \frac{x_1^2}{a^2} + \frac{x_2^2}{b^2} + \frac{x_3^2}{c^2} = 1 \tag{4.11}$$

$$(2) \quad \text{Hyperboloid (einschalig):} \quad \frac{x_1^2}{a^2} + \frac{x_2^2}{b^2} - \frac{x_3^2}{c^2} = 1 \tag{4.12}$$

$$(3) \quad \text{Hyperboloid (zweischalig):} \quad \frac{x_1^2}{a^2} - \frac{x_2^2}{b^2} - \frac{x_3^2}{c^2} = 1 \tag{4.13}$$

$$(4) \quad \text{Elliptisches Paraboloid:} \quad \frac{x_1^2}{a^2} + \frac{x_2^2}{b^2} - x_3 = 0 \tag{4.14}$$

$$(5) \quad \text{Hyberbolisches Paraboloid:} \quad \frac{x_1^2}{a^2} - \frac{x_2^2}{b^2} - x_3 = 0 \tag{4.15}$$

$$(6) \quad \text{Kegel:} \quad \frac{x_1^2}{a^2} + \frac{x_2^2}{b^2} - \frac{x_3^2}{c^2} = 0, \quad (x_1, x_2, x_3) \neq (0, 0, 0) \tag{4.16}$$

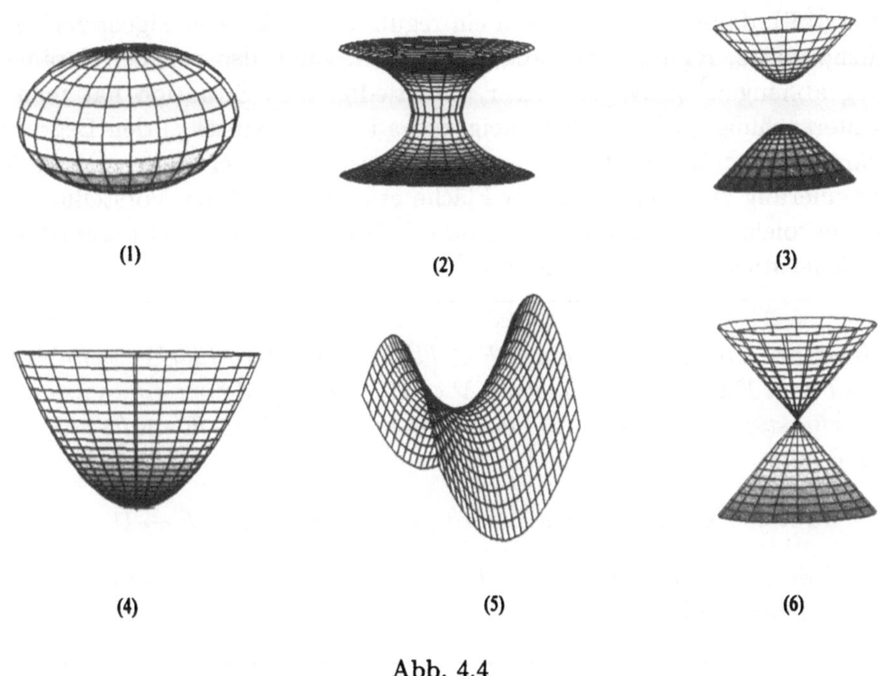



Abb. 4.4

Im Fall (1) ist $F(x_1, x_2, x_3) := \frac{x_1^2}{a^2} + \frac{x_2^2}{b^2} + \frac{x_3^2}{c^2} - 1 = 0$. Eine Parametrisierung des Ellipsoids (1) ist

$$\mathbf{x}(u^1, u^2) = (a \cos u^1 \sin u^2, b \sin u^1 \sin u^2, c \cos u^2), \ 0 \leq u^1 \leq 2\pi, \ 0 \leq u^2 \leq \pi. \tag{4.17}$$

Für $a = b = c$ erhält man die Sphäre (0.34).
Parametrisierungen von (4.13) - (4.15) sind

$$\begin{aligned}
\mathbf{x}(u^1, u^2) &= (a \cosh u^1, b \sinh u^1 \cos u^2, c \sinh u^1 \sin u^2) \\
\mathbf{x}(u^1, u^2) &= (au^1 \cos u^2, bu^1 \sin u^2, (u^1)^2) \\
\mathbf{x}(u^1, u^2) &= (au^1 \cosh u^2, bu^1 \sinh u^2, (u^1)^2).
\end{aligned}$$

**Bemerkung 4.10** Während man beim Studium *lokaler* Eigenschaften von Flächen, wie Tangentialebene, Krümmungen usw., mit Parameterdarstellungen von Flächenstücken (s. Definitionen 4.1, 4.3) völlig auskommt, sind diese zur Untersuchung im Großen unzureichend. Schon eine so einfache und wichtige „globale Fläche" wie die Sphäre kann nicht regulär parametrisiert werden. Bei

der Standardparametrisierung (0.34) sind Nord- und Südpol singuläre Punkte
(s. Beispiel 4.3). Wählt man dagegen für die Nordhalbsphäre die Parametrisierung (4.9), dann ist der Nordpol ein regulärer Punkt. Die Eigenschaft eines
Flächenpunktes, regulär oder singulär zu sein, kann also von der Parametrisierung abhängen[28]. Wegen dieser unbefriedigenden Situation hat man für
die Untersuchung *globaler* Flächeneigenschaften (s. Kapitel 7) den Begriff des
regulären parametrisierten Flächenstückes geeignet zu erweitern. Diese Verallgemeinerung zu einer regulären Fläche erfolgt gemäß der Vorstellung, daß
man eine solche „globale Fläche" *lokal* mit Hilfe von regulären parametrisierten Flächenstücken beschreiben kann[29].

---

**Definition 4.5** *Eine Teilmenge $\mathcal{F} \subset \mathbb{R}^3$ heißt reguläre Fläche, wenn es für
jeden Punkt $P \in \mathcal{F}$ eine Umgebung $\mathcal{V} \subset \mathbb{R}^3$ von $P$ und eine differenzierbare
Vektorfunktion $\mathbf{x} : U \to \mathcal{V} \cap \mathcal{F}$ einer offenen Menge $U \subset \mathbb{R}^2$ auf $\mathcal{V} \cap \mathcal{F}$ gibt,
so daß gilt:*

- *Zu $\mathbf{x}$ gibt es eine stetige Umkehrfunktion $\mathbf{x}^{-1} : \mathcal{V} \cap \mathcal{F} \to U$.*

- *Jede derartige Abbildung $\mathbf{x} : U \to \mathcal{F}$ ist ein reguläres parametrisiertes
  Flächenstück.*

---

**Bemerkung 4.11** Reguläre Flächen sind also durch die Spuren regulärer, injektiver, parametrisierter Flächenstücke überdeckbar. Die Sphäre ist eine reguläre Fläche. Zu ihrer Überdeckung benötigt man mindestens zwei solche
Flächenstücke. Umgekehrt ist auch die Spur jedes regulären, injektiven, parametrisierten Flächenstückes eine reguläre Fläche. Allerdings schließt die Definition 4.5 Flächen mit Selbstdurchdringungen aus.

**Bemerkung 4.12** Da wir zunächst nur lokale Flächeneigenschaften untersuchen, ist die Definition 4.3 eines regulären, parametrisierten Flächenstückes,
kurz *Fläche* genannt, ausreichend.

**Bemerkung 4.13** Auch in der Flächentheorie wird man die Parameterwahl
der jeweiligen Problemstellung bzw. der gegebenen Flächenspur anpassen. Beim
Übergang zu anderen Parametern $(\overline{u}^1, \overline{u}^2)$ durch eine *Parametertransformation*
$(u^1, u^2) \to (\overline{u}^1, \overline{u}^2)$ dürfen sich weder die Spur noch die Differenzierbarkeitseigenschaften ändern (s. Bemerkung 1.8).

---

[28]) Die Spitze eines Kegels ist ein Beispiel für einen Flächenpunkt, der unabhängig von
der Parametrisierung singulär ist. In diesem Punkt existiert keine Tangentialebene.

[29]) Die folgende, für einen unerfahrenen Leser gewiß nicht leicht verständliche Definition
wird für die folgenden Abschnitte zunächst nicht benötigt (siehe [Gra], [dCa]).

---

**Definition 4.6** *Eine Fläche* $\overline{\mathbf{x}} : \overline{U} \to \mathbb{R}^3$ *heißt Umparametrisierung einer Fläche* $\mathbf{x} : U \to \mathbb{R}^3$, *wenn es differenzierbare Funktionen (Parametertransformation)*

$$u^i = u^i(\overline{u}^1, \overline{u}^2) \ (i = 1, 2), \ (\overline{u}^1, \overline{u}^2) \in \overline{U}$$

*gibt, so daß für alle* $(\overline{u}^1, \overline{u}^2) \in \overline{U}$ *gilt*

$$\frac{\partial(u^1, u^2)}{\partial(\overline{u}^1, \overline{u}^2)} := \det \begin{bmatrix} \frac{\partial u^1}{\partial \overline{u}^1} & \frac{\partial u^1}{\partial \overline{u}^2} \\ \frac{\partial u^2}{\partial \overline{u}^1} & \frac{\partial u^2}{\partial \overline{u}^2} \end{bmatrix} \neq 0, \overline{\mathbf{x}}(\overline{u}^1, \overline{u}^2) = \mathbf{x}\big(u^1(\overline{u}^1, \overline{u}^2), u^2(\overline{u}^1, \overline{u}^2)\big). \tag{4.18}$$

*Die Umparametrisierung heißt orientierungstreu [orientierungsumkehrend],*
*falls* $\frac{\partial(u^1, u^2)}{\partial(\overline{u}^1, \overline{u}^2)} > 0 \ \ [< 0]$ *ist.*

---

**Beispiel 4.6** Die Parametertransformation $u^1 = r\cos\varphi$, $u^2 = r\sin\varphi$ (Übergang zu Polarkoordinaten; setze $\overline{u}^1 = r$, $\overline{u}^2 = \varphi$ ) ist orientierungstreu und führt zu folgender Umparametrisierung der oberen Halbsphäre (4.9):

$$\begin{aligned} \mathbf{x}(u^1, u^2) &= \mathbf{x}(r\cos\varphi, r\sin\varphi) = \overline{\mathbf{x}}(r, \varphi) \\ &= (r\cos\varphi, r\sin\varphi, \sqrt{1-r^2}), \ 0 \leq \varphi \leq 2\pi, \ 0 \leq r < 1. \end{aligned} \tag{4.19}$$

**Bemerkung 4.14** Wie in der Kurventheorie gilt auch für Flächen:
*Geometrische Eigenschaften* einer Fläche müssen invariant sein gegenüber
      - Umparametrisierungen der Fläche,
      - orientierungstreuen Bewegungen des $\mathbb{R}^3$.
Die zweite Invarianzeigenschaft werden wir wieder durch vektorielle Schreibweise der Formeln sichern. Die erste folgt aus dem Tensorkalkül (s. [Ibe], [Lau]), der es erlaubt, die Parameterinvarianz unmittelbar zu erkennen und aus invarianten Formeln neue herzuleiten.

## 4.2 Tangentialebene, Gaußsches begleitendes Dreibein

Es seien $\mathbf{x}(\mathbf{u}), \mathbf{u} \in U$ eine Fläche und $\mathbf{u}(t), t \in I$ eine (ebene) Kurve mit $\mathbf{u}(t) \in U$. Dann ist offenbar

$$t \mapsto \mathbf{x}^*(t) := \mathbf{x}(\mathbf{u}(t)), \ t \in I \tag{4.20}$$

eine auf der Flächenspur liegende Raumkurve. Man nennt (4.20) eine *Flächenkurve*. Spezialfälle von Flächenkurven sind die Parameterlinien (4.2). Für den Tangentenvektor der Flächenkurve im Punkt $\mathbf{x}^*(t_0) = \mathbf{x}(\mathbf{u}(t_0))$ erhält man nach Definition 1.2 unter Beachtung der Kettenregel (0.39)

$$\frac{dx^*}{dt}(t_0) = \Big(\mathbf{x}_{u^1}\frac{du^1}{dt} + \mathbf{x}_{u^2}\frac{du^2}{dt}\Big)(t_0). \qquad (4.21)$$

Im folgenden bedienen wir uns der äußerst zweckmäßigen

**Einsteinschen Summenkonvention:** *Tritt in einem Ausdruck derselbe Index einmal als oberer und einmal als unterer Index auf, so ist über ihn von 1 bis 2 zu summieren.*

*(Beispiele:* $a_i b^i := \sum\limits_{i=1}^{2} a_i b^i$, $a_{ij}{}^{ij} := \sum\limits_{i,j=1}^{2} a_{ij}{}^{ij}$, $\mathbf{x}_{u^i}\dot{u}^i := \sum\limits_{i=1}^{2} \mathbf{x}_{u^i}\dot{u}^i$*)*

Setzt man noch $\mathbf{u}_0 = \mathbf{u}(t_0)$, dann kann man für (4.21)

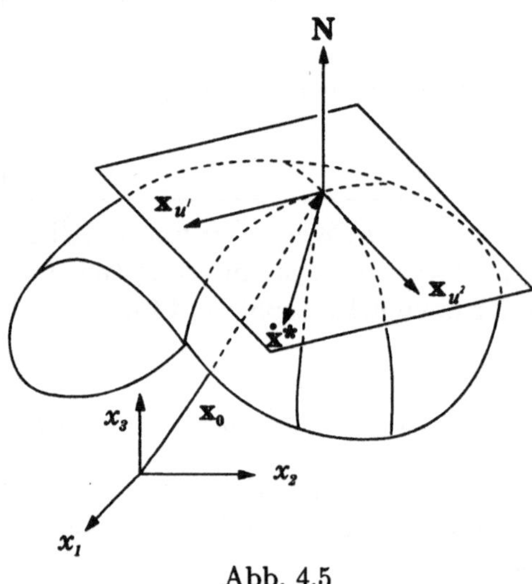


Abb. 4.5

$$\dot{\mathbf{x}}^*(t_0) = \mathbf{x}_{u^i}(\mathbf{u}_0)\dot{u}^i(t_0) \qquad (4.22)$$

schreiben. Der Tangentenvektor einer beliebigen Flächenkurve durch $\mathbf{x}_0 = \mathbf{x}(\mathbf{u}_0)$ liegt also in der von den Tangentenvektoren $\mathbf{x}_{u^i}(\mathbf{u}_0)$, $i = 1,2$ der Parameterlinien (s. (4.3)) aufgespannten Ebene $\varepsilon$. Die lineare Unabhängigkeit von $\{\mathbf{x}_{u^i}\}$ folgt aus (4.4). Nach Bemerkung 0.6 ist der auf $\mathbf{x}_{u^1}, \mathbf{x}_{u^2}$ und damit auf $\varepsilon$ senkrecht stehende Einheitsvektor $\mathbf{N} := \frac{\mathbf{x}_{u^1}\times\mathbf{x}_{u^2}}{|\mathbf{x}_{u^1}\times\mathbf{x}_{u^2}|}$ Normalenvektor von $\varepsilon$ (s. Abb. 4.5).

---

**Definition 4.7**   (1) *Die von* $\mathbf{x}_{u^1}, \mathbf{x}_{u^2}$ *aufgespannte Ebene durch* $\mathbf{x}_0 = \mathbf{x}(\mathbf{u}_0)$

$$\overset{T}{\mathbf{x}}(v^1, v^2) = \mathbf{x}(\mathbf{u}_0) + v^i\mathbf{x}_{u^i}(\mathbf{u}_0), \ (v^1, v^2) \in I\!\!R^2 \qquad (4.23)$$

*heißt Tangentialebene der Fläche* $\mathbf{x}$ *in* $\mathbf{x}_0$.

(2) *Der Vektor*

$$\mathbf{N}(\mathbf{u}_0) := \frac{\mathbf{x}_{u^1} \times \mathbf{x}_{u^2}}{|\mathbf{x}_{u^1} \times \mathbf{x}_{u^2}|}(\mathbf{u}_0) \qquad (4.24)$$

*heißt Flächennormalenvektor von* $\mathbf{x}$ *in* $\mathbf{x}_0$.

(3) *Die Vektoren* $(\mathbf{x}_{u^1}, \mathbf{x}_{u^2}, \mathbf{N})$ *heißen Gaußsches begleitendes Dreibein der Fläche.*

**Bemerkung 4.15** Die Tangentialebene (4.23) der Fläche $\mathbf{x}$ in $\mathbf{x}(\mathbf{u}_0)$ ist nach Bemerkung 0.6 auch wie folgt darstellbar:

$$\mathbf{N}(\mathbf{u}_0)(\mathbf{x} - \mathbf{x}(\mathbf{u}_0)) = 0. \tag{4.25}$$

Wegen (4.22) liegt der Tangentenvektor jeder Flächenkurve durch $\mathbf{x}(\mathbf{u}_0)$ in der Tangentialebene durch $\mathbf{x}(\mathbf{u}_0)$. Ist $(\xi^1, \xi^2)$ ein in $\mathbf{u}_0 \in U$ angehefteter Richtungsvektor, so liegt der entsprechende Vektor $\mathbf{x}_\xi := \mathbf{x}_{u^i}(\mathbf{u}_0)\xi^i$ in der Tangentialebene durch $\mathbf{x}(\mathbf{u}_0)$.
Bei Umparametrisierung der Fläche erhält man aus (4.18), (0.39) und den Eigenschaften des Vektorproduktes

$$\overline{\mathbf{x}}_{u^k} = \mathbf{x}_{u^i}\frac{\partial u^i}{\partial \overline{u}^k}, \quad \overline{\mathbf{x}}_{\overline{u}^1} \times \overline{\mathbf{x}}_{\overline{u}^2} = (\mathbf{x}_{u^1} \times \mathbf{x}_{u^2})\frac{\partial(u^1, u^2)}{\partial(\overline{u}^1, \overline{u}^2)}, \quad \overline{\mathbf{N}} = \left(\text{sign}\frac{\partial(u^1, u^2)}{\partial(\overline{u}^1, \overline{u}^2)}\right)\mathbf{N}. \tag{4.26}$$

Die Richtung von $\mathbf{N}$ hängt also von der Parametrisierung ab. Sie ändert sich z.B. bei $\overline{u}^1 = u^2$, $\overline{u}^2 = u^1$. Damit folgt aus (4.25), (4.26):

---

**Satz 4.1** *(1) Die Tangentialebene ist eine Invariante der Fläche.*

*(2) Der Flächennormalenvektor $\mathbf{N}$ ist invariant gegenüber orientierungstreuen Umparametrisierungen der Fläche. Andernfalls ändert er sein Vorzeichen.*

---

**Beispiel 4.7** T o r u s . Es sei $S_r(a)$ ein Kreis in der $x_2, x_3$-Ebene mit dem

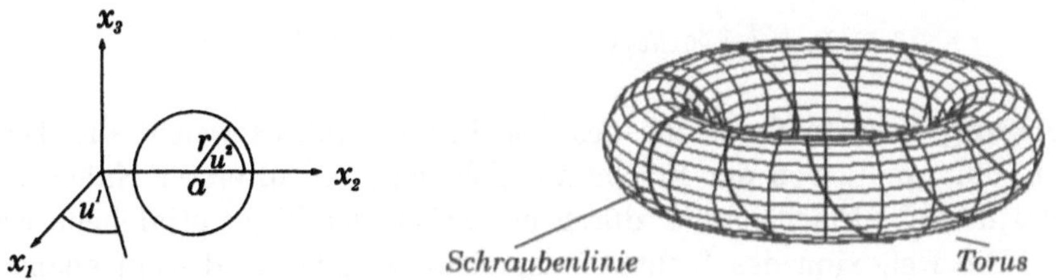



Abb. 4.6          Abb. 4.7

Mittelpunkt $(0, a, 0)$ und dem Radius $r$ mit $0 < r < a$ (s. Abb. 4.6). Eine Parametrisierung von $S_r(a)$ ist $\mathbf{x}(u^1) = (0, a + r\cos u^1, r\sin u^1)$, $0 \leq u^1 \leq 2\pi$. Durch Rotation von $S_r(a)$ um die $x_3$-Achse entsteht ein *Torus* mit der Parametrisierung (s. Abb. 4.7)

$$\mathbf{x}(u^1, u^2) = ((a + r\cos u^1)\cos u^2, (a + r\cos u^1)\sin u^2, r\sin u^1), \quad 0 \leq u^1, u^2 \leq 2\pi. \tag{4.27}$$

Man erhält

$$\mathbf{x}_{u^1} = (-r \sin u^1 \cos u^2, -r \sin u^1 \sin u^2, r \cos u^1)$$
$$\mathbf{x}_{u^2} = (-(a + r \cos u^1) \sin u^2, (a + r \cos u^1) \cos u^2, 0)$$
$$\mathbf{N} = -(\cos u^1 \cos u^2, \cos u^1 \sin u^2, \sin u^1).$$

Wegen $\mathbf{x}_{u^1} \cdot \mathbf{x}_{u^2} = 0$ besteht das Netz der Parameterlinien aus sich orthogonal schneidenden Kreisen. In $\mathbf{u}_0 = (\frac{\pi}{4}, \frac{\pi}{4})$ ist

$$\mathbf{x}_0 = \mathbf{x}(\mathbf{u}_0) = \tfrac{1}{\sqrt{2}}((a + \tfrac{r}{2}), (a + \tfrac{r}{\sqrt{2}}), r), \quad \mathbf{x}_{u^1}(\mathbf{u}_0) = -\tfrac{r}{2}(1, 1, -\sqrt{2}),$$
$$\mathbf{x}_{u^2}(\mathbf{u}_0) = \tfrac{1}{\sqrt{2}}(-(a + \tfrac{r}{\sqrt{2}}), (a + \tfrac{r}{\sqrt{2}}), 0), \quad \mathbf{N}_0 = \mathbf{N}(\mathbf{u}_0) = -\tfrac{1}{2}(1, 1, \sqrt{2}).$$

Aus (4.23), (4.25) folgen die Gleichungen der Tangentialebene des Torus in $\mathbf{x}_0$ :

$$\overset{T}{\mathbf{x}}(v^1, v^2) = \mathbf{x}(\mathbf{u}_0) + v^1 \mathbf{x}_{u^1}(\mathbf{u}_0) + v^2 \mathbf{x}_{u^2}(\mathbf{u}_0) \ \textit{oder} \ \mathbf{N}(\mathbf{u}_0)(\mathbf{x} - \mathbf{x}(\mathbf{u}_0)) = 0. \quad (4.28)$$

Die Flächenkurve $t \mapsto \mathbf{x}^*(t) = \mathbf{x}(kt - \frac{\pi}{2}, t)$, ($k$ positive ganze Zahl) ist eine Schraubenlinie auf dem Torus, die sich genau $k$ mal um den Torus windet.

**Beispiel 4.8** Bei einer expliziten Flächendarstellung $z = f(x, y)$ (siehe (4.8)) folgt aus (4.7)

$$\mathbf{N} = \frac{(-f_x, -f_y, 1)}{\sqrt{1 + f_x^2 + f_y^2}} \qquad (4.29)$$

und aus (4.25) die Gleichung der Tangentialebene in $(x_0, y_0, z_0)$

$$z = z_0 + f_x(x_0, y_0)(x - x_0) + f_y(x_0, y_0)(y - y_0). \qquad (4.30)$$

**Bemerkung 4.16** In der Nähe des Berührungspunktes weicht die Tangentialebene nur wenig von der Fläche ab. Folglich kann in erster Näherung ein „infinitesimales" Flächenstück durch ein Stück der Tangentialebene ersetzt werden. Die Reflexion des Lichtes beispielsweise geht an diesem ebenso vor sich wie am approximierenden Stück der Tangentialebene: Der einfallende und der reflektierte Strahl liegen mit dem Flächennormalenvektor in einer Ebene und bilden mit ihm gleiche Winkel.

## 4.3 Die erste Fundamentalform

In diesem Abschnitt betrachten wir *Flächengeometrie* vom Gesichtspunkt der Längen-, Winkel- und Inhaltsmessung. Im einfachsten Fall der Euklidischen Ebene wird der Abstand zweier Punkte durch den Satz des PYTHAGORAS bestimmt (s. Bemerkung 0.2). Bei einer beliebigen (regulären) Fläche $\mathbf{x} : U \to \mathbb{R}^3$

betrachten wir die Bogenlänge einer Flächenkurve $\mathbf{x}^*(t) = \mathbf{x}(u^1(t), u^2(t))$ (siehe (4.20), (1.15) und (4.22))

$$s_{t_0}(t) = \int\limits_{t_0}^{t} |\dot{\mathbf{x}}^*| dt = \int\limits_{t_0}^{t} \sqrt{(\mathbf{x}_{u^i} \cdot \mathbf{x}_{u^j}) \dot{u}^i \dot{u}^j}\, dt. \qquad (4.31)$$

Dabei hängen die Skalarprodukte $(\mathbf{x}_{u^i} \cdot \mathbf{x}_{u^j})$ nur vom Flächenpunkt, nicht aber von der speziellen Kurve ab.

---

**Definition 4.8**  (1) *Die Funktionen*

$$g_{ij} := \mathbf{x}_{u^i} \cdot \mathbf{x}_{u^j}, \quad i,j = 1,2 \qquad (4.32)$$

*heißen Gaußsche oder metrische Fundamentalgrößen der Fläche* $\mathbf{x}(u^1, u^2)$.[30])

(2) *Die quadratische Form*

$$I_u := g_{ij}(u^1, u^2) du^i du^j = ds^2 \qquad (4.33)$$

*heißt erste oder metrische Fundamentalform der Fläche.*[31])

---

**Bemerkung 4.17** Aus (4.32) folgt $g_{ij} = g_{ji}$. Ferner gilt wegen (0.13)

$$g := \det(g_{ij}) = g_{11}g_{22} - g_{12}^2 = |\mathbf{x}_{u^1}|^2 |\mathbf{x}_{u^2}|^2 - (\mathbf{x}_{u^1} \cdot \mathbf{x}_{u^2})^2 = |\mathbf{x}_{u^1} \times \mathbf{x}_{u^2}|^2. \qquad (4.34)$$

**Beispiel 4.9** Für die Euklidische Ebene $\mathbf{x}(u^1, u^2) = (u^1, u^2, 0)$, $(u^1, u^2) \in \mathbb{R}^2$ erhält man erwartungsgemäß die Euklidische Metrik:
$\mathbf{x}_{u^1} = (1, 0, 0)$, $\mathbf{x}_{u^2} = (0, 1, 0)$, $g_{11} = g_{22} = 1$, $g_{12} = 0$, $ds^2 = (du^1)^2 + (du^2)^2$.

**Beispiel 4.10** Aus den Tangentenvektoren an die Parameterlinien der Sphäre (0.34) (s. Beispiel 4.3) folgt

$$\mathbf{N}(u^1, u^2) = -\frac{1}{r}\mathbf{x}(u^1, u^2) \qquad (4.35)$$

und

---

[30]) Sie wurden von C. F. Gauss eingeführt. Er benutzte die Bezeichnungen $E = g_{11}$, $F = g_{12}$, $G = g_{22}$.

[31]) Man sagt auch, daß durch (4.33) auf der Fläche (genauer auf ihrer Spur) eine Metrik definiert sei.

$$g_{11}(u^1, u^2) = r^2 \sin^2 u^2, \quad g_{12}(u^1, u^2) = 0, \tag{4.36}$$
$$g_{22}(u^1, u^2) = r^2, \qquad g(u^1, u^2) = r^4 \sin^2 u^2$$
$$I_u = ds^2 = r^2[\sin^2 u^2 (du^1)^2 + (du^2)^2]. \tag{4.37}$$

Geometrisch erlaubt uns die erste Fundamentalform die Längen-, Winkel- und Inhaltsmessung auf der Fläche.

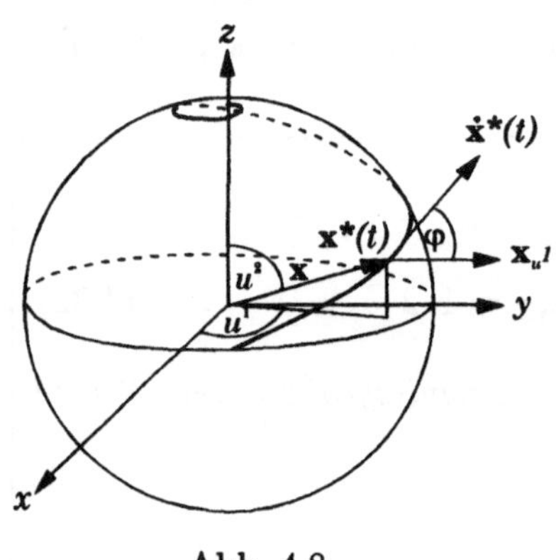

**Längenmessung** Die Länge einer Flächenkurve $\mathbf{x}^*(t) = \mathbf{x}(u^1(t), u^2(t))$, $t > t_0$ ist nach (4.31)

$$s_{t_0}(t) = \int_{t_0}^{t} \sqrt{g_{ij}\dot{u}^i\dot{u}^j}\, dt. \tag{4.38}$$

**Beispiel 4.11** Auf der Einheitssphäre (0.34) (setze $r = 1$) betrachte man das Bild der Kurve

Abb. 4.8

$$u^1(t) = \log\cot\left(\frac{\pi}{4} - \frac{t}{2}\right), \quad u^2(t) = \frac{\pi}{2} - t, \quad 0 \leq t \leq \frac{\pi}{2}.$$

Wie Abb. 4.8 zeigt, beginnt die Kurve am Äquator und windet sich wie eine Spirale um den Nordpol. Aus $\dot{u}^1 = [\sin(\frac{\pi}{2} - t)]^{-1}$, $\dot{u}^2 = -1$, (4.38), (4.36) folgt

$$s_0(\tfrac{\pi}{2}) = \int_0^{\frac{\pi}{2}} \sqrt{2}\, dt = \frac{\pi}{\sqrt{2}}.$$

**Winkelmessung.** Es sei $\mathbf{x} : U \to \mathbb{R}^3$ eine Fläche. Die zu zwei Richtungsvektoren $\boldsymbol{\xi} = (\xi^1, \xi^2)$, $\boldsymbol{\eta} = (\eta^1, \eta^2)$ in $U$ mit dem Anfangspunkt $\mathbf{u}_0$ gehörenden Vektoren der Tangentialebene von $\mathbf{x}$ in $\mathbf{u}_0$ sind nach Bemerkung 4.15

$$\mathbf{x}_\xi = \mathbf{x}_{u^i}(\mathbf{u}_0)\xi^i, \quad \mathbf{x}_\eta = \mathbf{x}_{u^i}(\mathbf{u}_0)\eta^i. \tag{4.39}$$

Für ihren Winkel $\varphi = \measuredangle(\mathbf{x}_\xi, \mathbf{x}_\eta)$ gilt nach (0.7) und (4.32)

$$\cos\varphi = \frac{\mathbf{x}_\xi \cdot \mathbf{x}_\eta}{|\mathbf{x}_\xi||\mathbf{x}_\eta|} = \frac{g_{ij}(\mathbf{u}_0)\xi^i\eta^j}{\sqrt{g_{lk}(\mathbf{u}_0)\xi^l\xi^k}\sqrt{g_{mn}(\mathbf{u}_0)\eta^m\eta^n}}. \tag{4.40}$$

Zwei sich in $\mathbf{u}_0$ schneidende Kurven im Parameterbereich $U$

$$\mathbf{u} = \mathbf{u}(t), \quad \mathbf{u}^* = \mathbf{u}^*(t^*), \quad \mathbf{u}_0 = \mathbf{u}(t_0) = \mathbf{u}^*(t_0^*)$$

haben als Tangentenvektoren in $\mathbf{u}_0$ $:\boldsymbol{\xi}:= \dot{\mathbf{u}}(t_0)$, $\boldsymbol{\eta}:= \dot{\mathbf{u}}^*(t_0^*)$.

Dann ist der *Winkel zwischen den entsprechenden sich in* $\mathbf{x}(\mathbf{u}_0)$ *schneiden-den Flächenkurven auf der Fläche*, d.h. der Winkel zwischen den zugehörigen Tangentenvektoren $\mathbf{x}_\xi, \mathbf{x}_\eta$, nach (4.40) durch

$$\cos\varphi = \frac{g_{ij}(\mathbf{u}_0)\dot{u}^i(t_0)\dot{u}^{*j}(t_0^*)}{\sqrt{g_{lk}(\mathbf{u}_0)\dot{u}^l(t_0)\dot{u}^k(t_0)}\,\sqrt{g_{mn}(\mathbf{u}_0)\dot{u}^{*m}(t_0^*)\dot{u}^{*n}(t_0^*)}} \tag{4.41}$$

bestimmt.

**Beispiel 4.12** Für den Winkel zwischen den Parameterlinien

$$\mathbf{u}(t) = (t, u_0^2),\ \mathbf{u}^*(t^*) = (u_0^1, t^*),\ \dot{\mathbf{u}} = (1,0),\ \dot{\mathbf{u}}^* = (0,1) \tag{4.42}$$

folgt aus (4.41)

$$\cos\varphi = \frac{g_{12}}{\sqrt{g_{11}g_{22}}}. \tag{4.43}$$

*Das Netz der Parameterlinien einer Fläche ist genau dann orthogonal, wenn gilt* $g_{12} = 0$[32]*).*

**Beispiel 4.13** Für den Winkel zwischen der in Beispiel 4.11 betrachteten Flächenkurve und den Breitenkreisen $u^2 = \text{const}$ auf der Sphäre erhält man aus (4.41) $\cos\varphi = \dfrac{g_{11}\dot{u}^1}{\sqrt{2g_{11}}} = \dfrac{1}{\sqrt{2}} = \text{const}$. Kurven auf der Sphäre, die einen konstanten Winkel mit den Längen- und Breitenkreisen bilden, heißen *Loxo-dromen* (s. z.B. [dCa]).

**Flächeninhalt.** Es seien $\mathbf{x} : U \to \mathbb{R}^3$ eine Fläche, $V \subset U$ ein beschränkter, abgeschlossener Bereich mit stückweise glatter Randkurve und $\mathcal{F}_V := \mathbf{x}(V)$. Die Zahl

$$O(\mathcal{F}_V) := \iint\limits_V \sqrt{g(u^1, u^2)}\,du^1 du^2 \ \text{[33])} \tag{4.44}$$

heißt *Flächeninhalt* von $\mathcal{F}_V$.

**Bemerkung 4.18** Eine geometrische Rechtfertigung erhält man wie folgt:

---

[32]) Nach (4.36) ist das Netz der Längen- und Breitenkreise der Sphäre orthogonal.

[33]) Zur Definition und Berechnung von Gebietsintegralen siehe z.B. [KöPf].

(1) Ist $\triangle\mathcal{O}$ ein „infinitesimales" Flächenstück, das von den Parameterlinien $u^i$ und $u^i + du^i$ $(i = 1, 2)$ begrenzt wird, dann ist das in der Tangentialebene liegende „infinitesimale" Parallelogramm mit den Seiten $\mathbf{x}_{u^1}du^1, \mathbf{x}_{u^2}du^2$ eine erste Näherung (s. Bemerkung 4.16). Sein Flächeninhalt ist nach Abb. 0.7 und (4.34) gerade das

$$\textit{Oberflächenelement} \quad dO := \sqrt{g(u^1, u^2)}\,du^1 du^2.$$

(2) Für die Euklidische Ebene erhält man nach Beispiel 4.8:
$g = 1$ und $O(\mathcal{F}_V) = O(V)$.

**Beispiel 4.14** Der Flächeninhalt der Sphärenzone $S_r^\varepsilon$

$$\mathbf{x}(u^1, u^2) \;=\; (r\cos u^1 \sin u^2, r\sin u^1 \sin u^2, r\cos u^2) \tag{4.45}$$

$$V_\varepsilon \;=\; \{(u^1, u^2)|0 \le u^1 \le 2\pi,\ \varepsilon \le u^2 \le \pi - \varepsilon,\ \varepsilon > 0\} \tag{4.46}$$

(siehe (0.34)) ist nach (4.36), (4.44)

$$O(S_r^\varepsilon) = \int\!\!\int_{V_\varepsilon} r^2 \sin u^2 du^1 du^2 = r^2 \Big[\int_0^{2\pi} du^1\Big]\Big[\int_\varepsilon^{\pi-\varepsilon} \sin u^2 du^2\Big] = 4\pi r^2 \cos\varepsilon.$$

Der Inhalt der Sphäre ist dann $\lim\limits_{\varepsilon \to 0} O(S_r^\varepsilon) = 4\pi r^2$.

**Aufgabe 4.1** Benutze die Parameterdarstellung (0.34) (setze dort: $r = 1$), Beispiel 4.3, (4.9) und (4.19), um im Punkt $\mathbf{x}_0 = (\frac{1}{2}, \frac{1}{2}, \frac{1}{\sqrt{2}})$ der oberen Einheitshalbsphäre das Gaußsche begleitende Dreibein und die beiden Darstellungen (4.23), (4.25) der Tangentialebene in $\mathbf{x}_0$ zu bestimmen. Skizziere die Netze der Parameterlinien bezüglich der unterschiedlichen Darstellungen.

**Aufgabe 4.2** Bestimme die erste Fundamentalform und den Flächeninhalt des Torus (4.27).

**Aufgabe 4.3** Bestimme die erste Fundamentalform des Kegels

$$\mathbf{x}(u^1, u^2) = (u^1 \cos u^2, u^1 \sin u^2, u^1),\ 0 \le u^1 \le r,\ 0 \le u^2 \le 2\pi. \tag{4.47}$$

Skizziere die Parameterlinien und ermittle die Länge der Flächenkurve $t \mapsto \mathbf{x}(e^{\frac{t}{\sqrt{2}}}, t),\ 0 \le t \le \pi$ sowie ihren Winkel mit den Parameterlinien $u^2 = $ const.

**Beispiel 4.15** Bei einer expliziten Flächendarstellung $z = f(x, y)$ (s. (4.8)) folgt aus (4.34) und (4.7)

$$O(\mathcal{F}_V) = \int\!\!\int_V \sqrt{1 + f_x^2 + f_y^2}\, dx dy. \tag{4.48}$$

**Bemerkung 4.19** Zum Nachweis der Invarianz der Formeln (4.38), (4.41), (4.44) bezüglich Parametertransformationen (4.18) (s. Bemerkung 4.14) benutzen wir das Transformationsgesetz

$$\overline{g}_{ik} = \overline{\mathbf{x}}_{\overline{\mathbf{u}}^i}\overline{\mathbf{x}}_{u^k} = \left(\mathbf{x}_{u^l}\frac{\partial u^l}{\partial \overline{u}^i}\right)\left(\mathbf{x}_{u^m}\frac{\partial u^m}{\partial \overline{u}^k}\right) = g_{lm}\frac{\partial u^l}{\partial \overline{u}^i}\frac{\partial u^m}{\partial \overline{u}^k},\,^{34)} \tag{4.49}$$

um die Invarianz von (4.38) zu folgern:

$$\begin{aligned}
\overline{g}_{ik}\dot{\overline{u}}^i\dot{\overline{u}}^k &= g_{lm}\frac{\partial u^l}{\partial \overline{u}^i}\frac{\partial u^m}{\partial \overline{u}^k}\frac{\partial \overline{u}^i}{\partial u^j}\frac{\partial \overline{u}^k}{\partial u^n}\dot{u}^j\dot{u}^n \\
&= g_{lm}\delta^l_j\delta^m_n\dot{u}^j\dot{u}^n = g_{jn}\dot{u}^j\dot{u}^n.
\end{aligned}$$

Analog zeigt man die Invarianz von (4.41) und (4.44). Bei (4.44) wird das Transformationsgesetz für Gebietsintegrale benutzt (s. z.B.[KöPf]).

## 4.4 Die zweite Fundamentalform

In der Kurventheorie führte die Änderungsrate des Tangenteneinheitsvektors an eine Kurve zum Krümmungsbegriff. In den folgenden Abschnitten werden wir diese Idee auf Flächen übertragen, d.h., wir werden messen, wie schnell sich in einer Umgebung eines Flächenpunktes eine Fläche von der Tangentialebene entfernt. Äquivalent dazu ist die Messung der Änderungsrate des Flächennormalenvektors $\mathbf{N}(\mathbf{u})$.

Analog zu den sphärischen Bildern (1.47) in der Kurventheorie (vgl Abschnitt 1.4) definieren wir:

---

**Definition 4.9** *Es seien* $\mathbf{x}(\mathbf{u}), \mathbf{u} \in U$ *eine Fläche und* $S^2$ *die Einheitssphäre im* $I\!\!R^3$ *mit dem Mittelpunkt* $O$. *Die Abbildung*

$$\mathbf{N} : U \to S^2 \subset I\!\!R^3 \ \text{mit } \mathbf{u} \mapsto \mathbf{N}(\mathbf{u}) \tag{4.50}$$

*heißt Gauß-Abbildung (oder Normalenabbildung) von* $\mathbf{x}$.

---

[34] $g_{ik}$ sind also die Koordinaten eines zweifach kovarianten Tensors (*metrischer Tensor*) (s. z.B.[Ibe], [Lau], [BrSe]). Allgemein bilden die $2(p + q)$ Funktionen $T^{k_1\cdots k_q}_{i_1\cdots i_p}$ einen *p-fach kovarianten und q-fach kontravarianten Tensor* (genauer: *ein Tensorfeld*), wenn sie sich bei einer Parametertransformation (4.18) wie folgt tranformieren:

$$\overline{T}^{k_1\cdots k_q}_{i_1\cdots i_p} = T^{l_1\cdots l_q}_{j_1\cdots j_p}\left(\frac{\partial u^{j_1}}{\partial \overline{u}^{i_1}}\cdots\frac{\partial u^{j_p}}{\partial \overline{u}^{i_p}}\ \frac{\partial \overline{u}^{k_1}}{\partial u^{l_1}}\cdots\frac{\partial \overline{u}^{k_q}}{\partial u^{l_q}}\right).$$

**Bemerkung 4.20** Wie in (1.47) denke man sich also in jedem Flächenpunkt den Flächennormalenvektor $\mathbf{N}$ in $O$ angetragen. Dann werden sich die Endpunkte von $\mathbf{N}$ bei Bewegung des Flächenpunktes auf der Einheitssphäre $S^2$ bewegen. Ist z.B. $\mathbf{x}(U)$ eine Sphäre mit dem Radius $r$, so ist $\mathbf{N}(U)$ die Einheitssphäre (vgl. (4.35)). Ist $\mathbf{x}(U)$ ein Zylinder, dann ist $\mathbf{N}(U)$ der Äquator von $S^2$. Das Normalenbild einer Ebene ist ein Punkt von $S^2$.

---

**Definition 4.10** *Die quadratische Form*

$$II_u := b_{ik}(u^1, u^2)du^i du^k \ {}^{35)} \tag{4.51}$$

*mit den Koeffizienten*

$$b_{ik} := -\mathbf{x}_{u^i}\mathbf{N}_{u^k} \ {}^{36)} \tag{4.52}$$

*heißt zweite Fundamentalform der Fläche.*

---

**Bemerkung 4.21** Aus $\mathbf{NN} = 1$ und $\mathbf{Nx}_{u^i} = 0$ (vgl. (4.24), Bemerkung 0.8) folgt

$$\mathbf{N}_{u^k}\perp\mathbf{N}, \ 0 = \frac{\partial}{\partial u^k}(\mathbf{Nx}_{u^i}) = \mathbf{N}_{u^k}\mathbf{x}_{u^i} + \mathbf{Nx}_{u^i u^k}. \tag{4.53}$$

**Bemerkung 4.22** Aus (4.53) und der Vertauschbarkeit der zweiten Ableitungen bekommt man

$$b_{ik} = \mathbf{Nx}_{u^i u^k} = b_{ki} \tag{4.54}$$

**Bemerkung 4.23** Aus (4.24), (4.36) folgt die Darstellbarkeit der $b_{ik}$ als Spatprodukt (vgl. (0.14), (0.15))

$$b_{ik} = \frac{1}{\sqrt{g}}(\mathbf{x}_{u^1} \times \mathbf{x}_{u^2})\mathbf{x}_{u^i u^k}. \tag{4.55}$$

**Beispiel 4.16** Für die Sphäre (vgl. Beispiel 4.3) erhält man

$$\sqrt{g} \ = \ r^2\sin u^2, \quad \mathbf{x}_{u^1 u^1} \ = \ -r(\cos u^1\sin u^2, \sin u^1\sin u^2, 0),$$

$$\mathbf{x}_{u^2 u^2} \ = \ -\mathbf{x}, \quad \mathbf{x}_{u^1 u^2} \ = \ r(-\sin u^1\cos u^2, \cos u^1\cos u^2, 0),$$

$$b_{11} = \frac{1}{\sqrt{g}}\det\begin{pmatrix} -r\sin u^1\sin u^2 & r\cos u^1\sin u^2 & 0 \\ r\cos u^1\cos u^2 & r\sin u^1\cos u^2 & -r\sin u^2 \\ -r\cos u^1\sin u^2 & -r\sin u^1\sin u^2 & 0 \end{pmatrix} = r\sin^2 u^2.$$

---

[35]) $II_u$ ist invariant gegenüber *orientierungstreuen* Parametertransformationen. Der Beweis erfolgt wie in Bemerkung 4.19 (s. auch [Lau]).

[36]) Die Gaußschen Bezeichnungen sind $L = b_{11}$, $M = b_{12}$, $N = b_{22}$.

Analog zeigt man $b_{12} = 0$, $b_{22} = r$. Es gilt also nach (4.37)

$$II_u = \frac{1}{r}I_u. \tag{4.56}$$

**Geometrische Interpretation.** Ist $\mathbf{x}^*(t) = \mathbf{x}(\mathbf{u}(t))$ eine Flächenkurve, dann gilt nach der Taylorschen Formel (vgl. Abschnitt 0.2)

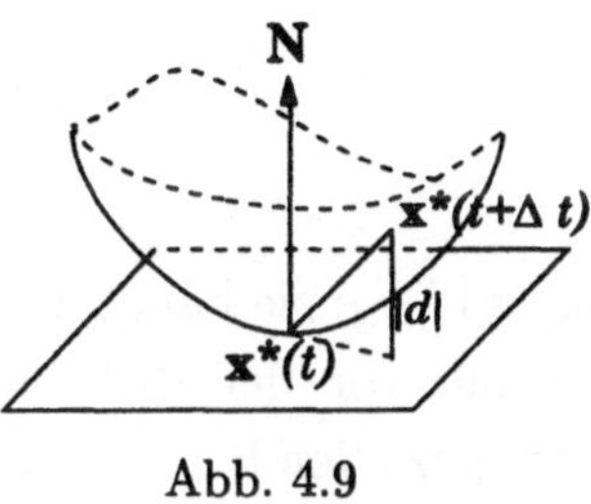


Abb. 4.9

$$\mathbf{x}^*(t + \Delta t) = \mathbf{x}^*(t) + \dot{\mathbf{x}}^*(t)\Delta t + \frac{1}{2}\ddot{\mathbf{x}}^*(t)(\Delta t)^2 + \mathbf{R},$$

wobei das Restglied der Bedingung $\lim\limits_{\Delta t \to 0} \frac{\mathbf{R}}{(\Delta t)^2}$ genügt. Aus (4.22) und der Produktregel folgt
$$\dot{\mathbf{x}}^* = \mathbf{x}_{u^i}\dot{u}^i, \quad \ddot{\mathbf{x}}^* = \mathbf{x}_{u^i u^k}\dot{u}^i\dot{u}^k + \mathbf{x}_{u^i}\ddot{u}^i.$$
Dann gilt wegen $\mathbf{N}\mathbf{x}_{u^i} = 0$

$$d := (\mathbf{x}^*(t + \Delta t) - \mathbf{x}^*(t)) \cdot \mathbf{N} = \frac{1}{2}b_{ik}\dot{u}^i\dot{u}^k + \mathbf{N} \cdot \mathbf{R}, \tag{4.57}$$

wobei $|d|$ der Abstand des Flächenpunktes $\mathbf{x}^*(t + \Delta t)$ von der Tangentialebene in $\mathbf{x}^*(t)$ ist (s. Abb. 4.9)

**Aufgabe 4.4** Bestimme die zweite Fundamentalform des Torus (4.27).

## 4.5 Die Krümmungen einer Fläche

Im folgenden sei $\mathbf{x}^*(t) = \mathbf{x}(\mathbf{u}(t))$ eine Flächenkurve durch einen festen Flächenpunkt $\mathbf{x}_0 = \mathbf{x}^*(t_0) = \mathbf{x}(\mathbf{u}(t_0))$.

---

**Definition 4.11** *Sind $\kappa$ die Krümmung von $\mathbf{x}^*(t)$ in $\mathbf{x}_0$, $\mathbf{n}$ der Hauptnormalenvektor von $\mathbf{x}^*(t)$ in $\mathbf{x}_0$ und $\mathbf{N}$ der Flächennormalenvektor von $\mathbf{x}(\mathbf{u})$ in $\mathbf{x}_0$, dann heißt die Zahl*

$$\kappa_n = \kappa \cos \sphericalangle(\mathbf{n}, \mathbf{N}) = \kappa\mathbf{n}\mathbf{N} \tag{4.58}$$

*Normalkrümmung von $\mathbf{x}^*(t)$ in $\mathbf{x}_0$.*

---

**Bemerkung 4.24** Nach Bemerkung 0.4 ist $\kappa_n$ die skalare Projektion des Vektors $\kappa\mathbf{n}$ auf die Flächennormale in $\mathbf{x}_0$. Bei einer orientierungsumkehrenden Parametertransformation wechselt $\kappa_n$ mit $\mathbf{N}$ das Vorzeichen (vgl. (4.26)).

**Bemerkung 4.25** Ist $\mathbf{t}$ Tangenteneinheitsvektor von $\mathbf{x}^*(t)$ in $\mathbf{x}_0$, so folgt aus $\frac{d}{dt}(\mathbf{t}\mathbf{N}) = \dot{\mathbf{t}}\mathbf{N} + \mathbf{t}\dot{\mathbf{N}} = 0$ die Relation $\dot{\mathbf{t}}\mathbf{N} = -\mathbf{t}\dot{\mathbf{N}}$. Dann gilt nach (1.64), (1.65), (4.22), (4.32), (4.52)

$$
\kappa_n = \kappa\mathbf{n}\mathbf{N} = \frac{\dot{\mathbf{t}}\cdot\mathbf{N}}{|\dot{\mathbf{x}}^*|} = \frac{-\mathbf{t}\cdot\dot{\mathbf{N}}}{|\dot{\mathbf{x}}^*|} = \frac{-\dot{\mathbf{x}}^*\cdot\dot{\mathbf{N}}}{\dot{\mathbf{x}}^*\cdot\dot{\mathbf{x}}^*} = -\frac{(\mathbf{x}_{u^i}\dot{u}^i)\cdot(\mathbf{N}_{u^k}\dot{u}^k)}{(\mathbf{x}_{u^l}\dot{u}^l)\cdot(\mathbf{x}_{u^m}\dot{u}^m)}
$$

$$
= \frac{-(\mathbf{x}_{u^i}\mathbf{N}_{u^k})\dot{u}^i\dot{u}^k}{(\mathbf{x}_{u^l}\cdot\mathbf{x}_{u^m})\dot{u}^l\dot{u}^m} = \frac{b_{ik}\dot{u}^i\dot{u}^k}{g_{lm}\dot{u}^l\dot{u}^m}. \tag{4.59}
$$

Die Normalkrümmung $\kappa_n$ ist also eine Funktion der $b_{ij}$ und $g_{ij}$; sie hängt aber als Funktion von $\dot{u}$ nur von dem Quotienten $\frac{\dot{u}^1}{\dot{u}^2}$, d.h. nur von der Richtung $du^1 : du^2$ der Tangente an $\mathbf{x}^*(t)$ in $\mathbf{x}_0$ und nicht von der speziellen Kurvenwahl $\mathbf{u}(t)$ ab. Damit kann man statt (4.59) auch

$$
\kappa_n = \frac{II_u}{I_u} \tag{4.60}
$$

schreiben und erhält:

---

**Satz 4.2** (**Meusnier**)[37]*) Alle Kurven auf einer Fläche* $\mathbf{x}(\mathbf{u})$*, die in einem Punkt* $\mathbf{x}_0$ *dieselbe Tangente haben, besitzen in* $\mathbf{x}_0$ *dieselbe Normalkrümmung.*

---

**Bemerkung 4.26** Dieser Satz gestattet es uns, von der *Normalkrümmung in* $\mathbf{x}_0$ *längs einer gegebenen Richtung* zu sprechen. Jede Ebene durch $\mathbf{x}_0$, die $\mathbf{N}$ und einen Vektor $\mathbf{t}$ der Tangentialebene enthält, schneidet die Fläche in einer Umgebung von $\mathbf{x}_0$ in einer Kurve, die man *Normalschnitt* der Fläche in $\mathbf{x}_0$ längs $\mathbf{t}$ nennt (s. Abb. 4.10 - 4.12 (nach [dCa])). Der Hauptnormalenvektor $\mathbf{n}$ eines Normalschnittes ist in einem Punkt, der kein Wendepunkt der Kurve ist, $\pm\mathbf{N}$ (beachte: $\angle(\mathbf{n},\mathbf{N}) = 0$ oder $= \pi$). Aus (4.58) folgt also:
*Die Krümmung des Normalschnittes längs* $\mathbf{t}$ *ist gleich dem Betrag der Normalkrümmung längs* $\mathbf{t}$.
Oder bei festem $\alpha := \angle(\mathbf{n},\mathbf{N})$:
*Alle Flächenkurven durch* $\mathbf{x}_0$ *mit der gleichen Schmiegebene haben in* $\mathbf{x}_0$ *dieselbe Krümmung* $\kappa$.

---

[37]) Bewiesen im Jahre 1776 vom französischen Mathematiker M. Meusnier de la Place (1754 - 1793), einem Schüler von Monge.

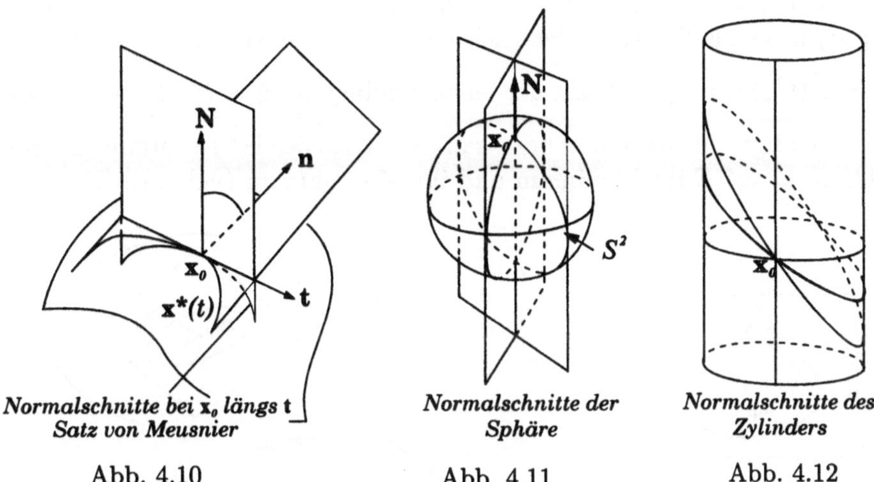



*Normalschnitte bei $\mathbf{x}_0$ längs $\mathbf{t}$*
*Satz von Meusnier*

Abb. 4.10

*Normalschnitte der*
*Sphäre*

Abb. 4.11

*Normalschnitte des*
*Zylinders*

Abb. 4.12

Wählt man als Parameter der Flächenkurve $\mathbf{x}^*$ die Bogenlänge $s$, dann ist $\dot{\mathbf{x}}^*$ ein Einheitsvektor, also gilt:

$$g_{lm}\overset{.}{u}{}^l\overset{.}{u}{}^m = 1 \quad \text{und} \quad \kappa_n = b_{ik}\overset{.}{u}{}^i\overset{.}{u}{}^k. \tag{4.61}$$

Damit wird eine weitere geometrische Interpretation der zweiten Fundamentalform gegeben. Aus der Invarianz der beiden Fundamentalformen gegenüber orientierungstreuen Parametertransformationen folgt vermöge (4.59) die Invarianz von $\kappa_n$.

**Beispiel 4.17** Für die Sphäre folgt aus (4.56), (4.60) $\kappa_n = \frac{1}{r}$. Die Normalkrümmung ist also sowohl vom Flächenpunkt als auch von der gewählten Richtung unabhängig. Jeder Normalschnitt ist ein Großkreis mit dem Radius $r$ und der Krümmung $\kappa = \kappa_n = \frac{1}{r}$ (s. Abb. 4.11)).

**Bemerkung 4.27** Die Normalkrümmung $\kappa_n$ hängt in einem festen Flächenpunkt $\mathbf{x}_0$ nach Satz 4.1, Bemerkung 4.26 nur von der Richtung $\boldsymbol{\xi} = (\xi^1, \xi^2)$ im Parameterbereich $U$ der Fläche $\mathbf{x}(\mathbf{u})$ bzw. vom entsprechenden Richtungsvektor $\mathbf{x}_\xi = \mathbf{x}_{u^i}\xi^i$ der Tangentialebene in $\mathbf{x}_0$ ab. Beim Studium von $\kappa_n$ kann man sich folglich auf die Menge der Einheitsvektoren der Tangentialebene in $\mathbf{x}_0$

$$S^1_{\mathbf{x}_0} := \{\mathbf{x}_\xi | \mathbf{x}_\xi \cdot \mathbf{x}_\xi = g_{ij}\xi^i\xi^j = 1\}$$

bzw. auf die Ellipse

$$E := \{\boldsymbol{\xi} = (\xi^1, \xi^2) | g_{ij}\xi^i\xi^j = 1\}$$

der $(\xi^1, \xi^2)$-Ebene beschränken (s. [Bär], [Eis], Abb. 4.13). Die Normalkrümmung $\kappa_n$ in $\mathbf{x}_0$ als Funktion der Richtung $(\xi^1, \xi^2)$ ist also nach (4.61)

$$\kappa_n = \kappa_n(\xi^1, \xi^2) = b_{ik}\xi^i\xi^k \text{ mit der Nebenbedingung } \boldsymbol{\xi} = (\xi^1, \xi^2) \in E. \quad (4.62)$$

Da $E$ eine abgeschlossene und beschränkte Menge des $\mathbb{R}^2$ ist, nimmt die stetige Funktion $\kappa_n$ auf $E$ ihr Maximum und ihr Minimum an (vgl. z.B. [Heu]).

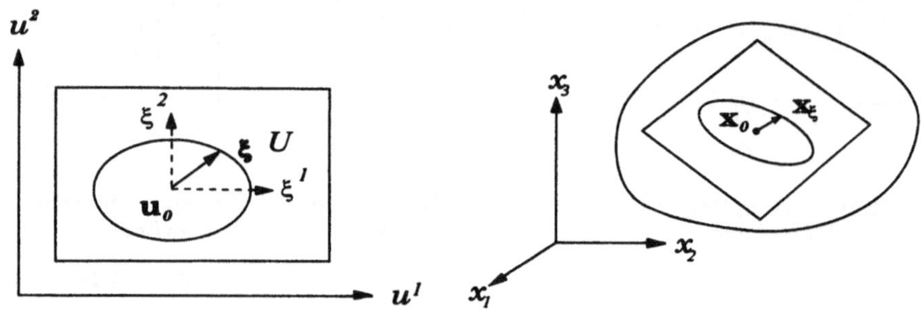

Abb. 4.13

---

**Definition 4.12** *Die maximale Normalkrümmung $\kappa_1$ und die minimale Normalkrümmung $\kappa_2$ heißen Hauptkrümmungen (HK) in $\mathbf{x}_0$. Die zugehörigen Richtungen*

$$\mathbf{x}_{\xi_1} = \mathbf{x}_{u^k}\xi^k_{(1)}, \quad \mathbf{x}_{\xi_2} = \mathbf{x}_{u^k}\xi^k_{(2)}$$

*der Tangentialebene in $\mathbf{x}_0$ heißen Hauptkrümmungsrichtungen (HKR) in $\mathbf{x}_0$.*

---

**Beispiel 4.18** Bei einem Zylinder (vgl. Beispiel 4.1; Abb. 4.1, 4.12) variieren die Normalenschnitte in $\mathbf{x}_0$ von einem senkrecht zur Zylinderachse liegenden Breitenkreis zu einer Mantellinie parallel zur Zylinderachse, wobei sie eine Familie von Ellipsen durchlaufen. Die Normalkrümmungen variieren daher von $-\frac{1}{r}$ bis 0. (Beachte: $\mathbf{n} = -\mathbf{N}$.) Es ist also $\kappa_1 = 0$, $\kappa_2 = -\frac{1}{r}$. Die zugehörigen HKR in $\mathbf{x}_0$ sind nach Beispiel 4.1 und Aufgabe 4.5: $\mathbf{x}_{\xi_1} = \mathbf{x}_{u^2}$, $\mathbf{x}_{\xi_2} = \frac{1}{r}\mathbf{x}_{u^1}$.

**Aufgabe 4.5** Bestimme für den Zylinder (Beispiel 4.1) die beiden Fundamentalformen, die Ellipse $E$, die Normalkrümmung $\kappa_n$, die HK $\kappa_1, \kappa_2$ und die HKR $\mathbf{x}_{\xi_1}, \mathbf{x}_{\xi_2}$.

**Bemerkung 4.28** Bei der Sphäre (Beispiel 4.6, Abb. 4.11) und der Ebene sind wegen $\kappa_n = \text{const}$ ($\frac{1}{r}$ oder 0) alle Richtungen in allen Punkten HKR.

Zur Bestimmung von HK und HKR für eine allgemeine Fläche $\mathbf{x}(\mathbf{u})$ in einem festen Flächenpunkt $\mathbf{x}_0 = \mathbf{x}(\mathbf{u}_0)$ sei bemerkt, daß

$$\kappa_n(\xi^1, \xi^2) = b_{ik}\xi^i\xi^k \Rightarrow \text{ Extremum mit } g_{ij}\xi^i\xi^k = 1 \quad (4.63)$$

ein Extremwertproblem mit einer *Nebenbedingung* ist (vgl. (4.62)), das man mit der *Lagrangeschen Multiplikatorenmethode* (s. z.B. [HRS], [BrSe]) lösen kann. Diese liefert als notwendige Bedingungen

$$\frac{\partial}{\partial \xi^j}(b_{ik}\xi^i\xi^k - \lambda g_{ik}\xi^i\xi^k) = 2(b_{jk} - \lambda g_{jk})\xi^k = 0. \tag{4.64}$$

Das homogene, lineare Gleichungssystem (4.64) ist genau dann nichttrivial lösbar, wenn

$$\det(b_{jk} - \lambda g_{jk}) = g\lambda^2 - (g_{11}b_{22} - 2g_{12}b_{12} + g_{22}b_{11})\lambda + b = 0 \tag{4.65}$$

mit $b := \det(b_{ij})$ gilt (s. [Bä], [Eis]). Falls $b_{lk} = \lambda g_{lk}$, dann sind $I, II$ proportional, $\kappa_n = \lambda = \text{const}, \kappa_1 = \kappa_2$ und jede Richtung ist HKR. Andernfalls hat (4.65) genau zwei Lösungen $\kappa_1, \kappa_2$, die nach Bemerkung 4.27 mit den HK übereinstimmen, also insbesondere reell sind. Zu jedem $\kappa_i$ gibt es bis auf das Vorzeichen genau eine Lösung $\boldsymbol{\xi}_{(i)} = (\xi^1_{(i)}, \xi^2_{(i)})$, $i = 1, 2$ des Gleichungssystems (4.64). Dann gilt also

$$\kappa_i = b_{lk}\xi^l_{(i)}\xi^k_{(i)} \quad \text{mit} \quad g_{lk}\xi^l_{(i)}\xi^k_{(i)} = 1 \tag{4.66}$$

$$(b_{lk} - \kappa_i g_{lk})\xi^l_{(i)} = 0, \quad i = 1, 2. \tag{4.67}$$

Multipliziert man (4.67) (für $i = 1$) mit $\xi^k_{(2)}$ und (4.67) (für $i = 2$) mit $\xi^k_{(1)}$, dann erhält man nach Subtraktion

$$(\kappa_1 - \kappa_2)g_{lk}\xi^l_{(1)}\xi^k_{(2)} = 0, \tag{4.68}$$

so daß also im Falle $\kappa_1 \neq \kappa_2$ die beiden HKR $\mathbf{x}_{\xi_i}$ orthogonal sind. Bezeichnen wir schließlich mit $g^{lk}$ die Elemente der zu $(g_{lk})$ inversen Matrix, dann folgt aus (4.67) durch Multiplikation mit $g^{jk}$ :

$$(g^{jk}b_{lk} - \kappa_i\delta^j_l)\xi^l_{(i)} = 0, \ i = 1, 2.^{38}) \tag{4.69}$$

---

**Definition 4.13** *Die Matrix* **L** *mit den Elementen* $L_l{}^j := g^{jk}b_{lk}$ *heißt Weingartenmatrix* [39]*), die durch* **L** *vermittelte Abbildung* $\boldsymbol{\xi} \rightarrow \boldsymbol{L\xi}$ *heißt Weingartenabbildung.*

---

Fassen wir nun obige Resultate zusammen:

---

[38]) Dabei bezeichne $\delta^j_l = \begin{cases} 1 & \text{für } l = j \\ 0 & \text{für } l \neq j \end{cases}$ das Kroneckersymbol.

[39]) nach Julius Weingarten (1836 - 1910).

---

**Satz 4.3** (RODRIGUES)[40])

(1) *Eine Richtung:* $\mathbf{x}_{\xi_i} = \mathbf{x}_{u^k}\xi_{(i)}^k$ *ist genau dann Hauptkrümmungsrichtung, wenn* $\boldsymbol{\xi}_{(i)}$ *Eigenvektor der Weingartenabbildung* $\boldsymbol{L}$ *ist.*

(2) *Der zugehörige Eigenwert* $\kappa_i$ *ist eine Hauptkrümmung.*

(3) *Ist II nicht proportional zu I, so gibt es (bis auf das Vorzeichen) genau zwei zueinander orthogonale Hauptkrümmungsrichtungen.*

---

**Definition 4.14** *Gilt in einem Flächenpunkt* $\mathbf{x}_0$ *für die HK* $\kappa_1 = \kappa_2$, *so heißt* $\mathbf{x}_0$ *Nabelpunkt der Fläche.*

---

**Bemerkung 4.29** In einem Nabelpunkt ist also die Normalkrümmung $\kappa_n$ richtungsunabhängig. *I* und *II* sind proportional. Jede Richtung $\mathbf{x}_\xi$ ist HKR. Alle Punkte einer Sphäre und einer Ebene sind Nabelpunkte.[41])

**Beispiel 4.19** Für den Zylinder gilt (vgl. Beispiele 4.1, 4.17, Aufgabe 4.5)

$$(b_{jk}) = \begin{pmatrix} -r & 0 \\ 0 & 0 \end{pmatrix}, \quad (g_{jk}) = \begin{pmatrix} r^2 & 0 \\ 0 & 1 \end{pmatrix},$$

$$(g^{jk}) = \begin{pmatrix} \frac{1}{r^2} & 0 \\ 0 & 1 \end{pmatrix}, \quad (L_l^j) = (g^{jk}b_{lk}) = \begin{pmatrix} -\frac{1}{r} & 0 \\ 0 & 0 \end{pmatrix}.$$

Die Eigenwerte von $\mathbf{L}$ (d.h. die HK) sind erwartungsgemäß $\kappa_1 = 0$, $\kappa_2 = -\frac{1}{r}$. Der Eigenvektor $\boldsymbol{\xi}_{(1)}$ zu $\kappa_1$ ist Lösung von $\boldsymbol{L}\boldsymbol{\xi} = 0$ unter der Nebenbedingung $\boldsymbol{\xi} \in E = \{(\xi^1, \xi^2)\,|\,r^2(\xi^1)^2 + (\xi^2)^2 = 1\}$, also $\boldsymbol{\xi}_{(1)} = (0, 1)$. Der Eigenvektor $\boldsymbol{\xi}_{(2)}$ zu $\kappa_2$ ist Lösung von $\boldsymbol{L}\boldsymbol{\xi} = -\frac{1}{r}\boldsymbol{\xi}$ unter der gleichen Nebenbedingung, also $\boldsymbol{\xi}_{(2)} = (\frac{1}{r}, 0)$. Zur Bestimmung der HK und HKR kann man natürlich auch die Gleichungen (4.65) und (4.64) benutzen.

---

**Satz 4.4** (EULER)[42]) *Für die Normalkrümmung* $\kappa_n(\boldsymbol{\xi})$ *und* $\varphi := \angle(\boldsymbol{\xi}, \boldsymbol{\xi}_{(1)})$ *gilt*

$$\kappa_n(\boldsymbol{\xi}) = \kappa_1 \cos^2\varphi + \kappa_2 \sin^2\varphi. \tag{4.70}$$

---

[40]) nach BENJAMIN OLINDE RODRIGUES (1794 - 1851).

[41]) In [dCa] wird gezeigt, daß diese Flächen i.w. die einzigen mit dieser Eigenschaft sind.

[42]) Im Jahre 1760 von LEONHARD EULER (1707 - 1783) aufgestellt.

B e w e i s : Wegen $\boldsymbol{\xi}_{(1)} \perp \boldsymbol{\xi}_{(2)}$ ist ein beliebiger Richtungsvektor $\boldsymbol{\xi}$ als $\boldsymbol{\xi}=\boldsymbol{\xi}_{(1)} \cos \varphi + \boldsymbol{\xi}_{(2)} \sin \varphi$ darstellbar, und aus (4.60), (4.66), (4.67), (4.68) folgt nach einfacher Rechnung

$$
\begin{aligned}
\kappa_n &= b_{lk}\xi^l\xi^k = b_{lk}(\xi^l_{(1)} \cos \varphi + \xi^l_{(2)} \sin \varphi)(\xi^k_{(1)} \cos \varphi + \xi^k_{(2)} \sin \varphi) \\
&= \kappa_1 \cos \varphi^2 + \kappa_2 \sin^2 \varphi. \qquad \square
\end{aligned}
$$

**Bemerkung 4.30** Aus der Definition der inversen Matrix (s. [Zei]) folgt die Äquaivalenz von (4.65) und

$$
\lambda^2 - g^{ik}b_{ik}\lambda + \frac{b}{g} = 0. \tag{4.71}
$$

Für die Lösungen $\kappa_1, \kappa_2$ gilt nach dem Vietaschen Wurzelsatz (s. [Zei])

$$
\kappa_1 + \kappa_2 = g^{ik}b_{ik}, \quad \kappa_1\kappa_2 = \frac{b}{g}. \tag{4.72}
$$

Die Summe der HK ist also gleich der Spur der Weingartenmatrix $\mathbf{L}$; ihr Produkt ist gleich $\det \mathbf{L}$.

---

**Definition 4.15** *Die Funktionen*

$$
K := \kappa_1\kappa_2 = \frac{b}{g}, \quad H = \frac{1}{2}(\kappa_1 + \kappa_2) = \frac{1}{2}g^{ik}b_{ik} \tag{4.73}
$$

*heißen Gaußsche Krümmung und mittlere Krümmung der Fläche in* $\mathbf{x}(\mathbf{u})$.

---

**Bemerkung 4.31** Nach (4.71), (4.73) sind die HK $\kappa_1, \kappa_2$ Lösungen der Gleichung

$$
\lambda^2 - 2H\lambda + K = 0. \tag{4.74}
$$

Daher kann man für $\kappa_1, \kappa_2$ auch schreiben

$$
\kappa_1 = H + \sqrt{H^2 - K}, \quad \kappa_2 = H - \sqrt{H^2 - K}. \tag{4.75}
$$

---

**Definition 4.16** *Ein Flächenpunkt* $\mathbf{x_0} = \mathbf{x}(\mathbf{u}_0)$ *heißt*
- *elliptisch, falls* $K(\mathbf{u}_0) > 0$ *ist (d.h., wenn* $\kappa_1, \kappa_2$ *dasselbe Vorzeichen haben),*
- *hyperbolisch, falls* $K(\mathbf{u}_0) < 0$ *ist (d.h., wenn* $\kappa_1, \kappa_2$ *entgegengesetzte Vorzeichen haben),*
- *parabolisch, falls* $K(\mathbf{u}_0) = 0$, *aber nicht beide* $\kappa_i$ *verschwinden,*
- *Flachpunkt, falls* $K(\mathbf{u}_0) = 0$ *und* $\kappa_1 = \kappa_2 = 0$.

**Bemerkung 4.32** Während in einem elliptischen Punkt $\mathbf{x}_0$ die Hauptnormalenvektoren aller Kurven durch $\mathbf{x}_0$ zur selben Seite der Tangentialebene zeigen, gibt es in einem hyperbolischen Punkt stets Kurven durch $\mathbf{x}_0$, deren Hauptnormalenvektoren nach beiden Seiten der Tangentialebene zeigen. Alle Punkte des Ellipsoids (insbesondere der Sphäre) sind elliptisch und jene des einschaligen Hyperboloids hyperbolische Punkte (oder Sattelpunkte). Die Zylinderpunkte sind wegen $b = 0$ (vgl. Beispiel 4.18) parabolisch. Alle Punkte der Ebene sind Flachpunkte. Das Vorzeichen der Gaußschen Krümmung bestimmt also lokal die Struktur der Fläche:

In einem elliptischen Punkt hat die Fläche die Form einer Schale. Da $b_{ik}\dot{u}^i\dot{u}^k$ ein festes Vorzeichen besitzt, folgt aus (4.57), daß eine hinreichend kleine Flächenumgebung des betrachteten Punktes auf derselben Seite der Tangentialebene liegt.

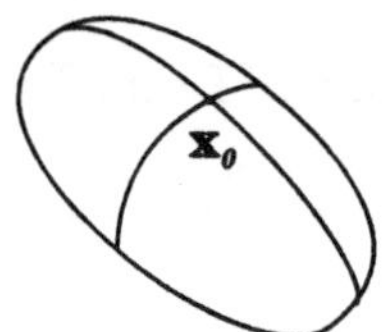
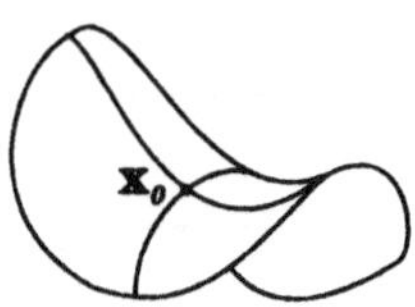
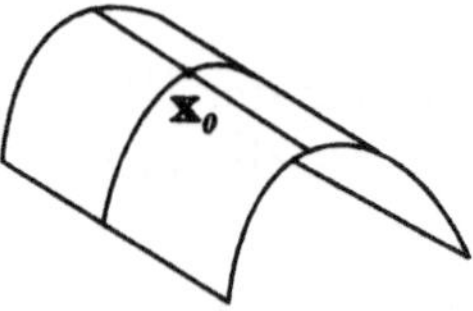

*a) elliptischer Punkt*        *b) hyperbolischer Punkt*        *c) parabolischer Punkt*

Abb. 4.14

In einem hyperbolischen Punkt hat die Fläche die Form eines Sattels, so daß es in jeder Umgebung des Punktes auf beiden Seiten der Tangentialebene gelegene Flächenpunkte gibt. Die Fläche *durchsetzt* also die Tangentialebene.

In Abschnitt 4.6 werden wir uns von der wichtigen Eigenschaft überzeugen, daß die Gaußsche Krümmung nur von der Flächenmetrik abhängt, daß sie also gegenüber Flächenverbiegungen invariant ist.

**Beispiel 4.20** Für den Torus (4.27) folgt aus (4.73) (vgl. Aufgaben 4.2 und 4.4, Abb. 4.15):

$$b = r \cos u^1 (a + \cos u^1)$$

$$K = \frac{b}{g} = \frac{\cos u^1}{r(a + r\cos u^1)} \begin{cases} > 0 & \text{für} \quad u^1 \in [0, \tfrac{\pi}{2}) \cup (\tfrac{3\pi}{2}, 2\pi] \\ = 0 & \text{für} \quad u^1 = \tfrac{\pi}{2},\, u^1 = \tfrac{3\pi}{2} \\ < 0 & \text{für} \quad u^1 \subset (\tfrac{\pi}{2}, \tfrac{3\pi}{2}) \end{cases}$$

$$H = \frac{1}{2g}(b_{11}g_{22} + g_{11}b_{22}) = \frac{a + 2r\cos u^1}{r(a + r\cos u^1)}.$$

Die Punkte der Außenseite sind elliptisch, jene der Innenseite hyperbolisch und die des Ober- und Unterbreitenkreises parabolisch (Abb. 4.15).

Aus (4.75) erhält man für die Hauptkrümmungen

$$\kappa_1 = \frac{1}{r}, \qquad \kappa_2 = \frac{\cos u^1}{a + r\cos u^1}.$$

Man beachte, daß die maximale Krümmung $\kappa_1$ für jeden Punkt gleich ist und mit der Krümmung des den Torus erzeugenden Kreises übereinstimmt. Die minimale Krümmung $\kappa_2$ variiert mit $u^1$ längs eines Meridians. Sie nimmt ihren maximalen Wert $\frac{1}{a+r}$ auf dem äußeren Breitengrad $u^1 = 0$ und ihren minimalen Wert $\frac{-1}{a-r}$ auf dem inneren Breitengrad $u^1 = \pi$ an. Auf den Breitengraden $u^1 = \frac{\pi}{2}$ und $u^1 = \frac{3}{2}\pi$ ist sie Null.

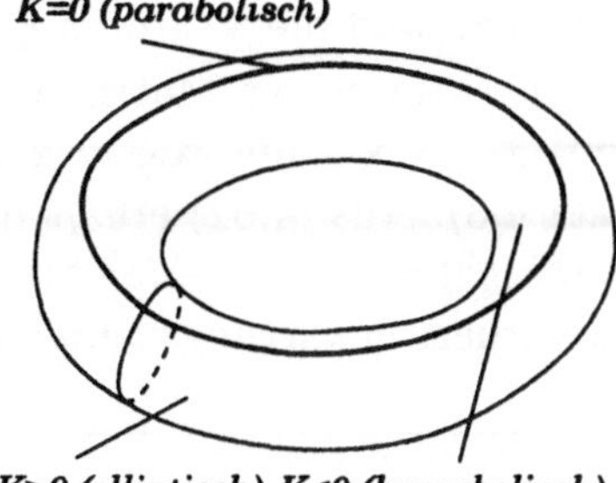


Abb. 4.15

**Beispiel 4.21** Für die Gaußsche und mittlere Krümmung der Sphäre erhält man aus den Beispielen 4.10, 4.16 und 4.17

$$K = \frac{b}{g} = \frac{b_{11}\cdot b_{22}}{g_{11}\cdot g_{22}} = \kappa_1\cdot\kappa_2 = \frac{1}{r^2} = \text{const}$$

$$H = \frac{1}{2g}(b_{11}g_{22} + g_{11}b_{22}) = \frac{1}{2}(\kappa_1 + \kappa_2) = \frac{1}{r} = \text{const.}$$

Folglich sind alle Flächenpunkte elliptisch.

**Beispiel 4.22** Für das hyperbolische Paraboloid $z = f(x,y) = x^2 - y^2$ mit der Parametrisierung (s. (4.15) und Abb. 4.4(5))

$$\mathbf{x}(u^1, u^2) = \left(u^1, u^2, (u^1)^2 - (u^2)^2\right), \quad (u^1, u^2) \in \mathbb{R}^2 \tag{4.76}$$

folgt aus (4.32), (4.52) und (4.73)

$$g_{11} = 1 + 4(u^1)^2, \ g_{12} = -4u^1u^2, \ g_{22} = 1 + 4(u^2)^2, \ g = 1 + 4((u^1)^2 + (u^2)^2),$$

$$\mathbf{N} = \frac{1}{\sqrt{g}}(-2u^1, 2u^2, 1), \ b_{11} = -b_{22} = \frac{2}{\sqrt{g}}, \ b_{12} = 0, \ b = \frac{-4}{g}$$

$$K = \frac{-4}{g^2}, \ H = \frac{1}{2g}(b_{11}g_{22} + b_{22}g_{11}) = 4g^{-\frac{3}{2}}\left((u^2)^2 - (u^1)^2\right).$$

Jeder Flächenpunkt ist also hyperbolisch. Speziell für $\mathbf{x}_0 = \mathbf{x}(0,0) = \mathbf{o}$ gilt:

$$g_{ij} = \begin{pmatrix} 1 & 0 \\ 0 & 1 \end{pmatrix}, \ g^{ij} = \begin{pmatrix} 1 & 0 \\ 0 & 1 \end{pmatrix}, \ b_{ij} = 2\begin{pmatrix} 1 & 0 \\ 0 & -1 \end{pmatrix}, \ K = -4, \ H = 0.$$

Aus (4.75) folgen die Hauptkrümmungen $\kappa_1 = 2$, $\kappa_2 = -2$, und für die Weingartenmatrix erhält man nach Definition 4.13: $L_i{}^j = 2\begin{pmatrix} 1 & 0 \\ 0 & -1 \end{pmatrix}$. Erneut

bestätigt man die Hauptkrümmungen als Eigenwerte der Matrix $\mathbf{L} = (L_l{}^j)$.
Offenbar sind die Vektoren $\boldsymbol{\xi}_{(1)} = (\xi^1_{(1)}, \xi^2_{(1)}) = (0, 1)$, $\boldsymbol{\xi}_{(2)} = (\xi^1_{(2)}, \xi^2_{(2)}) = (1, 0)$
Eigenvektoren der Matrix $\mathbf{L}$ zum Eigenwert $\kappa_1$ bzw. $\kappa_2$ (s. (4.69)). Folglich
sind $\mathbf{x}_{\xi_1} = \mathbf{x}_{u^1}$ und $\mathbf{x}_{\xi_2} = \mathbf{x}_{u^2}$ in $\mathbf{u}_0 = (0, 0)$ Hauptkrümmungsrichtungen (s.
Satz 4.3). Aus (4.62) erhält man für die Normalkrümmung in $\mathbf{u}_0 = (0, 0)$
$$\kappa_n(\xi^1, \xi^2) = 2((\xi^1)^2 - (\xi^2)^2) \quad \text{mit} \quad \boldsymbol{\xi}(\xi^1, \xi^2) \in E = \{\ \boldsymbol{\xi}\,|(\xi^1)^2 + (\xi^2)^2 = 1).$$
$\kappa_n$ variiert erwartungsgemäß zwischen $\kappa_2 = -2$ und $\kappa_1 = +2$.

---

**Definition 4.17** *Eine Flächenkurve* $\mathbf{x}^*(t) = \mathbf{x}(\mathbf{u}(t)), t \in I$, *heißt Krümmungslinie der Fläche, falls die Richtung ihres Tangentenvektors* $\dot{\mathbf{x}}^*(t)$ *für alle* $t \in I$ *eine Hauptkrümmungsrichtung ist.*

---

**Bemerkung 4.33** Nach Satz 4.3 (1) und $\dot{\mathbf{x}}^*(t) = \mathbf{x}_{u^i}\dot{u}^i(t)$ ist also der Vektor
$\dot{\mathbf{u}}(t)$ Eigenvektor der Weingartenmatrix $\mathbf{L}(\mathbf{u}(t))$. Die Normalkrümmung einer
Krümmungslinie ist nach den Definitionen 4.11, 4.12 in jedem Punkt gleich ei-
ner Hauptkrümmung. In der Ebene oder auf der Sphäre ist wegen $\kappa_n = \text{const}$
(s. Bemerkung 4.28) jede Kurve eine Krümmungslinie.
Ist $\mathbf{x}^*(t) = \mathbf{x}(\mathbf{u}(t))$ eine Krümmungslinie, so genügt der Tangentenvektor
$\dot{\mathbf{u}} = (\dot{u}^1, \dot{u}^2)$ wegen (4.67) den Gleichungen $(b_{lk} - \lambda g_{lk})\dot{u}^l = 0$, $k = 1, 2$. Durch
Elimination von $\lambda$ erhält man hieraus nach einfacher Rechnung die folgende

---

*Differentialgleichung für Krümmungslinien:*

$$(g_{11}b_{12} - b_{11}g_{12})(\dot{u}^1)^2 + (g_{11}b_{22} - b_{11}g_{22})\dot{u}^1\dot{u}^2 + (g_{12}b_{22} - b_{12}g_{22})(\dot{u}^2)^2 = 0.$$
$$(4.77)$$

---

Unter Benutzung der Orthogonalitätseigenschaft der Hauptkrümmungsrichtungen (vgl. Satz 4.3 (3)) erhält man aus (4.77):

---

**Satz 4.5** *In einer Umgebung eines Nichtnabelpunktes einer Fläche sind die
Parameterlinien genau dann Krümmungslinien, wenn* $g_{12} = b_{12} = 0$ *gilt.*

---

**Beispiel 4.23** Die Krümmungslinien des Zylinders (s. Beispiel 4.19) sind die
Parameterlinien, denn $\dot{\mathbf{u}}_{(1)} = (0, 1)$, $\dot{\mathbf{u}}_{(2)} = (1, 0)$ sind Eigenvektoren von $\mathbf{L}$, so
daß also die Tangentenvektoren $\mathbf{x}_{u^1}$, $\mathbf{x}_{u^2}$ Hauptkrümmungsrichtungen haben.
Die zugehörigen Hauptkrümmungen sind $\kappa_1 = 0$, $\kappa_2 = -\frac{1}{r}$.

**Bemerkung 4.34** Sind die Parameterlinien Krümmungslinien, so folgt für die Hauptkrümmungen aus (4.67) wegen $\boldsymbol{\xi}_{(1)} = (1,0)$, $\boldsymbol{\xi}_{(2)} = (0,1)$

$$\kappa_1 = \frac{b_{11}}{g_{11}}, \quad \kappa_2 = \frac{b_{22}}{g_{22}}. \tag{4.78}$$

**Beispiel 4.24** Für das elliptische Paraboloid $z = f(x,y) = x^2 + y^2$ mit der Parametrisierung (s. (4.14), Abb. 4.4 (4))[43]

$$\mathbf{x}(u^1, u^2) = \left(u^1, u^2, (u^1)^2 + (u^2)^2\right), \quad (u^1, u^2) \in \mathbb{R}^2$$

folgt aus (4.32), (4.52) und (4.73)

$$g_{11} = 1 + 4(u^1)^2, \; g_{12} = 4u^1u^2, \; g_{22} = 1 + 4(u^2)^2, \; g = 1 + 4((u^1)^2 + (u^2)^2),$$
$$b_{11} = b_{22} = \frac{2}{\sqrt{g}}, \; b_{12} = 0, \; b = \frac{4}{g}, \; K = \frac{4}{g^2}.$$

Jeder Flächenpunkt ist also elliptisch. Aus (4.77) folgt

$$u^1u^2(\dot{u}^1)^2 + [(u^2)^2 - (u^1)^2]\dot{u}^1\dot{u}^2 - u^1u^2(\dot{u}^2)^2 = (u^1\dot{u}^1 + u^2\dot{u}^2)(u^2\dot{u}^1 - u^1\dot{u}^2) = 0$$

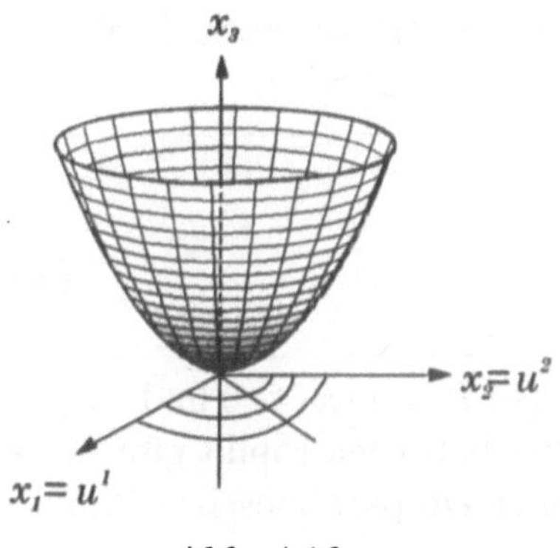



Abb. 4.16

und folglich

$$u^1\dot{u}^1 + u^2\dot{u}^2 = 0 \quad \text{oder} \quad u^2\dot{u}^1 - u^1\dot{u}^2 = 0.$$

Die allgemeine Lösung der ersten Differentialgleichung ist die Kreisschar $(u^1)^2 + (u^2)^2 = r^2$, die Lösung der zweiten Gleichung die Geradenschar $u^1 = \alpha u^2$ durch den Nullpunkt (beachte: $\dfrac{du^1}{du^2} = \dfrac{\dot{u}^1}{\dot{u}}$, s. z.B. [WeMe]). Ihre Bilder auf der Fläche sind die in Abb. 4.16 gezeichneten Krümmungslinien. Der Nullpunkt ist wegen $b_{ij} = 2g_{ij}$ Nabelpunkt, und jede Richtung ist Hauptkrümmungsrichtung.

Die Parametertransformation (s. Beispiel 4.6)

$$u^1 = r\cos\varphi, \; u^2 = r\sin\varphi$$

---

[43] Rotationsparaboloide $z = a(x^2 + y^2)$ sind bei der Konstruktion von Parabolspiegeln bzw. -antennen von Bedeutung, da parallel zur Achse einlaufende Wellen an der Paraboloidfläche in den Brennpunkt reflektiert werden und umgekehrt.

führt zu der neuen, der Flächensymmetrie besser angepaßten Parametrisierung

$$\mathbf{x}(\varphi, r) = (r\cos\varphi, r\sin\varphi, r^2), \quad r > 0, \quad \le \varphi \le 2\pi.$$

Für diese gilt

$$g_{11} = r^2, \ g_{12} = 0, \ g_{22} = 1 + 4r^2, \ g = r^2(1 + 4r^2),$$
$$b_{11} = \frac{-2r^3}{\sqrt{g}}, \ b_{12} = 0, \ b_{22} = \frac{-2r}{\sqrt{g}}.$$

Wegen $b_{12} = g_{12} = 0$ sind die Parameterlinien Krümmungslinien und aus (4.78) folgt:

$$\kappa_1 = \frac{b_{11}}{g_{11}} = \frac{-2}{\sqrt{1 + 4r^2}}, \quad \kappa_2 = \frac{b_{22}}{g_{22}} = \frac{-2}{(1 + 4r^2)^{\frac{3}{2}}}.$$

---

**Definition 4.18**  (1) *Eine Richtung $\mathbf{x}_\xi = \mathbf{x}_{u^i}\xi^i$ in der Tangentialebene eines Punktes $\mathbf{x}_0$ der Fläche $\mathbf{x} = \mathbf{x}(u^1, u^2)$ heißt Asymptotenrichtung der Fläche in $\mathbf{x}_0$, falls gilt: $\kappa_n = (\xi^1, \xi^2) = 0$.*

(2) *Eine Flächenkurve $\mathbf{x}^*(t) = \mathbf{x}(u^1(t), u^2(t))$, $t \in I$ heißt Asymptotenlinie der Fläche, falls die Richtung ihres Tangentenvektors für alle $t \in I$ eine Asymptotenrichtung ist.*

---

**Bemerkung 4.35** Eine Flächenkurve $\mathbf{x}(u^1(t), u^2(t))$ ist nach (4.59) genau dann eine Asymptotenlinie, wenn gilt (beachte: $g_{ij}\dot{u}^i\dot{u}^j > 0$):

---

*Differentialgleichung der Asymptotenlinien:*

$$b_{ij}\dot{u}^i\dot{u}^j = 0. \tag{4.79}$$

---

In einem elliptischen Flächenpunkt gibt es wegen $K = \kappa_1\kappa_2 > 0$ und $\kappa_2 \le \kappa_n \le \kappa_1$ keine Asymptotenrichtungen, in einem hyperbolischen Punkt gibt es wegen $\kappa_1\kappa_2 < 0$ und (4.70) zwei verschiedene und in einem parabolischen Punkt eine Asymptotenrichtung.

Falls die Parameterlinien Asymptotenlinien sind, d.h. ihre Tangentenvektoren $\mathbf{x}_{u^1}, \mathbf{x}_{u^2}$ Asymptotenrichtungen haben, so folgt aus (4.79) durch Einsetzen von $\dot{u}^1 = 1$, $\dot{u}^2 = 0$ bzw. $\dot{u}^1 = 0$, $\dot{u}^2 = 1$ sofort: $b_{11} = b_{22} = 0$. Offenbar gilt auch die Umkehrung.

Aus (4.58) erhält man:

$$\kappa_n = \kappa\mathbf{n}\mathbf{N} = 0 \iff \kappa = 0 \quad \text{oder} \quad \mathbf{n} \perp \mathbf{N}. \tag{4.80}$$

Im zweiten Fall $\mathbf{n} \perp \mathbf{N}$ ist die Schmiegebene der Kurve Tangentialebene an die Fläche. Jede Gerade auf einer Fläche ist eine Asymptotenlinie, denn für sie gilt nach Satz 1.4 $\kappa = 0$. Ferner ist jede Kurve der Ebene eine Asymptotenlinie.

**Beispiel 4.25** Für den Zylinder (s. Beispiele 4.1, 4.19) folgt aus $b_{ij} = \frac{1}{r^2} \begin{pmatrix} 1 & 0 \\ 0 & 0 \end{pmatrix}$

und (4.79): $\dot{u}^1 = 0$, also $u^1 = \text{const}$. Die Asymptotenlinien sind die Mantellinien.

**Beispiel 4.26** Für das hyperbolische Paraboloid $z = xy$  (s. Abb. 4.4 (5))

$$\mathbf{x}(u^1, u^2) = (u^1, u^2, u^1 u^2), \; (u^1, u^2) \in \mathbb{R}^2 \tag{4.81}$$

gilt $b_{11} = b_{22} = 0$, $b_{12} = [(1 + (u^1)^2 + (u^2)^2]^{-\frac{1}{2}}$. Nach Bemerkung 4.35 sind die Parameterlinien Asymptotenlinien. Das Netz der Asymptotenlinien ist also in diesem Falle ein Geradennetz. Das hyperbolische Paraboloid wird auch Sattelfläche genannt.

**Aufgabe 4.6** Zeige, daß die explizit gegebene Fläche $z = x^2 + y^3$ für $y > 0$ elliptisch, für $y < 0$ hyperbolisch und für $y = 0$ parabolisch ist.

**Aufgabe 4.7** Die Fläche mit der Parametrisierung

$$\mathbf{x}(u^1, u^2) = (u^1, u^2, (u^1)^3 - 3u^1(u^2)^2)$$

heißt *Affensattel* (Abb. 4.17). (Im Gegensatz zur Sattelfläche (4.81) hätte auf ihm auch der Schwanz eines Affen noch Platz.)

   a) Bestimme $g_{ij}, \mathbf{N}, b_{ij}, K, H$. Zeige, daß alle Punkte außer $\mathbf{x}_0 = \mathbf{o}$ hyperbolisch sind.

   b) Zeige, daß in $\mathbf{x}_0 = \mathbf{o}$ jede Richtung asymptotisch ist.

   c) Bestimme aus der Differentialgleichung der Asymptotenlinien auf der Fläche liegende Geraden durch $\mathbf{x}_0$.

**Aufgabe 4.8** Die Fläche mit der Parametrisierung

$$\mathbf{x}(u^1, u^2) = (au^2 \cos u^1, au^2 \sin u^1, bu^1)$$

heißt *Wendelfläche* (Abb. 4.18). Sie wird von einer senkrecht an der $x_3$–Achse befestigten Geraden $G$ überstrichen, wenn $G$ auf der $x_3$-Achse entlang gleitet und gleichzeitig um diese rotiert, wobei beide Bewegungen mit konstanter Geschwindigkeit erfolgen.

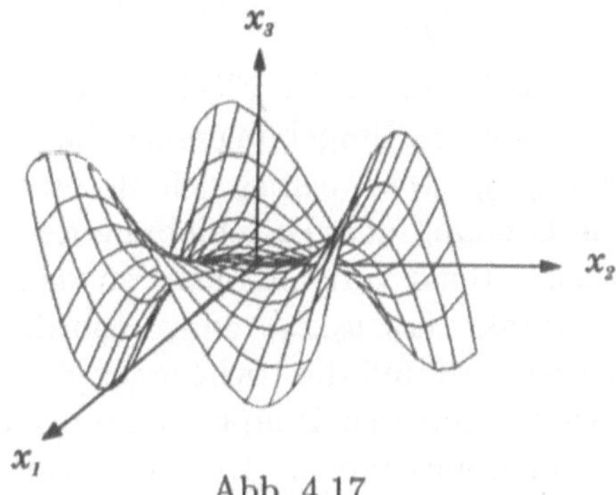


Abb. 4.17

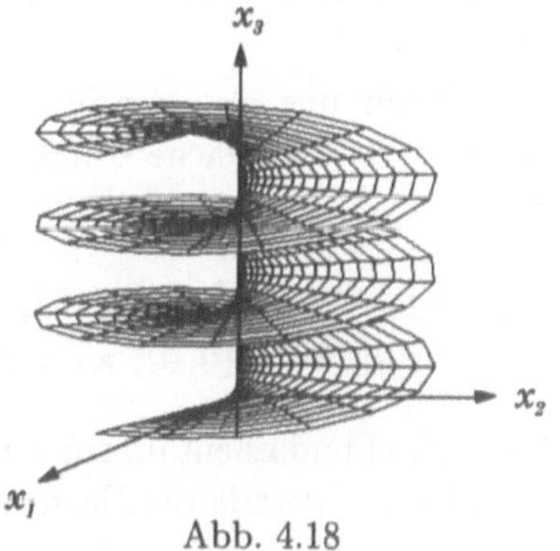


Abb. 4.18

a) Bestimme die Hauptkrümmungen $\kappa_1, \kappa_2$.

b) Ermittle aus der Differentialgleichung(4.77) die Krümmungslinien.

**Bemerkung 4.36** Für eine explizit gegebene Fläche (s. Bemerkung 4.8)

$$z = f(x,y), \ (x,y) \in U \tag{4.82}$$

erhält man vermöge $\mathbf{x}(x,y) = (x,y,f(x,y))$ aus (4.32), (4.54) und (4.73)

$$\mathbf{x}_x = (1,0,f_x), \ \mathbf{x}_y = (0,1,f_y),$$

$$\mathbf{x}_{xx} = (0,0,f_{xx}), \ \mathbf{x}_{xy} = (0,0,f_{xy}), \ \mathbf{x}_{yy} = (0,0,f_{yy}),$$

$$g_{11} = 1 + f_x^2, \ g_{12} = f_x f_y, \ g_{22} = 1 + f_y^2, \ g = 1 + f_x^2 + f_y^2,$$

$$\mathbf{N} = \tfrac{1}{\sqrt{g}}(-f_x, -f_y, 1),$$

$$b_{11} = \frac{f_{xx}}{\sqrt{g}}, \ b_{12} = \frac{f_{xy}}{\sqrt{g}}, \ b_{22} = \frac{f_{yy}}{\sqrt{g}}, \ K = \frac{1}{g^2}(f_{xx}f_{yy} - f_{xy}^2), \tag{4.83}$$

$$H = \frac{1}{2g^{\frac{3}{2}}}[(1 + f_x^2)f_{yy} - 2f_x f_y f_{xy} + (1 + f_y^2)f_{xx}]. \tag{4.84}$$

Für das Studium der Fläche in einer hinreichend kleinen Umgebung eines Flächenpunktes $(x_0, y_0, z_0)$ erweist es sich als zweckmäßig, eine Drehung und Verschiebung des Koordinatensystems vorzunehmen, so daß der feste Punkt $(x_0, y_0, z_0)$ zum Koordinatenursprung wird und die Richtungen der $x-$ und $y-$Achse mit den Hauptkrümmungsrichtungen übereinstimmen. Die neue $x,y-$Ebene ist dann gerade die Tangentialebene an die Fläche im neuen Koordinatenursprung (Abb. 4.19).

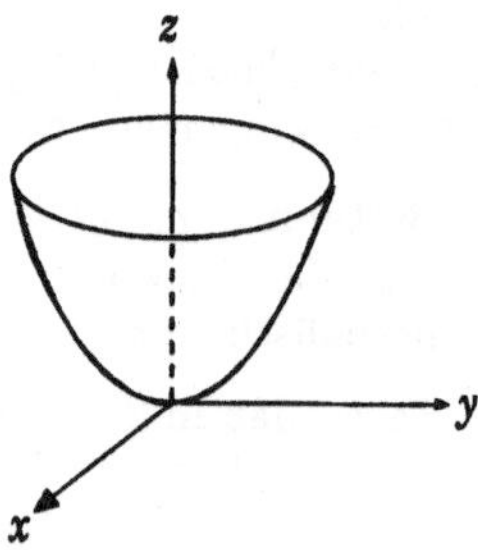

Abb. 4.19

Denken wir uns also a priori diese Koordinatentransformation durchgeführt und danach die Fläche durch (4.82) gegeben. Dann gilt nach Satz 4.5 und (4.78):

$$f(0,0) = 0, \ f_x(0,0) = f_y(0,0) = 0, \ g(0,0) = 1, \ f_{xy}(0,0) = 0,$$

$$\kappa_1 = f_{xx}(0,0), \ \kappa_2 = f_{yy}(0,0). \tag{4.85}$$

Die zweite Fundamentalform der Fläche im Punkt $(0,0,0)$ (bezogen auf $(x,y) \in \mathbb{R}^2$) ist dann gerade die Hesse-Form von $f$ in $(0,0)$ ([HRS], [Heu]):

$$f_{xx}(0,0)x^2 + 2f_{xy}(0,0)xy + f_{yy}(0,0)y^2.$$

Nun sei $|\varepsilon|$ eine hinreichend kleine reelle Zahl, so daß

$$\mathcal{D}_\varepsilon := \{(x,y)\,|\,f(x,y) = \varepsilon\} \tag{4.86}$$

eine reguläre Kurve ist. Durch Taylorentwicklung von $f(x,y)$ in $(0,0)$ erhält man unter Beachtung von (4.85) die *kanonische* Darstellung ([HRS])

$$f(x,y) = \frac{1}{2}(\kappa_1 x^2 + \kappa_2 y^2) + R \quad \text{mit} \quad \lim_{(x,y)\to(0,0)} \frac{R}{x^2 + y^2} = 0.$$

Folglich ist die Kurve $\mathcal{D}_\varepsilon$ gegeben durch

$$\kappa_1 x^2 + \kappa_2 y^2 + 2R = 2\varepsilon.$$

Falls nicht beide $\kappa_i$ verschwinden, der Punkt $(0,0,0)$ also kein Flachpunkt ist, kann man die Kurve

$$\widetilde{\mathcal{D}}_\varepsilon := \{(x,y)\,|\,\kappa_1 x^2 + \kappa_2 y^2 = 2\varepsilon\}$$

als Approximation erster Ordnung von $\mathcal{D}_\varepsilon$ auffassen. Durch die Ähnlichkeitstransformation ([Zei], [Eis])

$$x = x^*\sqrt{2|\varepsilon|}, \ y = y^*\sqrt{2|\varepsilon|}$$

geht die Kurve $\widetilde{\mathcal{D}}_\varepsilon$ über in die Kurve

$$\mathcal{D} := \{(x^*, y^*)\,|\,\kappa_1 x^{*2} + \kappa_2 y^{*2} = \pm 1\}. \tag{4.87}$$

Für einen elliptischen Punkt ($\kappa_1, \kappa_2$ haben gleiches Vorzeichen) ist $\mathcal{D}$ eine Ellipse mit den Halbachsen $\dfrac{1}{\sqrt{|\kappa_1|}}$ und $\dfrac{1}{\sqrt{|\kappa_2|}}$, die zu einem Kreis wird, falls $\kappa_1 = \kappa_2 \neq 0$ (Abb. 4.20). In einem hyperbolischen Punkt haben $\kappa_1, \kappa_2$ unterschiedliche Vorzeichen, so daß $\mathcal{D}$ aus zwei Hyperbeln mit einem gemeinsamen Asymptotenpaar besteht ([Bär]). In einem parabolischen Punkt entartet $\mathcal{D}$ zu einem Paar paralleler Geraden (Abb. 4.20). $\mathcal{D}$ liegt also in der Tangentialebene des betrachteten Flächenpunktes, und die Achsen fallen mit den HKR zusammen. Nach obigen Überlegungen sind $\mathcal{D}_\varepsilon$ als Durchschnitt der Fläche mit einer zur Tangentialebene parallelen Ebene (s. (4.86)) und $\mathcal{D}$ von erster Ordnung ähnlich (s. Abb. 4.20). Schließlich erhält man aus (4.60), (4.62)

$$\kappa_n(x^*, y^*) = \frac{\kappa_1 x^{*2} + \kappa_2 y^{*2}}{x^{*2} + y^{*2}} = \frac{\pm 1}{x^{*2} + y^{*2}} \tag{4.88}$$

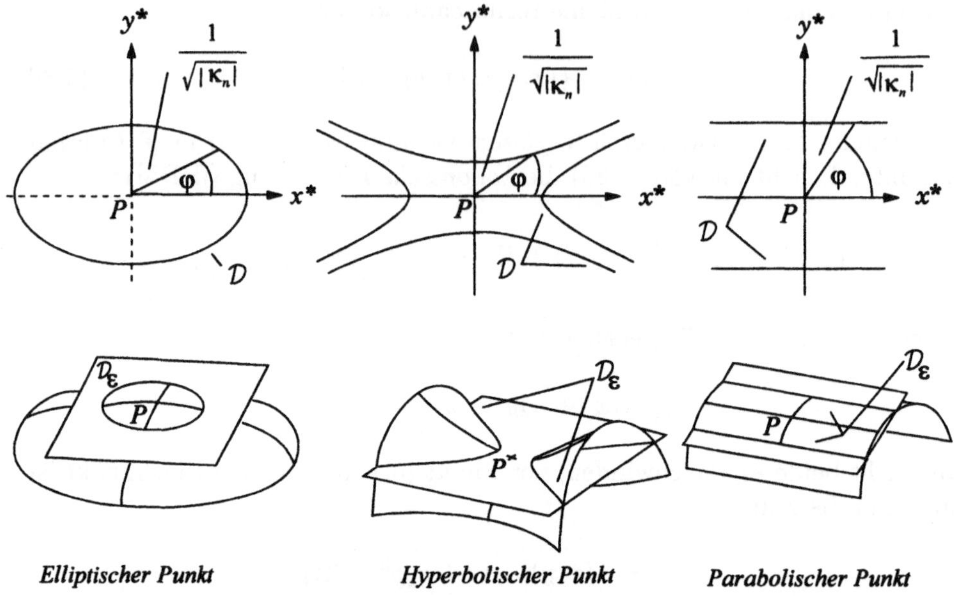



Abb. 4.20 Dupinsche Indikatrix $\mathcal{D}$ und Kurve $\mathcal{D}_\varepsilon$

und folglich für den Abstand $r$ des Punktes $(x^*, y^*) \in \mathcal{D}$ vom Flächenpunkt $P(0,0)$

$$r := \sqrt{x^{*2} + y^{*2}} = \frac{1}{\sqrt{|\kappa_n|}}.$$

Die beiden Asymptotenrichtungen der Hyperbel sind also gerade die Asymptotenrichtungen der Fläche im betrachteten (hyperbolischen) Punkt, was die Terminologie rechtfertigt (s. Abb. 4.20).

Setzt man $\cos\varphi = \dfrac{x^*}{r}$, $\sin\varphi = \dfrac{y^*}{r}$, so führt die linke Seite von (4.88) erneut zur Eulerschen Formel (4.70).

---

**Definition 4.19** *Die Punktmenge $\mathcal{D}$ heißt Dupinsche Indikatrix* [44] *der Fläche im Punkt $P$.*

---

**Aufgabe 4.9** Bestimme und skizziere die Dupinsche Indikatrix des hyperbolischen Paraboloids $z = x^2 - y^2$ im Nullpunkt (s. Beispiel 4.22).

---

[44] Vom französischen Mathematiker CHARLES DUPIN (1784 - 1873) im Jahre 1813 angegeben. Bezüglich konstruktiver Anwendungen der Dupinschen Indikatrix siehe [Bra].

## 4.6 Ableitungsgleichungen, Theorema egregium, Fundamentalsatz

Wir erinnern an die Frenetschen Gleichungen, die die Ableitungen der Vektoren des begleitenden Dreibeins einer Kurve als Linearkombinationen dieser Vektoren selbst darstellen. In analoger Weise kann man die (partiellen) Ableitungen der Vektoren des Gaußschen begleitenden Dreibeins $(\mathbf{x}_{u^1}, \mathbf{x}_{u^2}, \mathbf{N})$ einer Fläche $\mathbf{x} = \mathbf{x}(u^1, u^2)$ (s. Definition 4.3) durch diese Vektoren selbst ausdrücken. Diese Ableitungsgleichungen, ihre Integrabilitätsbedingungen, das daraus folgende grundlegende Theorema egregium sowie der Fundamentalsatz bilden den „harten Kern" der Flächentheorie.[45]
Wir vereinbaren für diesen Abschnitt folgende Bezeichnungen:

$$\mathbf{x}_i := \mathbf{x}_{u^i}, \quad \mathbf{x}_{ij} := \mathbf{x}_{u^i u^j}, \quad \mathbf{x}_{ijk} := \mathbf{x}_{u^i u^j u^k}, \quad \mathbf{N}_i := \mathbf{N}_{u^i}, \quad f^{kl\cdots}_{ij\cdots,s} := \frac{\partial f^{kl\cdots}_{ij\cdots}}{\partial u^s}. \quad (4.89)$$

---

**Satz 4.6** *(Ableitungsgleichungen) Es gilt*

$$\mathbf{x}_{ik} = \Gamma^l_{ik}\mathbf{x}_l + b_{ik}\mathbf{N} \qquad (4.90)$$

$$\mathbf{N}_i = -g^{lk}b_{il}\mathbf{x}_k \qquad (4.91)$$

*mit*

$$\Gamma^l_{ik} := \frac{1}{2}g^{lj}(g_{ij,k} + g_{jk,i} - g_{ik,j}). \qquad (4.92)$$

---

B e w e i s : Wegen der Basiseigenschaft von $(\mathbf{x}_1, \mathbf{x}_2, \mathbf{N})$ gibt es Koeffizienten $\Gamma^{*l}_{ik}, b^*_{ik}, a^k_i$ mit

$$\mathbf{x}_{ik} = \Gamma^{*l}_{ik}\mathbf{x}_l + b^*_{ik}\mathbf{N}, \quad \mathbf{N}_i = a^k_i\mathbf{x}_k. \qquad (4.93)$$

Multiplikation der ersten Gleichung mit $\mathbf{N}$ liefert wegen $\mathbf{N}\mathbf{x}_l = 0$ und $\mathbf{N}\mathbf{x}_{ik} = b_{ik}$ (s. (4.54)) die Gleichungen $b^*_{ik} = b_{ik}$. Multiplikation mit $\mathbf{x}_j$ ergibt wegen $\mathbf{N}\mathbf{x}_j = 0$ und $\mathbf{x}_l\mathbf{x}_j = g_{lj}$ : $\mathbf{x}_{ik}\mathbf{x}_j = \Gamma^{*l}_{ik}\mathbf{x}_l\mathbf{x}_j = \Gamma^{*l}_{ik}g_{lj}$. Nun gilt

$$g_{ij,k} = (\mathbf{x}_i\mathbf{x}_j)_{,k} = \mathbf{x}_{ik}\mathbf{x}_j + \mathbf{x}_i\mathbf{x}_{jk} = \Gamma^{*l}_{ik}g_{lj} + \Gamma^{*l}_{jk}g_{li},$$

---

[45] Mit Ausnahme des Fundamentalsatzes soll daher auf ihre Beweise nicht verzichtet werden. Für das Verständnis der nachfolgenden Kapitel ist jedoch das Studium dieses Abschnittes - mit Ausnahme des Theorema egregiums - nicht unbedingt erforderlich.

und durch zyklische Vertauschung der Indizes folgt nach einfacher Rechnung $\Gamma_{ik}^{*l} = \Gamma_{jk}^l$. Multipliziert man die zweite Gleichung von (4.93) mit $\mathbf{x}_l$, dann folgt aus (4.52)

$$\mathbf{N}_i\mathbf{x}_l = -b_{il} = a_i^k g_{kl}, \quad \text{also} \quad a_i^k = -g^{lk}b_{il}. \qquad \square$$

**Bemerkung 4.37** Die Ableitungsgleichungen (4.90), die also die zweiten Ableitungen von $\mathbf{x}(\mathbf{u})$ durch die ersten Ableitungen und durch $\mathbf{N}$ darstellen, wurden von C. F. GAUSS (1827) hergeleitet. Die Gleichungen (4.91) fand 1861 J. WEINGARTEN (1836 - 1910). Die Koeffizienten dieser Linearkombinationen lassen sich also durch $g_{ij}, g_{ij,k}, b_{ij}$ ausdrücken. Die Ableitungsgleichungen bilden folglich das flächentheoretische Analogon der Frenetschen Gleichungen der Kurventheorie.

Die Funktionen $\Gamma_{ik}^l = \Gamma_{ik}^l(u^1, u^2)$ heißen *Christoffelsymbole 2. Art.* Die Funktionen

$$\Gamma_{ikj} := g_{lj}\Gamma_{ik}^l = \frac{1}{2}(g_{ij,k} + g_{kj,i} - g_{ik,j})$$

heißen *Christoffelsymbole 1. Art.*[46]) Offenbar gilt: $\Gamma_{ik}^l = \Gamma_{ki}^l$.

Aus den Weingarten-Gleichungen (4.91) folgt unter Beachtung von

$$\det[-(g^{lk}b_{ik})] = \det(g^{lk})\det(b_{ij}) = \frac{b}{g} = K$$

und der Eigenschaften des Vektorproduktes (Abschnitt 0.1)

$$\mathbf{N}_1 \times \mathbf{N}_2 = \det[-(g^{lk}b_{ik})](\mathbf{x}_1 \times \mathbf{x}_2) = K(\mathbf{x}_1 \times \mathbf{x}_2).$$

Hieraus erhält man nun für die Oberflächenelemente

$$|\mathbf{x}_1 \times \mathbf{x}_2|du^1du^2, \quad |\mathbf{N}_1 \times \mathbf{N}_2|du^1du^2$$

der Fläche $\mathbf{x} = \mathbf{x}(u^1, u^2)$ und ihrer Gauß-Abbildung auf die Einheitssphäre (vgl. (4.34),(4.44), Definition 4.9)

$$|K||\mathbf{x}_1 \times \mathbf{x}_2|du^1du^2 = |\mathbf{N}_1 \times \mathbf{N}_2|du^1du^2,$$

so daß man also den Betrag der Gaußschen Krümmung geometrisch als „Quotient" der beiden Oberflächenelemente interpretieren kann.

Aus der Vertauschbarkeit der partiellen Ableitungen $\mathbf{N}_{ij} = \mathbf{N}_{ji}$ sowie $\mathbf{x}_{ijk} = \mathbf{x}_{ikj}$ ([HRS],[GBGW]) folgen nun Relationen, die sogenannten *Integrabilitätsbedingungen*, zwischen den Koeffizienten beider Fundamentalformen:

---

[46])ELVIN BRUNO CHRISTOFFEL (1829 - 1900). Diese Größen hatte zuvor bereits BERNHARD RIEMANN (1826 - 1866) eingeführt.

**Satz 4.7 (Integrabilitätsbedingungen).** *Die Gleichungen* $\mathbf{x}_{ijk} = \mathbf{x}_{ikj}$ *und* $\mathbf{N}_{ij} = \mathbf{N}_{ji}$ *sind äquivalent mit folgenden Gleichungen:*

$$R_{ijkl} = b_{jk}b_{il} - b_{jl}b_{ik} \tag{4.94}$$

$$b_{ij,k} - b_{ik,j} + \Gamma^l_{ij}b_{lk} - \Gamma^l_{ik}b_{lj} = 0, \tag{4.95}$$

*wobei*

$$R_{ijkl} := g_{im}R^m{}_{jkl} := g_{im}(\Gamma^m_{jk,l} - \Gamma^m_{jl,k} + \Gamma^p_{jk}\Gamma^m_{pl} - \Gamma^p_{jl}\Gamma^m_{pk}). \tag{4.96}$$

**Bemerkung 4.38** Die Funktionenfamilie (4.96) heißt (*kovarianter*) *Riemannscher Krümmungstensor* (s. z.B. [Ibe],[Kre], [Lau]). $R^m{}_{jkl}$ heißt *Riemannscher Krümmungstensor*. $R_{ijkl}$ ist ein kovarianter Tensor 4. Stufe mit den Symmetrieeigenschaften ([Ibe], [Kre])

$$R_{ijkl} = -R_{jikl} = -R_{ijlk} = R_{klij}, \tag{4.97}$$

aus denen in unserem (zweidimensionlen) Fall folgt, daß der Krümmungstensor schon durch die Koordinate

$$R_{1212} = -R_{2112} = -R_{1221} = R_{2121} \tag{4.98}$$

festgelegt ist, während alle anderen Koordinaten verschwinden. Wegen (4.96) und (4.92) ist $R_{1212}$ eine Funktion von $g_{ij}, g_{ij,k}, g_{ij,kl}$. Der Riemannsche Krümmungstensor spielt in der nichteuklidischen Geometrie und in der mathematischen Physik eine fundamentale Rolle. Die Gleichungen (4.94) heißen *Gaußsche Gleichungen*, die Gleichungen (4.95) *Mainardi-Codazzi*-Gleichungen.[47]) Durch sie werden also die Koeffizienten der beiden Fundamentalformen und ihre Ableitungen miteinander verknüpft.

B e w e i s   v o n   S a t z 4.7 : Setzt man analog zu (4.93) $\mathbf{x}_{jkl} = A^m_{jkl}\mathbf{x}_m + B_{jkl}\mathbf{N}$, so folgt aus (4.90), (4.91) durch Differentiation
$A^m_{jkl} = \Gamma^m_{jk,l} + \Gamma^p_{jk}\Gamma^m_{pl} - b_{jk}b_{lp}g^{pm}$   und   $B_{jkl} = \Gamma^p_{jk}b_{pl} + b_{jk,l}$.
Aus $\mathbf{x}_{jkl} - \mathbf{x}_{jlk} = 0$ folgt (4.95) und $R^m{}_{jkl} = (b_{jk}b_{il} - b_{jl}b_{ik})g^{im}$, also (4.94).
Setzt man andererseits $\mathbf{N}_{ij} = C^k_{ij}\mathbf{x}_k + D_{ij}\mathbf{N}$, dann erhält man wiederum aus Satz 4.6

$$C^k_{ij} = -(b_{il}g^{lk})_{,j} - b_{il}g^{lm}\Gamma^k_{mj}, \quad D_{ij} = -g^{lk}b_{il}b_{jk},$$

also $D_{ij} - D_{ji} = 0$ und unter Beachtung von (4.95), (4.92) sowie

$$(g_{ki}g^{km})_{,j} = (\delta^m_i)_{,j} = g_{ki,j}g^{km} + g_{ki}g^{km}{}_{,j} = 0$$

---

[47]) G. Mainardi (1800 - 1876), B. Codazzi (1794 - 1859).

auch $C_{ij}^k - C_{ji}^k = 0$.      $\square$

---

**Theorema egregium** (GAUSS) *Für die Gaußsche Krümmung gilt*

$$K = \frac{R_{1221}}{g}. \tag{4.99}$$

*$K$ hängt also nur von den Koeffizienten der ersten Fundamentalform und ihren ersten und zweiten Ableitungen ab.*

---

B e w e i s : Nach Bemerkung 4.38 besitzt der Krümmungstensor nur eine wesentliche Koordinate. Äquivalent mit (4.94) ist also $R_{1221} = b_{11}b_{22} - b_{12}^2 = b$, und aus (4.73) folgt die Behauptung.      $\square$

**Bemerkung 4.39** Das Theorema egregium („außerordentliches Theorem") publizierte GAUSS nach seinen umfangreichen Landvermessungsarbeiten im Königreich Hannover in einer seiner wichtigsten Arbeiten: *Disquisitiones generales circa superficies curvas. (Allgemeine Flächentheorie)*, Göttingen 1827. Obwohl die Gaußsche Krümmung $K$ in unterschiedlicher Weise (Produkt der Hauptkrümmungen, Quotient aus $b$ und $g$, Quotient der Flächenelemente bei der Gauß-Abbildung) stets unter wesentlicher Verwendung der Lage der Fläche im Raum, insbesondere des Normalenvektors $\mathbf{N}$, definiert wurde, erweist sie sich nach obigem Satz als unabhängig von dieser Lage und nur von der metrischen Struktur, d.h. der ersten Fundamentalform der Fläche abhängig. Sie kann allein durch Messungen auf der Fläche bestimmt werden. Die Gaußsche Krümmung ist also eine fundamentale *innere* Eigenschaft der Fläche, die B. RIEMANN in seinem berühmten Habilitationsvortrag an der Göttinger Universität im Jahre 1854 auf $n$−dimensionale Räume verallgemeinerte und A. EINSTEIN (1915) zur mathematischen Beschreibung der Gravitätskraft in der Allgemeinen Relativitätstheorie benutzte[48]. Die eigentliche Bedeutung obigen Satzes wird erst im Kapitel 6 bei der Behandlung längentreuer Abbildungen von Flächen klar. Insbesondere ist kein Sphärenstück zu einem Ebenenstück verbiegbar, da beide Flächen unterschiedliche Gaußsche Krümmungen haben. Das Theorema egregium gilt auf Grund seiner weitreichenden Konsequenzen als einer der tiefsten und bedeutendsten Sätze der Differentialgeometrie.

---

[48])In der allgemeinen Relativitätstheorie wird die Geometrie des Raumes durch die Verteilung von Masse und Energie bestimmt.

---

**Fundamentalsatz der lokalen Flächentheorie**

*Auf einer offenen, einfach zusammenhängenden Menge $U \subset \mathbb{R}^2$ seien differenzierbare Funktionen $g_{ij}, b_{ij}$ $(i, j = 1, 2)$ mit folgenden Eigenschaften vorgegeben:*

(a) $g_{11} > 0$, $g_{22} > 0$, $g > 0$, $g_{12} = g_{21}$, $b_{12} = b_{21}$,

(b) $g_{ij}$, $b_{ij}$ *erfüllen die Integrabilitätsbedingungen* (4.94), (4.95).

*Behauptung:*

(1) *Es existiert eine Fläche* $\mathbf{x} : U \to \mathbb{R}^3$, *deren Koeffizienten der beiden Fundamentalformen* $I_u, II_u$ *mit* $g_{ij}$ *bzw.* $b_{ij}$ *übereinstimmen.*

(2) *Die Fläche ist bis auf orientierungstreue Bewegungen eindeutig bestimmt.*[49]

---

**Bemerkung 4.40** Dieser Satz ist das Analogon zum Fundamentalsatz der Kurventheorie (Abschnitt 1.5). Die Rolle des vollständigen Invariantensystems spielen hier die beiden Fundamentalformen. Wegen der Integrabilitätsbedingungen von GAUSS und MAINARDI-CODAZZI sind jedoch ihre Koeffizienten nicht beliebig vorgebbar.

**Beispiel 4.27** Für $(g_{ij}) = (b_{ij}) = \begin{pmatrix} 1 & 0 \\ 0 & \sin^2 u^1 \end{pmatrix}$, $0 < u^1 < \pi$ erhält man aus

(4.92) als einzige nichtverschwindende Christoffelsymbole: $\Gamma_{12}^2 = \cot u^1$, $\Gamma_{22}^1 = -\sin u^1 \cos u^1$, mittels derer man leicht die Integrabilitätsbedingungen (4.94), (4.95) bestätigt. Die Ableitungsgleichungen sind

$$\mathbf{x}_{11} = \mathbf{N}, \ \mathbf{x}_{12} = (\cot u^1)\mathbf{x}_2,$$
$$\mathbf{x}_{22} = -(\sin u^1 \cos u^1)\mathbf{x}_1 + (\sin^2 u^1)\mathbf{N}, \ \mathbf{N}_i = -\mathbf{x}_i, \ (i = 1, 2). \quad (4.100)$$

Hieraus folgt $\mathbf{x}_{111} = -\mathbf{x}_1$ und nach Integration

$$\mathbf{x} = \mathbf{a}(u^2)\sin u^1 + \mathbf{b}(u^2)\cos u^1 + \mathbf{c}(u^2). \quad (4.101)$$

Aus der zweiten Gleichung von (4.100) und (4.101) erhält man

$$\mathbf{x}_{12} = \mathbf{a}_2 \cos u^1 + \mathbf{b}_2 \cos u^1 \cot u^1 + \mathbf{c}_2 \cot u^1 = \mathbf{a}_2 \cos u^1 - \mathbf{b}_2 \sin u^1,$$

---

[49] Der Beweis dieses Satzes (s. etwa [dCa], [Str], [Kli]) erfolgt durch Integration der Ableitungsgleichungen.

folglich ist $\mathbf{b}_2 = \mathbf{c}_2 = \mathbf{o}$ und $\mathbf{x}_{22} = \mathbf{a}_{22}\sin u^1 = -(\sin u^1)\mathbf{a}$, also
$\mathbf{a}_{22} = -\mathbf{a}$, $\mathbf{a} = \mathbf{d}\cos u^2 + \mathbf{e}\sin u^2$ mit $\mathbf{d} = \text{const}$, $\mathbf{e} = \text{const}$ und

$$\mathbf{x}(u^1, u^2) = \mathbf{d}\sin u^1\cos u^2 + \mathbf{e}\sin u^1\sin u^2 + \mathbf{b}\cos u^1 + \mathbf{c}.$$

Nun folgt aus $\mathbf{x}_2^2 = \sin^2 u^1 : |\mathbf{d}| = |\mathbf{e}| = 1, \mathbf{d}\cdot\mathbf{e} = 0$, danach aus $\mathbf{x}_1\cdot\mathbf{x}_2 = 0$ :
$\mathbf{b}\cdot\mathbf{d} = \mathbf{b}\cdot\mathbf{e} = 0$ und schließlich aus $\mathbf{x}_1^2 = 1 : |\mathbf{b}| = 1$. $(\mathbf{d}, \mathbf{e}, \mathbf{b})$ ist also ein Orthonormalsystem. Schließlich liefert eine einfache Rechnung $|\mathbf{x}(u^1, u^2) - \mathbf{c}| = 1$.
Die Fläche mit obigen Vorgaben ist also die Einheitssphäre.

## 4.7 Geodätische Krümmung, geodätische Linien

J. Bernoulli untersuchte 1697 folgende Fragen: Welche Verbindungskurve zweier Punkte $\mathbf{x}_1, \mathbf{x}_2$ auf einer Fläche $\mathbf{x}(\mathbf{u})$ hat die kleinste Länge? Durch welche geometrische Eigenschaft ist dann diese kürzeste Verbindungskurve vor allen anderen ausgezeichnet? Die Beantwortung der ersten Frage für eine beliebige Fläche erweist sich als äußerst schwierig. Einfach dagegen ist die Antwort im Falle einer Ebene: Die kürzeste Verbindung ist das Geradenstück zwischen $\mathbf{x}_1$ und $\mathbf{x}_2$ (Satz 1.1). Auf der Sphäre ist der Großkreisbogen, welcher die beiden (hinreichend benachbarten) Punkte $\mathbf{x}_1, \mathbf{x}_2$ verbindet, die kürzeste Verbindungslinie.
Anschaulich gelangt man dazu durch folgende mechanische Interpretation: Ein von $\mathbf{x}_1$ nach $\mathbf{x}_2$ gespannter, in der Fläche verlaufender Faden wird infolge der Fadenspannung so lange längs der Fläche gleiten, bis er den kürzesten Weg beschreibt. Die Schmiegebene der kürzesten Verbindungskurve enthält dann in jedem Punkt den Flächennormalenvektor $\mathbf{N}$.
Geraden sind durch das Verschwinden ihrer Krümmung $\kappa$ gekennzeichnet (Satz 1.4). Die kürzesten Verbindungskurven auf Flächen werden sich als Stücke sog. *geodätischer Linien* erweisen, die dadurch gekennzeichnet sind, daß ihre *geodätische Krümmung $\kappa_g$* identisch Null ist.
Im folgenden seien $\mathbf{x}(\mathbf{u})$ eine Fläche und $\mathbf{x}^*(t) = \mathbf{x}(\mathbf{u}(t))$ eine Flächenkurve durch einen festen Flächenpunkt $\mathbf{x}_0 = \mathbf{x}^*(t_0) = \mathbf{x}(\mathbf{u}(t_0))$. Nach (1.64) und (4.22) gilt für den Tangentenvektor an die Flächenkurve $\mathbf{x}^*(t)$ in $\mathbf{x}_0$:

$$\mathbf{t} = \frac{\dot{\mathbf{x}}^*}{|\dot{\mathbf{x}}^*|} \quad \text{mit} \quad \dot{\mathbf{x}}^* = \mathbf{x}_{u^i}\dot{u}^i. \tag{4.102}$$

Ferner folgt aus (1.64), (1.65) für den Hauptnormalenvektor und die Krümmung von $\mathbf{x}^*(t)$ in $\mathbf{x}_0$:

$$\mathbf{n} = \frac{\dot{\mathbf{t}}}{|\dot{\mathbf{t}}|}, \quad \kappa = \frac{|\dot{\mathbf{t}}|}{|\dot{\mathbf{x}}^*|}. \tag{4.103}$$

Wir erinnern an die Definition der Normalkrümmung von $\mathbf{x}^*(t)$ in $\mathbf{x}_0$ (Definition 4.10)

$$\kappa_n = \kappa \cos \sphericalangle(\mathbf{n}, \mathbf{N}) = \kappa \mathbf{n}\mathbf{N}, \tag{4.104}$$

wobei $\mathbf{N}$ den Flächennormalenvektor in $\mathbf{x}_0$ bezeichne (vgl. (4.24)). $\kappa_n\mathbf{N}$ ist also der *Normalanteil*, d.h. die Vektorprojektion (Bemerkung 0.4) des sogenannten *Krümmungsvektors* $\kappa\mathbf{n}$ auf den Flächennormalenvektor $\mathbf{N}$. Um auch den *Tangentialanteil* $\mathbf{T} := \kappa\mathbf{n} - \kappa_n\mathbf{N}$ des Krümmungsvektors $\kappa\mathbf{n}$, also die Vektorprojektion von $\kappa\mathbf{n}$ auf die Tangentialebene der Fläche in $\mathbf{x}_0$, zu bestimmen, hat man zu beachten, daß wegen $\mathbf{n} \perp \mathbf{t}$, $\mathbf{N} \perp \mathbf{t}$ und folglich $\mathbf{T} \cdot \mathbf{t} = \mathbf{T} \cdot \mathbf{N} = 0$ gilt (s. (0.12) und Abb. 4.21)

$$\mathbf{T} = \kappa_g(\mathbf{N} \times \mathbf{t}) \quad \text{mit} \quad \kappa_g = \mathbf{T} \cdot (\mathbf{N} \times \mathbf{t}) = \kappa\mathbf{n} \cdot (\mathbf{N} \times \mathbf{t}). \tag{4.105}$$

Aus (4.103) folgt

$$\kappa\mathbf{n} = \frac{\dot{\mathbf{t}}}{|\dot{\mathbf{x}}^*|} \quad \text{und} \quad \kappa_g = \frac{\dot{\mathbf{t}} \cdot (\mathbf{N} \times \mathbf{t})}{|\dot{\mathbf{x}}^*|} = \frac{\ddot{\mathbf{x}}^* \cdot (\mathbf{N} \times \dot{\mathbf{x}}^*)}{|\dot{\mathbf{x}}^*|^3} = \frac{\mathbf{N} \cdot (\dot{\mathbf{x}}^* \times \ddot{\mathbf{x}}^*)}{|\dot{\mathbf{x}}^*|^3}. \tag{4.106}$$

---

**Definition 4.20** *Die Zahl*

$$\kappa_g := \frac{\mathbf{N} \cdot (\dot{\mathbf{x}}^* \times \ddot{\mathbf{x}}^*)}{|\dot{\mathbf{x}}^*|^3} \tag{4.107}$$

*heißt geodätische Krümmung der Flächenkurve* $\mathbf{x}^*(t)$ *in* $\mathbf{x}_0$.

---

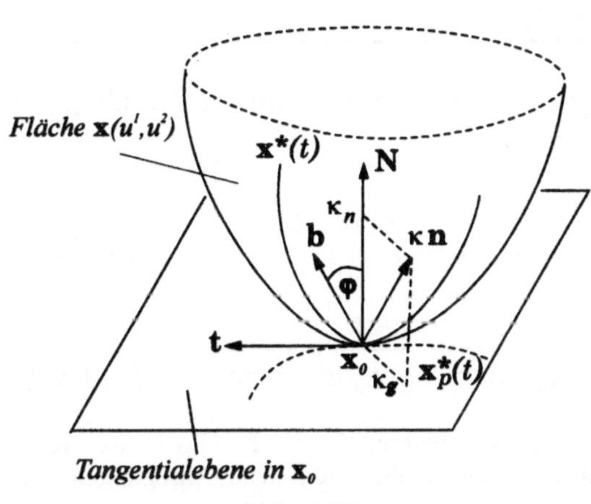


Abb. 4.21

**Bemerkung 4.41** 1. Nach (4.104) und (4.105) gilt die Zerlegung (Abb. 4.21)

$$\kappa\mathbf{n} = \kappa_n\mathbf{N} + \kappa_g(\mathbf{N} \times \mathbf{t}), \tag{4.108}$$

aus der wegen $\mathbf{N} \perp (\mathbf{N} \times \mathbf{t})$, $|\mathbf{N}| = |\mathbf{N} \times \mathbf{t}| = 1$ folgt

$$\kappa^2 = \kappa_n^2 + \kappa_g^2. \tag{4.109}$$

2. Ist $\mathbf{x}(\mathbf{u})$ eine Ebene, also $\mathbf{x}^*(t)$ eine ebene Flächenkurve, dann folgt aus $\mathbf{N} \times \mathbf{t} = \mathbf{n}_+$ (s. Definition 2.1, Bemerkung 2.1), $\kappa_n = 0$, (4.108) und Bemerkung 2.4, daß $\kappa_g$ mit der für ebene Kurven definierten Krümmung (Definition 2.2) übereinstimmt.

**3.** Aus (4.108) ergibt sich die folgende geometrische Interpretation (Abb. 4.21): Die geodätische Krümmung $\kappa_g$ einer Flächenkurve $\mathbf{x}^*(t)$ ist gleich der Krümmung der orthogonalen Projektion $\mathbf{x}_p^*(t)$ von $\mathbf{x}^*(t)$ in die Tangentialebene im Punkt $\mathbf{x}_0$. Gauss nannte daher $\kappa_g$ auch *Seitenkrümmung* der Flächenkurve $\mathbf{x}^*(t)$.

**4.** Wählt man die Bogenlänge $s$ als Parameter, dann ist

$$\kappa_g = \kappa\mathbf{n}\cdot(\mathbf{N}\times\mathbf{t}) = \mathbf{t}\cdot(\mathbf{N}\times\mathbf{t}) = \ddot{\mathbf{x}}^*(\mathbf{N}\times\dot{\mathbf{x}}^*) = \mathbf{N}\cdot(\dot{\mathbf{x}}^*\times\ddot{\mathbf{x}}^*). \qquad (4.110)$$

**5.** Aus $\mathbf{n}(\mathbf{N}\times\mathbf{t}) = (\mathbf{t}\times\mathbf{n})\mathbf{N} = \mathbf{bN} = \cos\angle(\mathbf{b},\mathbf{N})$ folgt (s. (4.104)

$$\kappa_g = \kappa\cos\angle(\mathbf{b},\mathbf{N}). \qquad (4.111)$$

Die geodätische Krümmung ist das Produkt aus der Krümmung und dem Kosinus des Neigungswinkels $\varphi = \angle(\mathbf{b},\mathbf{N})$ von Schmiegebene und Tangentialebene (Abb. 4.21).

**Bemerkung 4.42** Die metrischen Fundamentalgrößen $g_{ij}$ der ersten Fundamentalform einer Fläche (s. Abschnitt 4.3) sind allein durch *Messungen in der Fläche* bestimmbar. So ergeben sich $g_{11}, g_{22}$ aus den Bogenlängen der Parameterlinien und $g_{12}$ aus dem Winkel zwischen ihnen. Alle Größen der Flächentheorie, die sich durch die $g_{ij}$ ausdrücken lassen, wie z.B. der Winkel und die Oberfläche, werden sich daher ebenfalls durch Messungen in der Fläche bestimmen lassen. Man nennt den Teil der Flächentheorie, der sich nur mit den Messungen *innerhalb* der Fläche befaßt, die *innere Geometrie der Fläche*. Größen, die ausschließlich Funktionen der $g_{ij}$ und ihrer Ableitungen sind, heißen *innergeometrische Größen*. C. F. Gauss[50]) entdeckte zuerst, daß einige zunächst mittels Messung außerhalb der Fläche (z.B. unter Verwendung des Flächennormalenvektors) definierte Größen innergeometrischer Natur sind. Beispiele solcher Größen sind die Gaußsche Krümmung (vgl. Theorema egregium) und die geodätische Krümmung $\kappa_g$ (Satz 4.8).[51])

---

**Satz 4.8** *Die geodätische Krümmung ist eine innergeometrische Größe, und es gilt*

$$\kappa_g = \frac{(\ddot{u}^i + \Gamma_{ij}^i\dot{u}^j\dot{u}^k)\dot{u}^l\sqrt{g}\,\varepsilon_{li}}{(g_{rs}\dot{u}^r\dot{u}^s)^{\frac{3}{2}}} \quad mit \quad \varepsilon_{li} = \begin{pmatrix} 0 & 1 \\ -1 & 0 \end{pmatrix}.[52]) \qquad (4.112)$$

---

B e w e i s : Aus $\dot{\mathbf{x}}^* = \mathbf{x}_{,j}\dot{u}^j$, $\ddot{\mathbf{x}}^* = \mathbf{x}_{,j,k}\dot{u}^j\dot{u}^k + \mathbf{x}_{,j}\ddot{u}^j$ sowie (4.24), (4.34),

---

[50]) Insbesondere die umfangreichen Vermessungsarbeiten, die C. F. Gauss von 1821 bis 1825 im Königreich Hannover durchführte, lieferten ihm zahlreiche Anregungen zur Flächentheorie.

[51]) Die Normalkrümmung $\kappa_n$ ist keine innergeometrische Größe; sie hängt nach (4.59) auch von den $b_{ij}$ ab.

[52]) $\Gamma_{jk}^i$ sind die durch (4.92) definierten Christoffelsymbole.

(4.59), (4.90) folgt
$$|\dot{\mathbf{x}}^*|^2 = g_{rs}\dot{u}^r\dot{u}^s, \quad \sqrt{g}\,\mathbf{N} = (\mathbf{x}_{u^1} \times \mathbf{x}_{u^2}), \quad \ddot{\mathbf{x}}^* = \mathbf{x}_{u^i}(\ddot{u}^i + \Gamma^i_{jk}\dot{u}^j\dot{u}^k) + b_{jk}\dot{u}^j\dot{u}^k\mathbf{N},$$
also nach (4.106) wegen $\mathbf{N} \perp (\mathbf{N} \times \dot{\mathbf{x}}^*)$ und $\mathbf{x}_{u^i}(\mathbf{N} \times \mathbf{x}_{u^l}) = \mathbf{N}(\mathbf{x}_{u^l} \times \mathbf{x}_{u^i})$

$$\kappa_g = \frac{1}{|\dot{x}|^3}[\ddot{u}^i + \Gamma^i_{jk}\dot{u}^j\dot{u}^k]\mathbf{N}(\mathbf{x}_{u^l} \times \mathbf{x}_{u^i})\dot{u}^l = \frac{(\ddot{u}^i + \Gamma^i_{jk}\dot{u}^j\dot{u}^k)\dot{u}^l\sqrt{g}\,\varepsilon_{li}}{(g_{rs}\dot{u}^r\dot{u}^s)^{\frac{3}{2}}}$$

mit $\varepsilon_{li} = \dfrac{1}{\sqrt{g}}\mathbf{N}(\mathbf{x}_{u^l} \times \mathbf{x}_{u^i}) = \begin{cases} 0 & \text{für} & l = i \\ 1 & \text{für} & l = 1,\ i = 2 \end{cases}$ $\qquad\square$

**Beispiel 4.28** Für die geodätische Krümmung der Parameterlinie $u^1 = \text{const}$, $u^2 = t$ einer Fläche $\mathbf{x}(u^1, u^2)$ folgt aus (4.112) und $\dot{u}^1 = 0$, $\dot{u}^2 = 1$, $\ddot{u}^i = 0$

$$(\kappa_g)_{u^1=\text{const}} = \frac{\Gamma^1_{22}\varepsilon_{21}\sqrt{g}}{(g_{22})^{\frac{3}{2}}} = -\Gamma^1_{22}\frac{\sqrt{g}}{(g_{22})^{\frac{3}{2}}}.$$

Analog bekommt man (Aufgabe 4.10)

$$(\kappa_g)_{u^2=\text{const}} = \Gamma^2_{11}\frac{\sqrt{g}}{(g_{11})^{\frac{3}{2}}}.$$

Ist das Netz der Parameterlinien orthogonal, gilt also $g_{12} = 0$, so folgt aus

$$(4.92) \quad \Gamma^1_{22} = \frac{-(g_{22})_{u^1}}{2g_{11}}, \quad \Gamma^2_{11} = \frac{-(g_{11})_{u^2}}{2g_{22}}, \quad \text{also}$$

$$(\kappa_g)_{u^1=\text{const}} = \frac{(\sqrt{g_{22}})_{u^1}}{\sqrt{g_{11}g_{22}}}, \quad (\kappa_g)_{u^2=\text{const}} = \frac{-(\sqrt{g_{11}})_{u^2}}{\sqrt{g_{11}g_{22}}}. \tag{4.113}$$

**Beispiel 4.29** Die geodätische Krümmung eines Längen- bzw. Breitenkreises der Sphäre ist wegen $g_{11} = r^2\sin^2 u^2$, $g_{12} = 0$, $g_{22} = r^2$ (s. (4.37)) und (4.113))

$$(\kappa_g)_{u^1=\text{const}} = 0, \quad (\kappa_g)_{u^2=\text{const}} = -\frac{1}{r}\cot u^2. \tag{4.114}$$

Der $u^2 = \text{const}$ entsprechende Breitenkreis $\mathcal{K}_{u^2}$ hat den Radius $r^* = r\sin u^2$. Dann gilt also

$$(\kappa_g)_{u^2=\text{const}} = -\frac{1}{r}\cot u^2 = -\frac{1}{r}\sqrt{\frac{1-\sin^2 u^2}{\sin^2 u^2}} = -\sqrt{\frac{1}{(r^*)^2} - \frac{1}{r^2}}.$$

Das gleiche Resultat erhält man vermöge $\kappa_n = \frac{1}{r}$ (Beispiel 4.17) und $\kappa = \frac{1}{r^*}$ aus (4.109). Wegen $\mathbf{b} = (0,0,1)$ und (4.35) ist $\cos\angle(\mathbf{b},\mathbf{N}) = -\cos u^2$, und aus (4.111) folgt erneut $(\kappa_g)_{u^2=\text{const}} = -\kappa\cos u^2$. Die Zerlegung des Krümmungsvektors $\kappa\mathbf{n}$ für den Breitenkreis $\mathcal{K}_{u^2}$ bekommt man aus (4.108).

**Beispiel 4.30** Der in Beispiel 4.1 betrachtete Zylinder (s. Abb. 4.1) hat als Parameterlinien die Mantellinien und die Breitenkreise. Beide Kurvenscharen haben eine verschwindende geodätische Krümmung. Ihre orthogonalen Projektionen auf die Tangentialebenen sind nämlich Geraden. Die Behauptung folgt aber auch aus (4.111) wegen $\kappa = 0$ (Geraden) bzw. $\mathbf{b} \perp \mathbf{N}$ (Breitenkreise). Für die auf dem Zylinder liegende Schraubenlinie

$$\mathbf{x}^*(t) = \mathbf{x}(t, t) = (r\cos t, r\sin t, t)$$

gilt (s. Abb. 4.1)

$$\dot{\mathbf{x}}^*(t) = (-r\sin t, r\cos t, 1), \quad |\dot{\mathbf{x}}^*(t)| = \sqrt{1 + r^2}, \quad \ddot{\mathbf{x}}^*(t) = -(r\cos t, r\sin t, 0),$$

so daß man aus (4.107) und $\mathbf{N} = (r\cos t, r\sin t, 0) = -\ddot{\mathbf{x}}^*(t)$ erhält: $\kappa_g = 0$.

**Aufgabe 4.10** Bestimme die geodätische Krümmung entlang der Parameterlinien $u^2 =$ const einer Fläche (s. Beispiel 4.28).

**Aufgabe 4.11** Berechne für das Paraboloid $\mathbf{x}(\varphi, r) = (r\cos\varphi, r\sin\varphi, r^2)$ (vgl. Beispiel 4.24) die geodätische Krümmung $\kappa_g$ entlang der Parameterlinie $r = r_0 = $ const.

---

**Definition 4.21** *Eine Flächenkurve* $\mathbf{x}^*(t) = \mathbf{x}(\mathbf{u}(t))$ *heißt geodätische Linie (oder kurz Geodätische), falls entlang der Kurve* $\kappa_g(t) = 0$ *gilt.*

---

**Beispiel 4.31** Enthält eine Fläche eine Gerade, dann ist diese eine Geodätische, denn aus $\kappa = 0$ und (4.109) folgt $\kappa_n = \kappa_g = 0$.

**Beispiel 4.32** Die geodätische Krümmung entlang eines Längenkreises der Sphäre ist identisch Null (s. (4.114)). Aus Symmetriegründen sind dann alle Großkreise der Sphäre Geodätische.

**Beispiel 4.33** Die Parameterlinien und die in Beispiel 4.30 betrachtete Schraubenlinie des Zylinders sind Geodätische.

Aus (4.112) und (4.107) folgt:

---

**Satz 4.9** *Eine Flächenkurve* $\mathbf{x}^*(t) = \mathbf{x}(\mathbf{u}(t))$ *ist genau dann eine Geodätische, falls eine der beiden Gleichungen gilt:*

$$\ddot{u}^i + \Gamma^i_{jk}\dot{u}^j\dot{u}^k = 0 \tag{4.115}$$

$$\mathbf{N}(\dot{\mathbf{x}}^* \times \ddot{\mathbf{x}}^*) = 0 \tag{4.116}$$

**Bemerkung 4.43** Nach (4.116) sind die Geodätischen dadurch charakterisiert, daß ihre Schmiegebene die Flächennormale enthält. Nach (4.105) ist nämlich $\kappa\mathbf{n}\cdot(\mathbf{N}\times\mathbf{t})=0$. Im Falle $\kappa_g=0$, $\kappa\neq 0$ existiert $\mathbf{n}$, und aus (4.108) folgt $\kappa_n=\pm\kappa$, $\mathbf{n}=\pm\mathbf{N}$. Schmieg- und Tangentialebene stehen also senkrecht aufeinander.

Die Differentialgleichungen (4.115) der Geodätischen lassen erkennen, daß die Eigenschaft einer Flächenkurve, Geodätische zu sein, eine innergeometrische ist (vgl. Bemerkung 4.42). Aus dem Existenz- und Eindeutigkeitssatz für Systeme gewöhnlicher Differentialgleichungen (s. [GBGW], [WeMe]) folgt, daß es durch jeden Flächenpunkt $\mathbf{x}_0$ (lokal) genau eine Geodätische mit vorgegebener Tangentenrichtung gibt.

**Beispiel 4.34** Jede Geodätische $\mathbf{x}^*(t)$ auf der Sphäre durch $\mathbf{x}_0$ mit vorgegebener Tangentenrichtung ist ein Großkreisbogen (vgl. Beispiel 4.32). Ihre Schmiegebenen müssen nämlich wegen $\mathbf{n}=\pm\mathbf{N}$ durch den Kugelmittelpunkt $(0,0,0)$ gehen. Wegen $\mathbf{N}=\dfrac{1}{r}\mathbf{x}^*$, $\mathbf{t}\perp\mathbf{b}$ und der dritten Frenetschen Gleichung gilt dann $\mathbf{b}\cdot\mathbf{x}^*=0$, $\dot{\mathbf{b}}\cdot\mathbf{x}^*=-\tau\mathbf{n}\cdot\mathbf{x}^*=0$ und folglich $\tau=0$, so daß also die Kurve eben ist, woraus die Behauptung folgt.

**Bemerkung 4.44** Nach (4.113) sind orthogonale Parameterlinien einer Fläche genau dann Geodätische, falls $(g_{22})_{u^1}=0$ bzw. $(g_{11})_{u^2}=0$ gilt. Es ist oft hilfreich, ein orthogonales Netz von Parameterlinien einzuführen, bei dem *eine* Schar von Parameterlinien aus Geodätischen besteht. Ein solches Netz heißt *geodätisches Netz*. Im folgenden betrachten wir ein für vielfältige Anwendungen besonders wichtiges Beispiel eines geodätischen Netzes.

**Geodätische Polarkoordinaten.** Aus Bemerkung 4.43 entnehmen wir, daß es durch einen festen Punkt $\mathbf{x}_0$ einer Fläche $\mathbf{x}(\mathbf{u})$ in jede Richtung (lokal) genau eine Geodätische gibt. Verbindet man alle Punkte dieser Geodätischen, die vom Punkt $\mathbf{x}_0$ den gleichen Abstand $r$ haben, durch eine Kurve - man nennt sie *geodätischer Kreis* -, dann bilden die Scharen der Geodätischen und der geodätischen Kreise ein orthogonales Netz von Parameterlinien.[53]) Dieses Netz heißt *geodätisches Polarkoordinatensystem* (Abb. 4.22). Bezüglich geodätischer Polarkoordinaten hat die erste Fundamentalform die einfache Gestalt (s. [Kre], [Klo])

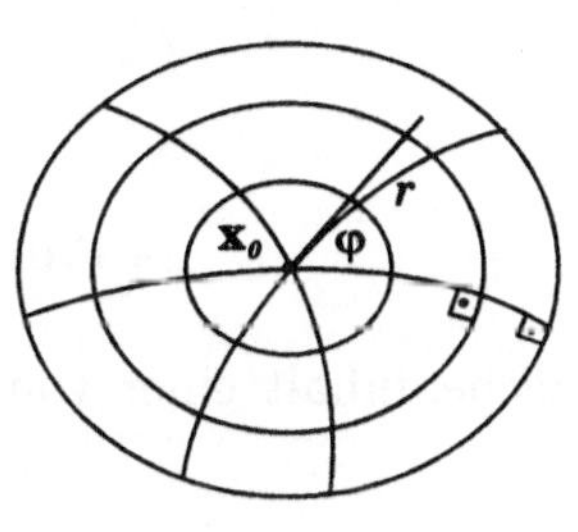

Abb. 4.22

---

[53]) Man beachte, daß das Netz im Ursprung $\mathbf{x}_0$ singulär ist und daß die geodätischen Kreise keine Geodätischen sind.

$$ds^2 = dr^2 + g_{22}(r, \varphi)d\varphi^2, \tag{4.117}$$

und die Gaußsche Krümmung (4.99) ist dann

$$K(r, \varphi) = \frac{-1}{\sqrt{g_{22}(r, \varphi)}} \frac{\partial^2}{\partial r^2} \sqrt{g_{22}(r, \varphi)}.^{54)} \tag{4.118}$$

Beispiele:

(a) In der Ebene bilden alle Geraden durch den Ursprung $O$ und alle Kreise mit dem Mittelpunkt $O$ ein orthogonales geodätisches Netz (Polarkoordinaten der Ebene). Aus $\mathbf{x}(r, \varphi) = (r\cos\varphi, r\sin\varphi)$, $\mathbf{x}_r^2 = 1$, $\mathbf{x}_{r\varphi} = 0$, $\mathbf{x}_\varphi^2 = g_{22} = r^2$ folgt $ds^2 = dr^2 + r^2 d\varphi^2$.

(b) Auf der Einheitssphäre bilden alle Längenkreise durch den Nordpol und alle Breitenkreise ein geodätisches Polarkoordinatensystem mit $g_{22}(r, \varphi) = \sin^2 r$ (s. Beispiel 4.10).

Aus (4.118) folgt $\frac{\partial^2}{\partial r^2}\sqrt{g_{22}} = -K\sqrt{g_{22}}$ und durch Reihenentwicklung nach $r$

$$\sqrt{g_{22}(r, \varphi)} = r - \frac{1}{6}K_0 r^3 + R(r, \varphi)) \tag{4.119}$$

mit   $K_0 = K(0,0) = K(\mathbf{x}_0)$   und   $\lim_{r \to 0} \frac{R(r,\varphi)}{r^3} = 0$ (s. [Kre]). Für kleine $r$ verhält sich also die Funktion $\sqrt{g_{22}}$ wie jene bei Polarkoordinaten der Ebene. Als Folgerung aus (4.119) ergeben sich einige weitere wichtige Interpretationen der Gaussschen Krümmung: Entlang eines geodätischen Kreises $r = $ const gilt $dr = 0$. Sein Umfang $U(r)$ ist also unter Beachtung von (4.119)

$$U(r) = \int\limits_0^{2\pi} \sqrt{g_{22}(r, \varphi)}d\varphi = 2\pi r - \frac{1}{3}\pi K_0 r^3 + \cdots,$$

daher gilt

$$K_0 = \frac{3}{\pi} \lim_{r \to 0} \frac{2\pi r - U(r)}{r^3}. \tag{4.120}$$

Darüber hinaus folgt aus (4.44)und (4.119) für den Flächeninhalt einer von einem geodätischen Kreis eingeschlossenen Fläche

$$O(r) = \int_0^r \int_0^{2\pi} \sqrt{g_{22}(r, \varphi)}dr d\varphi = \pi r^2 - \frac{1}{12}\pi K_0 r^4 + \cdots,$$

---

[54] Aus dieser Differentialgleichung sind z.B. alle Flächen konstanter Gaußscher Krümmung bestimmbar ([Kre], Bemerkung 6.3).

also bei Umstellung nach $K_0$

$$K_0 = \frac{12}{\pi} \lim_{r \to 0} \frac{\pi r^2 - O(r)}{r^4}. \tag{4.121}$$

Die Formeln (4.120), (4.121), welche von J. Bertrand (1822 - 1900) und V. A. Puiseux (1820 - 1883) gefunden wurden, zeigen, daß die Gaußsche Krümmung allein durch Längen- bzw. Inhaltsmessung *in der Fläche* bestimmt werden kann und enthalten zugleich einen anschaulichen Beweis für das Theorema egregium. $K > 0\,[K < 0]$ bedeutet, daß der Kreisumfang $U(r)$ und der Kreisinhalt $O(r)$ kleiner [größer] als die euklidischen $2\pi r$ bzw. $\pi r^2$ sind.

**Bemerkung 4.45** Bei expliziter Flächendarstellung $z = f(x,y)$ lautet die zu (4.115) äquivalente Differentialgleichung der Geodätischen $z(x) = f(x,y(x))$ (s. auch Bemerkung 4.36)

$$(1 + f_x^2 + f_y^2)y'' = f_x f_{yy}(y')^3 + (2f_x f_{xy} - f_y f_{yy})(y')^2 +$$
$$(f_x f_{xx} - 2f_y f_{xy})y' - f_y f_{xx}. \tag{4.122}$$

**Beispiel 4.35** Für das elliptische Paraboloid $z = f(x,y) = x^2 + y^2$ (s. Beispiel 4.24) erhält man aus

$$f_x = 2x, \ f_y = 2y, \ f_{xy} = 0, \ f_{xx} = f_{yy} = 2$$

und (4.122) die Differentialgleichung

$$(1 + 4x^2 + 4y^2)y'' = 4x(y')^3 - 4y(y')^2 + 4xy' - 4y.$$

Ihre Lösung mit den Anfangsbedingungen $y(0) = 0$, $y'(0) = \alpha$ ist $y(x) = \alpha x$. Die vom Nullpunkt ausgehenden Geodätischen $z = f(x,y(x)) = (1 + \alpha^2)x^2$ sind Parabeln und stellen eine der beiden Krümmungslinienscharen dar (s. Abb. 4.16).

**Bemerkung 4.46** In der Ebene ist die Gerade die kürzeste Verbindungslinie zweier Punkte (vgl. Satz 1.1). Eine entsprechende Eigenschaft auf Flächen kennzeichnet die Geodätischen.
Einen Beweis des folgenden Satzes findet man z.B. in [Klo], [Kre], [dCa]:

---

**Satz 4.10** *Eine kürzeste Flächenkurve zwischen zwei Punkten ist notwendig Stück einer Geodätischen.*

**Bemerkung 4.47** Für die Ebene ist die Aussage des Satzes auch hinreichend. Betrachtet man dagegen zwei nicht diametral liegende Punkte $P_1$ und $P_2$ der Sphäre, so gibt es genau einen Großkreis, der durch $P_1$ und $P_2$ in zwei Teilbögen zerlegt wird. Jeder dieser Teilbögen ist Geodätische, aber nur der eine ist ein Verbindungskurvenstück kleinster Länge.

**Beispiel 4.36** Für den Zylinder (vgl. Beispiele 4.1, 4.30)

$$\mathbf{x}(u^1, u^2) = (r \cos u^1, r \sin u^1, u^2)$$

gilt: $g_{11} = r^2$, $g_{12} = 0$, $g_{22} = 1$, $\Gamma^i_{jk} = 0$ (s. (4.92)). Die Differentialgleichungen (4.115) für die Geodätischen durch den Punkt $\mathbf{x}_0 = \mathbf{x}(0,0) = (1,0,0)$ liefern $\ddot{u}^i = 0$ mit $u^i(0) = 0$ $(i = 1,2)$, also $u^i(t) = \alpha^{(i)}t$. Die auf dem Zylinder liegenden Schraubenlinien durch den Punkt $\mathbf{x}_0$

$\mathbf{x}_\alpha{}^*(t) = \mathbf{x}(\alpha^{(1)}t, \alpha^{(2)}t) = (r \cos(\alpha^{(1)}t), r \sin(\alpha^{(1)}t), \alpha^{(2)}t)$, $(\alpha^{(1)}, \alpha^{(2)}) \in \mathbb{R}^2$

sind folglich die einzigen Geodätischen des Zylinders durch $\mathbf{x}_0$. Die kürzeste Verbindungslinie zweier Zylinderpunkte $P_1$ und $P_1$ ist ein Stück einer Schraubenlinie, $P_1$ und $P_2$ sind aber durch unendlich viele Schraubenstücke verbindbar.

**Aufgabe 4.12** Zeige, daß eine Geodätische, die auch Asymptotenlinie ist, ein Geradenstück ist.

**Aufgabe 4.13** Zeige, daß das arithmetische Mittel der Normalkrümmungen in orthogonalen Richtungen gleich der mittleren Krümmung $H$ ist.

**Aufgabe 4.14** Beweise, daß eine Fläche mit $b_{ij} \equiv 0$ $(i, j = 1, 2)$ eine Ebene ist.

**Aufgabe 4.15** Bestimme die Christoffelsymbole 2. Art für die Einheitssphäre (0.34) (setze $r = 1$).

**Aufgabe 4.16** Bestimme die Christoffelsymbole und den Riemannschen Krümmungstensor für eine explizit gegebene Fläche $z = f(x, y)$.

**Aufgabe 4.17** Ein Punkt einer implizit gegebenen Fläche $F(x, y, z) = 0$ (vgl. (4.10)), in dem alle partiellen Ableitungen von $F$ verschwinden, heißt *singulärer Flächenpunkt* (s. Abschnitt 2.2). Bestimme alle singulären Flächenpunkte des Kegels (4.16).

# 5 Spezielle Flächen

## 5.1 Regelflächen

Wir beschreiben im folgenden Flächen, die Geraden enthalten. Eine *Regelfläche*[55], auch *geradlinige Fläche, Linienfläche* oder *Strahlfläche* genannt, ist eine von einer Geraden erzeugte Fläche, die sich entlang einer Kurve im Raum bewegt. Eine solche Bewegung ist festgelegt, wenn wir die Bahnkurve $\hat{\mathbf{x}}(u^1)$ eines Punktes einer Geraden und einen Vektor $\mathbf{r}(u^1)$ vorgeben, der in die jeweilige Richtung der Geraden zeigt, wobei $\hat{\mathbf{x}}' \times \mathbf{r} \neq \mathbf{o}$ sei (Abb. 5.1).

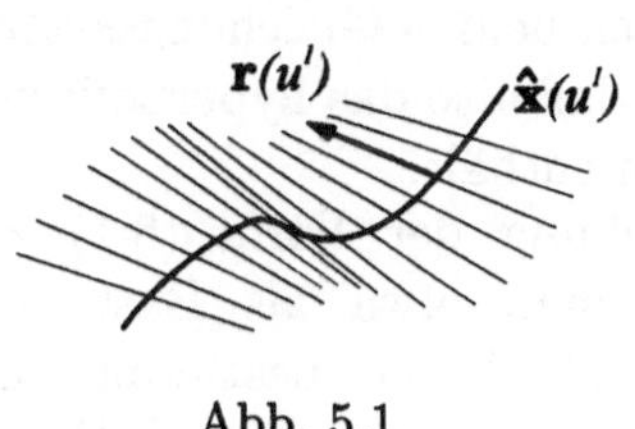


Abb. 5.1

> **Definition 5.1** *Sind* $u^1 \to \hat{\mathbf{x}}(u^1)$, $u^1 \to \mathbf{r}(u^1)$ *zwei Kurven im* $\mathbb{R}^3$ *mit* $\hat{\mathbf{x}}' \times \mathbf{r} \neq \mathbf{o}$, *dann heißt die Fläche*
>
> $$\mathbf{x}(u^1, u^2) := \hat{\mathbf{x}}(u^1) + u^2 \mathbf{r}(u^1) \tag{5.1}$$
>
> *Regelfläche. Die Geraden* $u^2 \to \hat{\mathbf{x}}(u_0^1) + u^2 \mathbf{r}(u_0^1)$ *heißen die Erzeugenden, die Kurven* $u^1 \to \hat{\mathbf{x}}(u^1) + u_0^2 \mathbf{r}(u^1)$ *Leitkurven, die Kurve* $u^1 \to \hat{\mathbf{x}}(u^1)$ *Basiskurve und* $u^1 \to \mathbf{r}(u^1)$ *Richtungskurve der Regelfläche.*

**Bemerkung 5.1** (a) Wegen $\mathbf{x}_{u^1} \times \mathbf{x}_{u^2} = (\hat{\mathbf{x}}' + u^2 \mathbf{r}') \times \mathbf{r}$ und $\hat{\mathbf{x}}' \times \mathbf{r} \neq \mathbf{o}$ ist eine Regelfläche in einer Umgebung der Basiskurve regulär.

(b) Die Erzeugenden sind Asymptotenlinien der Fläche (s. Bemerkung 4.35).

(c) Aus $\mathbf{x}_{u^2 u^2} = \mathbf{o}$ folgt $b_{22} = 0$, $b = -b_{12}^2$ und $K = \dfrac{-b_{12}^2}{g} \leq 0$.

**Beispiel 5.1** *Hyperbolisches Paraboloid* (s. (4.15) und Abb. 4.4(5))

$$\frac{x^2}{a^2} - \frac{y^2}{b^2} - z = 0. \tag{5.2}$$

---

[55] Dieser Name geht auf eine irreführende Übersetzung des französischen Wortes „surface réglée" zurück.

Die Gleichung (5.2) ist äquaivalent zu

$$\left(\frac{x}{a} + \frac{y}{b}\right)\left(\frac{x}{a} - \frac{y}{b}\right) = z$$

bzw. zu den beiden Gleichungssystemen

$$\lambda = \frac{x}{a} + \frac{y}{b}, \quad \lambda\left(\frac{x}{a} - \frac{y}{b}\right) = z \quad \text{und} \quad \lambda' = \frac{x}{a} - \frac{y}{b}, \quad \left(\frac{x}{a} + \frac{y}{b}\right)\lambda' = z. \tag{5.3}$$

Für jede feste Wahl von $\lambda$ und $\lambda'$ ergeben sich aus den beiden Gleichungssystemen (5.3) als Schnitt je zweier Ebenen Geraden, so daß also das hyperbolische Paraboloid sogar *zwei verschiedene* Geradenscharen enthält.

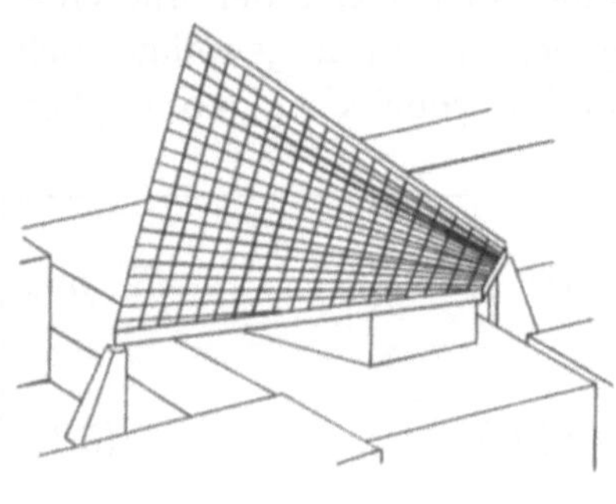

Abb. 5.2

Um eine Darstellung der Form (5.1) zu erhalten, wähle man etwa als Basiskurve $\hat{\mathbf{x}}(u^1) = u^1(a, b, 0)$ und bestimme aus (5.2) einen Vektor $\mathbf{r}(u^1)$, z.B. $\mathbf{r}(u^1) = (a, -b, 4u^1)$.

Hyperbolische Paraboloide treten in der Architektur als *windschiefe Dachflächen* auf. Abb. 5.2 (nach [GiSe]) zeigt das Hyperschalendach über der Aula des Polytechnikums von Schweinfurt (Architekt Prof. F. Angerer).

**Beispiel 5.2** *Einschaliges Hyperboloid* (s. (4.12) und Abb. 4.4(2))

$$\frac{x^2}{a^2} + \frac{y^2}{b^2} - \frac{z^2}{c^2} = 1. \tag{5.4}$$

Die Gleichung (5.4) ist äquivalent zu

$$\left(\frac{y}{b} + \frac{z}{c}\right)\left(\frac{y}{b} - \frac{z}{c}\right) = \left(1 + \frac{x}{a}\right)\left(1 - \frac{x}{a}\right)$$

bzw. zu den beiden Gleichungssystemen

$$\lambda\left(\frac{y}{b} - \frac{z}{c}\right) = \gamma\left(1 - \frac{x}{a}\right), \quad \left(\frac{y}{b} + \frac{z}{c}\right)\gamma = \left(1 + \frac{x}{a}\right)\lambda$$

$$\lambda'\left(\frac{y}{b} - \frac{z}{c}\right) = \gamma'\left(1 + \frac{x}{a}\right), \quad \left(\frac{y}{b} + \frac{z}{c}\right)\gamma' = \left(1 - \frac{x}{a}\right)\lambda',$$

woraus sich wie in Beispiel 5.1 *zwei* auf dem Hyperboloid liegende Geradenscharen ergeben.[56]) Darstellungsmöglichkeiten der Form (5.1) sind in diesem Falle

---

[56]) Es gilt auch die Umkehrung: Jede Regelfläche mit *zwei* Geradenscharen, bei der zwei Geraden genau dann windschief sind, wenn sie der gleichen Schar angehören, ist entweder ein hyperbolisches Paraboloid oder ein einschaliges Hyperboloid (vgl [Klo]).

$$\mathbf{x}(u^1, u^2) = (a\cos u^1, b\sin u^1, 0) \pm u^2(-a\sin u^1, b\cos u^1, c).$$

Die Basiskurve ist also eine Ellipse.

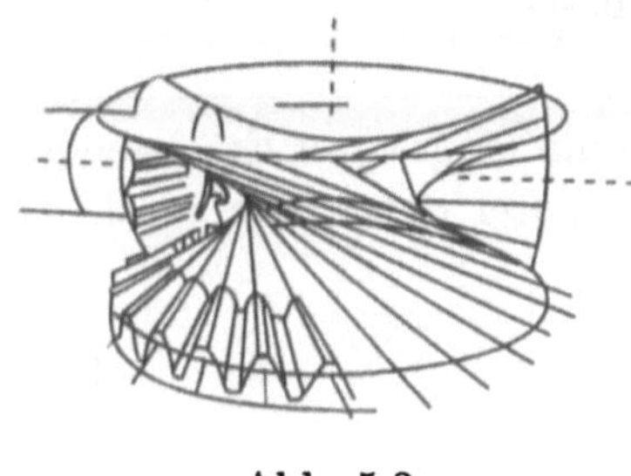

Abb. 5.3

Für $a = b$ erhält man ein *einschaliges Drehhyperboloid*, das für den Bau von Kühltürmen von Bedeutung ist. Im Maschinenbau werden sie für die Herstellung von Hyperboloidrad-Getrieben, mit denen Drehbewegungen zwischen windschiefen Achsen übertragen werden, benötigt (s. Abb. 5.3 (nach [GiSe])) (s. [GiSe], S. 144).

**Beispiel 5.3** *Möbiusband*[57]) Diese Fläche entsteht durch Kreisen eines Geradenstückes um eine Achse bei gleichzeitiger Drehung dieses Geradenstückes um seinen Mittelpunkt (Abb. 5.4), ein Modell, das zur Parametrisierung

$$\mathbf{x}(u^1, u^2) = a[(\cos u^1, \sin u^1, 0) + u^2(\cos \frac{u^1}{2}\cos u^1, \cos \frac{u^1}{2}\sin u^1, \sin \frac{u^1}{2})] \quad (5.5)$$

führt. Man erkennt, daß $u^1 \to \mathbf{x}(u^1, 0)$ der zentrale Kreis des Möbiusbandes $\mathcal{F}$ und die Parameterlinien $u^2 \to \mathbf{x}(u^1_0, u^2)$ die den zentralen Kreis schneidenden Geraden sind. Läuft $u^1_0$ von 0 bis $2\pi$, so variiert der Winkel zwischen der $z$−Achse und der Geraden $u^2 \to \mathbf{x}(u^1_0, u^2)$ zwischen 0 und $\pi$. Ein Möbiusband erhält man etwa durch Verkleben der Enden eines ebenen Papierstreifens nach vorheri-

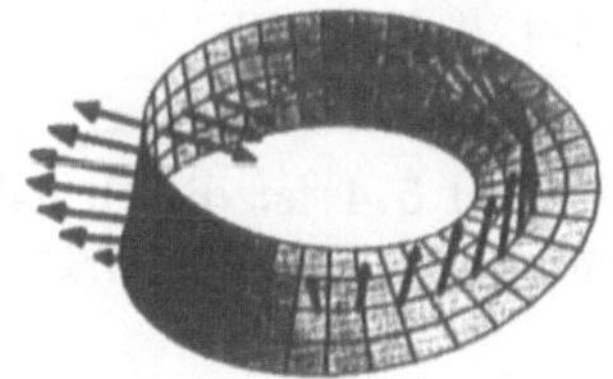

Abb. 5.4

ger Drehung eines der Enden um $180^0$. $\mathcal{F}$ ist ein besonders einfaches Beispiel einer *nichtorientierbaren* Fläche, d.h. einer Fläche, die kein stetiges Feld von Flächennormalenvektoren besitzt. Zwar existiert ein solches Feld stets lokal (s. Definitionen 4.7, 4.8), versucht man es aber durch eine Verschiebung entlang dem zentralen Kreis auf das gesamte Möbiusband auszudehnen, so kommt der Flächennormalenvektor nach einer Umkreisung auf der anderen Seite des Startpunktes an (Abb. 5.4). Man kann folglich keine Seite des Möbiusbandes auszeichnen. Aus obiger Parametrisierung wird ersichtlich, daß $\mathcal{F}$ eine Regelfläche mit der Basiskurve $u^1 \to a(\cos u^1, \sin u^1, 0)$ und der Richtungskurve

$$u^1 \to a(\cos \frac{u^1}{2}\cos u^1, \cos \frac{u^1}{2}\sin u^1, \sin \frac{u^1}{2})$$

ist. Letztere liegt auf der Sphäre vom Radius $a$.

---

[57]) A. F. Möbius (1790 - 1868) war in Leipzig als Direktor der Sternwarte und Universitätsprofessor tätig.

---

**Definition 5.2** *Eine Regelfläche, die in allen Punkten einer Erzeugenden jeweils dieselbe Tangentialebene besitzt, heißt Torse.*

---

Eine Regelfläche ist also genau dann eine Torse, wenn längs einer Erzeugenden $(u_0^1 = \text{const})$ $\mathbf{N}(u_0^1, u^2)$ konstant, also $\mathbf{N}_{u^2} = 0$ ist. Unter Beachtung von (5.1), (4.52) und (4.53) bestätigt man leicht

$$\mathbf{N}_{u^2} = 0 \leftrightarrow \mathbf{N}_{u^2}\mathbf{x}_{u^1} = 0 \leftrightarrow \mathbf{N}\mathbf{x}_{u^1 u^2} = 0 \leftrightarrow b_{12} = 0 \leftrightarrow K = 0. \tag{5.6}$$

Also gilt:

---

**Satz 5.1** *Für eine Regelfläche* $\mathbf{x}(u^1, u^2)$ *sind folgende Aussagen äquivalent:*

   (a) $\mathbf{x}(u^1, u^2)$ *ist eine Torse.*

   (b) $\mathbf{N}\mathbf{x}_{u^1 u^2} = 0$, *d.h.* $\mathbf{r}, \mathbf{r}', \hat{\mathbf{x}}'$ *sind linear abhängig.*

   (c) $K \equiv 0$.

---

**Beispiel 5.4** Ist die Basiskurve $u^1 \to \hat{\mathbf{x}}(u^1)$ eine ebene Kurve und $\mathbf{r}_0 \neq \mathbf{o}$ ein nicht in der Ebene von $\hat{\mathbf{x}}(u^1)$ liegender Vektor, dann heißt

$$\mathbf{x}(u^1, u^2) := \hat{\mathbf{x}}(u^1) + u^2 \mathbf{r}_0 \tag{5.7}$$

ein *Zylinder über* $\hat{\mathbf{x}}$ (Abb. 5.5).

Für $\hat{\mathbf{x}}(u^1) = (r \cos u^1, r \sin u^1, 0)$ und $\mathbf{r}_0 = (0, 0, 1)$ erhält man den Drehzylinder

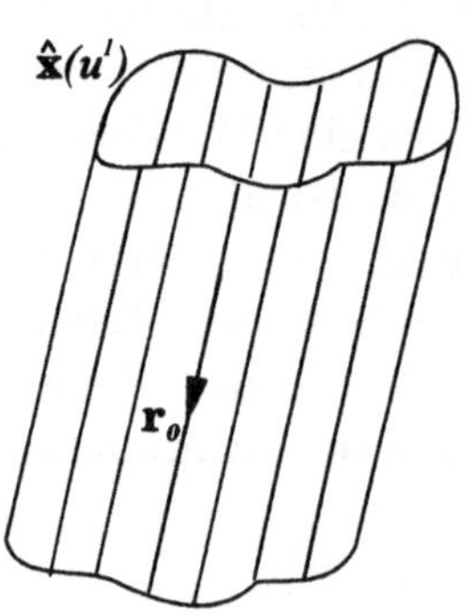


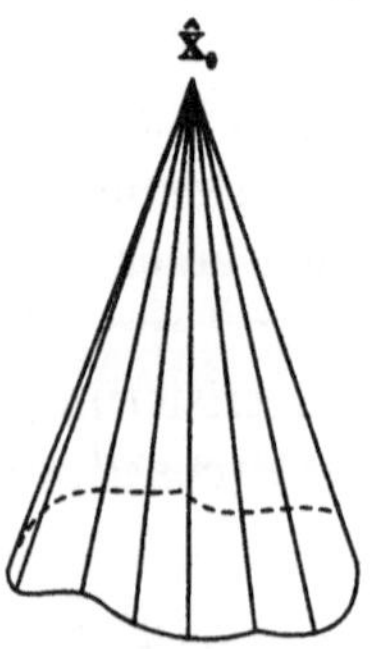

Abb. 5.5          Abb. 5.6          Abb. 5.7

mit den Mantellinien als Erzeugenden und den Breitenkreisen als Leitkurven (Beispiel 4.1, Abb. 4.1). Da $\mathbf{r}_0, \mathbf{r}_0', \hat{\mathbf{x}}'$ linear abhängig sind, ist (5.7) eine Torse (Satz 5.1(b)).

**Beispiel 5.5** Die Fläche

$$\mathbf{x}(u^1, u^2) := \hat{\mathbf{x}}_0 + u^2 \mathbf{r}(u^1), \tag{5.8}$$

wobei $\hat{\mathbf{x}}(u^1) = \hat{\mathbf{x}}_0 = \text{const}$ sei, heißt *Kegel* (*mit der Spitze* $\hat{\mathbf{x}}_0$) (Abb. 5.6). Für die Regularität hat man $u^2 \neq 0$ (Ausschluß der Kegelspitze $\hat{\mathbf{x}}$) und natürlich $\mathbf{r}'(u^1) \neq \mathbf{o}$ zu fordern. Für $\hat{\mathbf{x}} = \mathbf{o}$ und $\mathbf{r}(u^1) = (\cos u^1, \sin u^1, c)$ mit $c \neq 0$ erhält man den Drehkegel $z^2 = c^2(x^2 + y^2)$ (vgl. Beispiel 4.1 mit $a = b = 1$ und Abb. 4.1). Wegen $\hat{\mathbf{x}}'(u^1) = \mathbf{o}$ ist (5.8) eine Torse (Satz 5.1(b)).

**Bemerkung 5.2** In der Spitze $\hat{\mathbf{x}}_0$ besitzt der Kegel keine Tangentialebene. Man nennt solche Punkte einer Fläche, wo die Tangenten der hindurchgehenden Flächenkurven nicht in einer Ebene liegen, sondern einen Kegel bilden, einen *konischen Knotenpunkt* der Fläche. Zum Beispiel werden die Aufleger einer auf Einzelstützen gelagerten Betonschale über eckigem Grundriß vorteilhaft so ausgebildet, daß die einmündenden Drucklinien einen Kegel bilden.

**Bemerkung 5.3** Ein Zylinder (5.7) heißt elliptisch, parabolisch bzw. hyperbolisch, wenn seine Basiskurve $\hat{\mathbf{x}}(u^1)$ eine Ellipse, eine Parabel bzw. eine Hyperbel ist. Elliptische Zylinder kommen als Schalen im Stahlbetonbau vor, parabolische Zylinder als Rahmenbinder im Stahlbeton-Hallenbau. Kegel treten z.B. als Übergangsflächen auf (s. z.B. [Hoh]).

**Beispiel 5.6** Ist $u^1 \to \hat{\mathbf{x}}(u^1)$ eine Kurve mit der Krümmung $\kappa \neq 0$, dann heißt die Fläche

$$\mathbf{x}(u^1, u^2) := \hat{\mathbf{x}}(u^1) + u^2 \hat{\mathbf{x}}'(u^1) \quad (u^2 \neq 0) \tag{5.9}$$

*Tangentenfläche der Kurve* $\hat{\mathbf{x}}$. Offenbar gilt wegen $u^2 \neq 0$ (s. (1.65))

$$\kappa = \frac{|\hat{\mathbf{x}}' \times \hat{\mathbf{x}}''|}{|\hat{\mathbf{x}}'|^3} \neq 0 \leftrightarrow \mathbf{x}_{u^1} \times \mathbf{x}_{u^2} \neq 0.$$

Die Tangentenfläche von $\hat{\mathbf{x}}$ besteht aus zwei zusammenhängenden gleichen Stücken (*Mänteln*) mit der Kurve $\hat{\mathbf{x}}(u^1)$ als gemeinsamem Rand (*Gratlinie*) (Abb. 5.7). Falls die Kurve $\hat{\mathbf{x}}(u^1)$ eben ist, so ist (5.9) eine Ebenenstück. Wegen $\hat{\mathbf{x}}' = \mathbf{r}$ ist (5.9) eine Torse (Satz 5.1(b)).

Torsen haben nach Satz 5.1 eine verschwindende Gaußsche Krümmung. Es zeigt sich, daß Torsen im wesentlichen durch $K \equiv 0$ bzw. durch die in den Beispielen 5.4 - 5.6 angegebenen Flächen charakterisiert sind. Es gilt nämlich (s. z.B. [Kli], [Kre], [Lau]):

> **Satz 5.2**   (a) *Eine Fläche ohne Flachpunkte ist genau dann eine Torse, wenn $K \equiv 0$ gilt.*
>
> (b) *Eine Torse ohne Flachpunkte ist (lokal) ein Stück eines Zylinders, eines Kegels oder einer Tangentenfläche.*

**Beispiel 5.7** Die Tangentenfläche der Schraubenlinie
$\hat{\mathbf{x}}(u^1) = \frac{1}{\sqrt{2}}(\cos u^1, \sin u^1, u^1)$ ist

$$\mathbf{x}(u^1, u^2) = \frac{1}{\sqrt{2}}(\cos u^1 - u^2 \sin u^1, \sin u^1 + u^2 \cos u^1, u^1 + u^2). \qquad (5.10)$$

Abb. 5.8

Sie besteht aus zwei Blättern, die sich längs der Kurve $\hat{\mathbf{x}}(u^1)$ in der Gratlinie ($u^2 = 0$) schneiden (Abb. 5.8 (nach [Gra])). Eine einfache Rechnung zeigt (Aufgabe 5.1)

$$g_{11} = 1 + (u^2)^2 \kappa^2, \quad g_{12} = g_{22} = 1, \qquad (5.11)$$

wobei $\kappa = \frac{1}{\sqrt{2}}$ die Krümmung von $\hat{\mathbf{x}}(u^1)$ ist. Da die Schraubenlinie $\hat{\mathbf{x}}(u^1)$ und ein Kreis mit dem gleichen Radius $r = \frac{1}{\sqrt{2}}$ dieselbe konstante Krümmung $\kappa$ besitzen, folgt aus (5.11), daß sich ein Modell von (5.10) aus einem Blatt Papier konstruieren läßt, indem man aus diesem einen Kreis mit dem Radius $\frac{1}{\sqrt{2}}$ herausschneidet und den verbleibenden Teil um den Zylinder windet.

Die Regelfläche (5.10) ist wie jede Tangentenfläche an eine Böschungslinie eine *Böschungsfläche*. Diese finden z.B. im Straßenbau als Damm- und Einschnittflächen im Tiefbau Verwendung ([GiSe]).

**Aufgabe 5.1** Zeige, daß für die Metrik der Tangentenfläche (5.9) $g_{11} = 1 + (u^2)^2 \kappa^2$, $g_{12} = g_{22} = 1$ gilt, falls $\hat{\mathbf{x}}(u^1)$ eine Kurve mit $|\hat{\mathbf{x}}'| = 1$ und der Krümmung $\kappa$ ist.

**Aufgabe 5.2** Zeige, daß eine Fläche $z = f(x,y)$ genau dann eine Torse ist, wenn gilt: $f_{xx} f_{yy} - f_{xy}^2 = 0$.

**Aufgabe 5.3** Zeige, daß die von den Haupt- und Binormalen einer Kurve erzeugten Regelflächen (die sog. *Haupt*- und *Binormalenflächen*) genau dann Torsen sind, wenn die Kurve eben ist.

**Bemerkung 5.4** Regelflächen, die keine Torsen sind, wie z.B. das einschalige Hyperboloid oder das hyperbolische Paraboloid, werden *windschief* oder *nicht-zylindrisch* genannt. Für sie ändern die Erzeugenden ständig ihre Richtung, d.h., in (5.1) gilt für alle $u^1 : (\mathbf{r} \times \mathbf{r}')(u^1) \neq 0$. Jede windschiefe Regelfläche kann man auch wie folgt darstellen (s. [Gra]) $\mathbf{x}(u^1, u^2) = \mathbf{k}(u^1) + u^2\mathbf{r}(u^1)$, wobei $\mathbf{k}' \cdot \mathbf{r}' = 0$ gilt. Die Kurve $u^1 \to \mathbf{k}(u^1)$ heißt *Kehllinie*. Sie ist von der Wahl der Basiskurve unabhängig. Die Kehllinie ist der geometrische Ort jener Punkte der Erzeugenden, welche von den (infinitesimal) benachbarten Erzeugenden kürzesten Abstand haben ([Stru]). Die Funktion

$$p(u^1) := \frac{\mathbf{k}' \cdot (\mathbf{r} \times \mathbf{r}')}{\mathbf{r}' \cdot \mathbf{r}'}(u^1)$$

heißt *Drall* der Fläche in der Erzeugenden $u^2 \to \mathbf{k}(u^1) + u^2\mathbf{r}(u^1)$. Nach Satz 5.1(b) verschwindet der Drall für Torsen. Je größer $p$ ist, um so stärker ist die Windung des *windschiefen Streifens,* den die beiden Nachbarerzeugenden aufspannen, und um so schneller dreht sich dabei die Tangentialebene um die Erzeugende bei Fortschreiten längs dieser Erzeugenden. Die Wendelfläche $\mathbf{x}(u^1, u^2) = (0, 0, bu^1) + au^2(\cos u^1, \sin u^1, 0)$ (Aufgaben 4.8 und 4.16) hat die Kehllinie $\mathbf{k}(u^1) = (0, 0, bu^1)$ und den Drall $p(u^1) \equiv b$ (s. Literatur in [GiHo]).

**Umrisse.** Bei Parallel- und Zentralprojektion einer Fläche (vgl. z.B.[Bär], [GiSe], [Bra]) bildet man im allgemeinen nicht alle Flächenpunkte ab, sondern man stellt ihre Begrenzungskurven und ihren *Umriß* dar. Ein Flächenpunkt $\mathbf{x}_0$ heißt *Umrißpunkt* oder *Konturpunkt,* wenn die Tangentialebene $\mathcal{T}_{\mathbf{x}_0}$ in $\mathbf{x}_0$ projizierend ist (Abb. 5.9 (nach [GiSe])). Der Sehstrahl durch $\mathbf{x}_0$ ist also Flächentangente in $\mathbf{x}_0$, und die Projektion von $\mathcal{T}_{\mathbf{x}_0}$ ist eine Gerade $\mathcal{T}'_{\mathbf{x}_0}$ durch $\mathbf{x}'_0$ (Abb. 5.9 (nach [GiSe])).

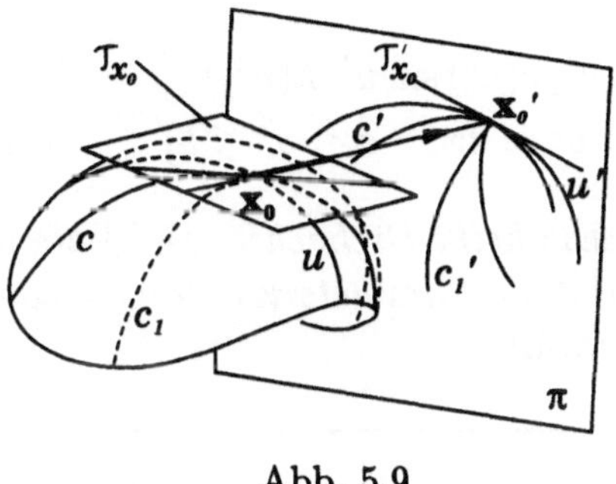


Abb. 5.9

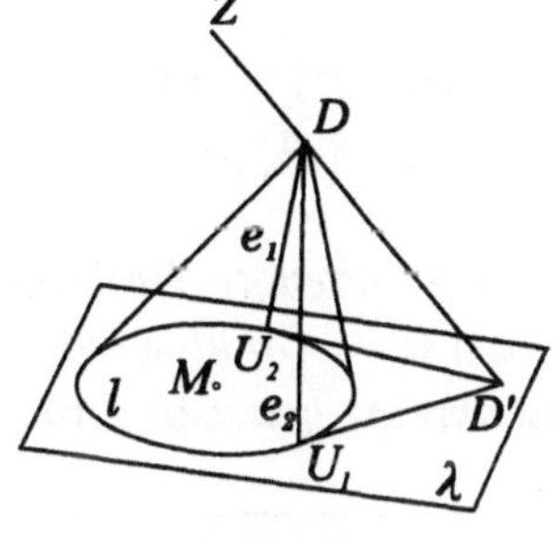


Abb. 5.10

Die Menge der Umrißpunkte einer Fläche $\mathbf{x}(u^1, u^2)$ bildet im allgemeinen eine Flächenkurve, den *wahren Umriß* $u$ der Fläche. Die Projektion $u'$ von $u$ heißt *scheinbarer Umriß* der Fläche. Deutet man etwa die Sehstrahlen als Lichtstrahlen, so trennen Teile des Umrisses und der Begrenzungskurven der Fläche den beleuchteten vom unbeleuchteten, im *Eigenschatten* liegenden Flächenteil. Umrisse von Torsen sind Geraden, denn nach Definition 5.2 berührt jede Tangentialebene die Fläche längs einer ganzen Erzeugenden. So ist beispielsweise der wahre Umriß eines Kreiskegels mit der Spitze $D$ und dem Leitkreis $l$ in der Ebene $\lambda$ bei Zentralprojektion aus dem Augpunkt $Z$ das Erzeugendenpaar $e_1, e_2$ des Kegels durch die Punkte $U_1, U_2 \in l$, in welchen die Tangenten vom Riß $D'$ der Spitze $D$ in $\lambda$ den Kreis $l$ berühren (Abb. 5.10 (nach [GiSe])). Analoges gilt bei Parallelprojektion und für den Zylinder.

**Aufgabe 5.4** Zeige: Die Hauptnormalenfläche einer Schraubenlinie (1.38) ist eine Wendelfläche (s. Aufgabe 4.8, Abb. 4.18).

## 5.2 Drehflächen

Drehflächen bilden eine der einfachsten und zugleich wichtigsten Klassen von Flächen. Zu ihnen gehören die Sphäre (Beispiele 4.3, 4.4), der Zylinder (Beispiel 4.1) und der Torus (Beispiel 4.7). Sie entstehen durch Drehung einer ebenen Kurve um eine Gerade, die *Drehachse*. Wir wählen der Einfachheit halber die $z$-Achse des $(x, y, z)$-Koordinatensystems des $\mathbb{R}^3$ als Drehachse und eine in der $x, y$-Ebene gelegene ebene Kurve.

**Definition 5.3** *Es seien*

$$x = r(u^2),\ z = h(u^2), \quad a \leq u^2 \leq b, \quad r(u^2) \geq 0 \qquad (5.12)$$

*die Parametrisierung einer in der $x, z$-Ebene gelegenen Kurve $\mathcal{P}$ und $u^1$ der Drehwinkel um die $z$-Achse. Dann heißen $\mathcal{P}$ Profilkurve und die Fläche*

$$(u^1, u^2) \to \mathbf{x}(u^1, u^2) = (r(u^2) \cos u^1, r(u^2) \sin u^1, h(u^2)) \qquad (5.13)$$
$$mit \quad (u^1, u^2) \in U = \{(u^1, u^2) | 0 \leq u^1 < 2\pi, \quad a \leq u^2 \leq b\} \qquad (5.14)$$

*die von $\mathcal{P}$ erzeugte Drehfläche. Die $z$-Achse heißt Drehachse. Die Parameterlinien $u^1 = const$ werden Meridiane und die Parameterlinien $u^2 = const$ Breitenkreise genannt (Abb. 5.11 (nach [dCa])).*

**Beispiel 5.8** (a) Für $0 \leq u^2 < \pi$ und

$$\mathcal{P} : x = r(u^2) = r \sin u^2,\ z = h(u^2) = r \cos u^2 \qquad (5.15)$$

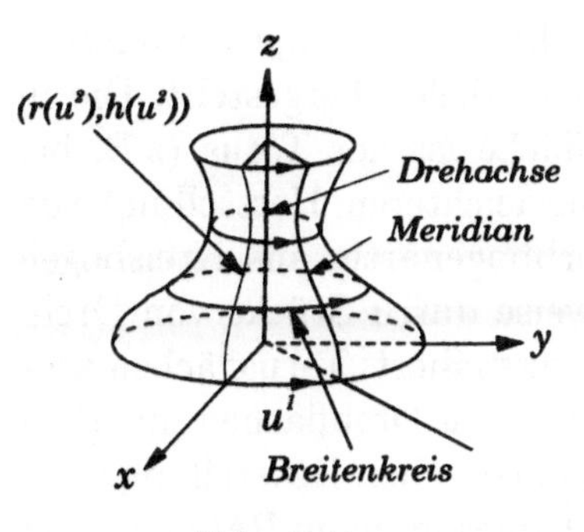


Abb. 5.11

erhält man die Parametrisierung (0.34) der *Sphäre*. Die Meridiane sind die Längenkreise.

(b) Für $0 \leq u^2 \leq 1$ und

$$\mathcal{P} : x = r(u^2) = r = \text{const}, \, z = h(u^2) = u^2 \tag{5.16}$$

ergibt sich ein *Zylinder* (Beispiel 4.1) mit den Mantellinien als Meridiane.

(c) Für $0 \leq u^2 \leq 2\pi$ und

$$\mathcal{P} : r(u^2) = a + r\cos u^2, h(u^2) = a + r\sin u^2 \tag{5.17}$$

bekommt man nach Vertauschung von $u^1$ und $u^2$ gerade den in Beispiel 4.7 untersuchten *Torus*.

(d) Das in Beispiel 4.24 betrachtete *Drehparaboloid* folgt für $r(u^2) = r = \text{const}$ und $h(u^2) = r^2$.

**Aufgabe 5.5** Zeige, daß alle nicht auf der Drehachse liegenden Flächenpunkte regulär sind.

Aus (4.24), (4.32), (4.55), (4.78), (4.73) folgt (s. auch Aufgabe 5.5)

---

**Satz 5.3** *Für eine Drehfläche* (5.13)*gilt*

$$g_{11} = r^2, \quad g_{12} = 0, \quad g_{22} = r'^2 + h'^2, \quad \mathbf{N} = \frac{(h'\cos u^1, h'\sin u^1, r')}{\sqrt{r'^2 + h'^2}} \tag{5.18}$$

$$b_{11} = \frac{-h'r}{\sqrt{r'^2 + h'^2}}, \quad b_{12} = 0, \quad b_{22} = \frac{r''h' - r'h''}{\sqrt{r'^2 + h'^2}} \tag{5.19}$$

$$\kappa_1 = \frac{b_{11}}{g_{11}} = \frac{-h'}{r\sqrt{r'^2 + h'^2}}, \quad \kappa_2 = \frac{b_{22}}{g_{22}} = \frac{r''h' - r'h''}{(r'^2 + h'^2)^{\frac{3}{2}}} \tag{5.20}$$

$$K = \frac{-r''h'^2 + r'h'h''}{r(r'^2 + h'^2)^2}, \quad H = \frac{r(r''h' - r'h'') - h'(r'^2 + h'^2)}{2r(r'^2 + h'^2)^{\frac{3}{2}}}. \tag{5.21}$$

---

Nach Satz 4.5 ist also das Netz von Parameterlinien ein (orthogonales) Netz von Krümmungslinien. Aus Satz 5.3 ist ersichtlich, daß die Koeffizienten beider Fundamentalformen sowie die Krümmungen $\kappa_1$, $\kappa_2$, $K$ und $H$ längs der Meridiane konstant sind.

**Aufgabe 5.6** Beweise Satz 5.3.

**Bemerkung 5.5** Drehflächen finden in der Technik vielfältige Anwendungen. Sie werden meist durch Drehen, Fräsen oder Gießen hergestellt. Die in der Technik am häufigsten vorkommende Drehfläche ist der Torus (z.B. bei Rohrabzweigungen, Viertelkrümmer u.a.m.). Zur leichteren Herstellung von Drehflächen werden ihre Meridiane mitunter korbbogenartig aus Kreisbögen zusammengesetzt, die Drehflächen daher zonenweise durch Stücke von Drehzylindern, Drehkegeln, Kugeln und Torusflächen angenähert. Torusflächen werden auch meridional zusammengefügt. Zu Schnitten von Drehflächen mit Ebenen und Zylinder, ihrer Durchdringung und perspektivischen Darstellung siehe etwa [Hoh], [GiSe], [Bra]. Zahlreiche interessante Programme im Rahmen einer rechnergestützten konstruktiven Geometrie findet der Leser in [GiSe].

**Beispiel 5.9** Wählt man als Profilkurve eine Ellipse

$$\mathcal{P}:\ x = r(u^2) = a\sin u^2,\ z = h(u^2) = b\cos u^2,\ 0 \le u^2 < \pi,$$

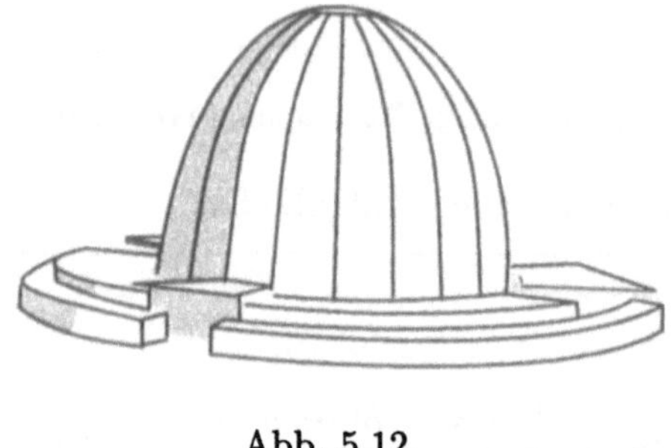

Abb. 5.12

so entsteht als Drehfläche ein Drehellipsoid (s. auch (4.11), Abb. 4.4). Die Erde ist ein abgeplattetes Drehellipsoid. Abb. 5.12 (nach [GiSe]) zeigt das „Atomei" in Garching, dessen Oberfläche Teil eines Drehellipsoids ist und dessen Wandstärke relativ dünner ist als bei einem Hühnerei (s. [GiSe]).

## 5.3 Drehflächen konstanter Gaußscher Krümmung

Die Sphäre, die Ebene, der Zylinder und der Kegel sind die bekanntesten Beispiele für Flächen konstanter Gaußscher Krümmung. Unter den *Drehflächen konstanter nicht verschwindender Gaußscher Krümmung* sind die Sphäre und die Pseudosphäre die bedeutendsten.[58] Zur Bestimmung aller Drehflächen mit $K = $ const hat man die erste der beiden Differentialgleichungen von (5.21) zu untersuchen, wobei man zweckmäßigerweise als Parameternetz ein geodätisches benutzt. Durch Integration dieser Gleichung erhält man bei positiver Gaußscher Krümmung $K = \frac{1}{a^2} = $ const die *sphärischen Drehflächen* (s. etwa [Kre], [Gra], [Stru])

---

[58] Die Flächen mit $K \equiv 0$ sind i.w. die Torsen (Satz 5.2).

$$\mathbf{x}(u^1, u^2) = \left( b\cos\frac{u^2}{a}\cos u^1, b\cos\frac{u^2}{a}\sin u^1, \int \sqrt{1 - \frac{b^2}{a^2}\sin^2\frac{u^2}{a}}\, du^2 \right) (K > 0)^{59} \quad (5.22)$$

mit $b > 0$. Je nachdem, ob $b = a, b > a$ oder $b < a$ ist, bekommen wir drei verschiedene Typen sphärischer Drehflächen:

($\alpha$) $a = b$ : $\mathbf{x}(u^1, u^2) = (a\cos\frac{u^2}{a}\cos u^1, a\cos\frac{u^2}{a}\sin u^1, a\sin\frac{u^2}{a})$
(*Sphäre mit dem Radius a*)

($\beta$) $b > a$ : In diesem Fall heißt (5.22) eine *hyperbolische sphärische Drehfläche*. Die Fläche besteht aus übereinander gelagerten faßförmigen Zonen.[60] (Abb. 5.13$\beta$).

($\gamma$) $b < a$ : (5.22) wird dann *elliptische sphärische Drehfläche* genannt. Die Drehfläche besteht aus spindelförmigen Zonen (Abb. 5.13$\gamma$).

Eine Drehfläche negativer konstanter Gaußscher Krümmung $K = -\frac{1}{a^2} < 0$

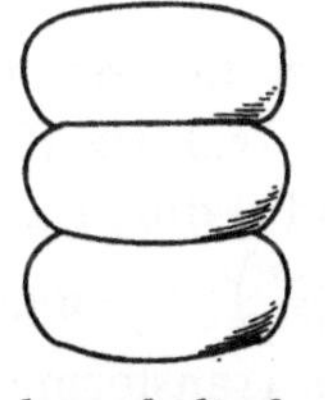

Abb. 5.13 Sphärische Drehflächen

heißt *pseudosphärische Drehfläche*. Man erhält in diesem Falle die folgenden Typen (Abb. 5.14 (nach [Fis]))[61]

($\alpha$) *Hyperbolischer Typ:*

$$\mathbf{x}(u^1, u^2) = \left( b\cosh\frac{u^2}{a}\cos u^1, b\cosh\frac{u^2}{a}\sin u^1, \int \sqrt{1 - \frac{b^2}{a^2}\sin^2\frac{u^2}{a}}\, du^2 \right) (b > 0)$$

($\beta$) *Pseudosphäre*[62]

$$\mathbf{x}(u^1, u^2) = a\left( \sin u^2\cos u^1, \sin u^2\sin u^1, \cos u^2 + \log(\tan\frac{u^2}{2}) \right)$$
$$(5.23)$$

($\gamma$) *Kegeltyp*

$$\mathbf{x}(u^1, u^2) = \left( b\sinh\frac{u^2}{a}\cos u^1, b\sinh\frac{u^2}{a}\sin u^1, \int \sqrt{1 - \frac{b^2}{a^2}\cosh^2\frac{u^2}{a}}\, du^2 \right) (0 < b \leq a).$$

---

[59] Die dritte Koordinatenfunktion ist für $b \neq a$ ein elliptisches Integral ([BrSe]).

[60] Zuerst von F. A. MINDING (1839) angegeben.

[61] Es gibt zahlreiche exotische Flächen konstanter Gaußscher Krümmung, die keine Drehflächen sind. Eine dieser Flächen ist die Kuensche Fläche (s. [Gra]).

[62] Der Name *Pseudosphäre* stammt von E. BELTRAMI (1835 - 1900).

 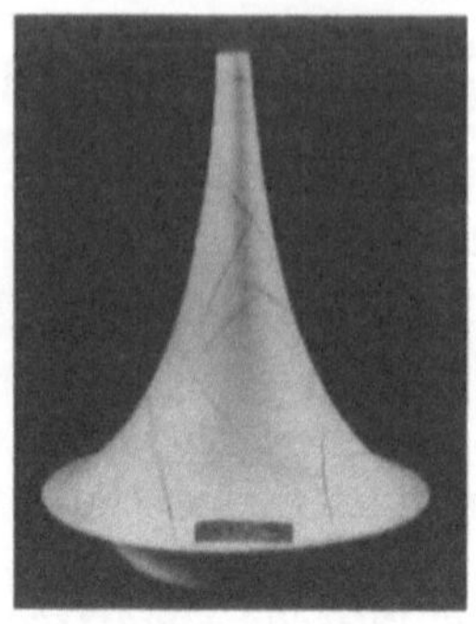 

$(\alpha)$ hyperbolischer Typ       $(\beta)$ Pseudosphäre       $(\gamma)$ Kegeltyp

Abb. 5.14 Pseudosphärische Drehflächen

**Bemerkung 5.6** Von besonderer Bedeutung ist die Pseudosphäre (5.23) (Abb. 5.14($\beta$)). Man erhält sie durch Rotation einer Traktrix (2.38) (s. Abb. 2.23). Ersetzt man nämlich in (2.38) $x$ durch $-z$ und $y$ durch $x = a\sin u^2$, dann ist $\sqrt{a^2 - x^2} = a\cos u^2$ und $\operatorname{arcosh}\frac{a}{x} = \log\left(\frac{1+\cos u^2}{\sin u^2}\right) = -\log(\tan\frac{u^2}{2})$ (s. [BrSe]). Die durch $x \to -z$, $y \to x$ in die $x,y-$Ebene transformierte Traktrix (2.38) hat also eine Parametrisierung der Form

$$(x, z) = (r(u^2), h(u^2)) = a(\sin u^2, \cos u^2 + \log(\tan\frac{u^2}{2})),$$

welche gemäß (5.23), (5.12), (5.13) gerade die Profilkurve der Pseudosphäre ist.

Nach (5.18) gilt für $a = 1$ : $g_{11} = r^2$, $g_{12} = 0$, $g_{22} = \frac{\cos^2 u^2}{r^2}$, also für die *Metrik der Einheitspseudosphäre (a = 1) in Polarkoordinaten $(r, \varphi = u^1)$* :

$$ds^2 = \frac{dr^2}{r^2} + r^2 d\varphi^2. \tag{5.24}$$

Die Metrik der Einheitssphäre in Polarkoordinaten $(r, \varphi)$ ist (s. (4.19):

$$ds^2 = \frac{dr^2}{1 - r^2} + r^2 d\varphi^2. \tag{5.25}$$

Für einen Meridian (Traktrix) der Pseudosphäre mit $a = 1$, d.h. $\varphi = $ const, erhält man aus (5.24) die Länge zwischen dem Punkt $r$ und dem „Äquatorpunkt" $r = 1$ :

$$\rho(r) = \int\limits_r^1 \frac{dr}{r} = -\ln r.$$

Die Parametertransformation $y(r) = e^{\rho(r)}$, $x(\varphi) = \varphi$ (s. (4.18), (4.48)) führt auf folgende *Metrik der Pseudosphäre* $(a = 1)$ :

$$ds^2 = \frac{1}{y^2}(dx^2 + dy^2). \tag{5.26}$$

Durch die Metriken (5.24) bzw. (5.26)[63]) wird die innere Geometrie auf der Pseudosphäre mit $a = -K = 1$, also insbesondere die Längen-, Winkel- und Inhaltsmessung vollständig bestimmt.

**Aufgabe 5.7** Zeige mittels (5.21), daß die Pseudosphäre (5.23) die Gaußsche Krümmung $K = -\frac{1}{a^2}$ hat.

## 5.4 Nichteuklidische Geometrie

In den uns erhaltenen aus 13 Büchern bestehenden „Elementen" stellte der in Alexandrien lebende Mathematiker EUKLID (etwa 365 - 300 v. u. Z.) die Grundlagen der (Euklidischen) Geometrie dar. Wegen ihrer didaktisch geschickten Darstellung galten diese Elemente für fast zwei Jahrtausende als Standardbeispiel für den axiomatischen Aufbau einer mathematischen Theorie. EUKLID beginnt mit 23 Definitionen, an die sich fünf Postulate und fünf Axiome anschließen. Das fünfte dieser Postulate, das die Euklidische Geometrie kennzeichnende *Parallelenaxiom*, lautet in vereinfachter Version:
*Liegt ein Punkt P nicht auf einer Geraden g, dann gibt es genau eine Gerade (Parallele) durch P, die g nicht schneidet.*
Den ersten vollständigen strengen Aufbau der Euklidischen Geometrie, bei dem alle Lücken und Mängel des Euklidischen Axiomensystems beseitigt wurden, gab 1899 D. HILBERT (1862 - 1943). Schon den griechischen Mathematikern nach EUKLID erschien das Parallelenaxion weniger evident als die anderen. Daher versuchten sie, dieses aus den übrigen herzuleiten. Dieses bedeutende Problem, einen Beweis für das Parallelenaxiom zu finden, blieb jedoch fast zwei Jahrtausende ungelöst. Aus dem Scheitern aller dieser Versuche zog GAUSS (als erster) den Schluß von der Unbeweisbarkeit des Parallelenaxioms und folglich von der Existenz *nichteuklidischer* Geometrien, von Geometrien also, in denen das Parallelenaxiom nicht gilt. Er äußerte sich jedoch über diesen Gegenstand nur brieflich gegenüber Freunden, da er Unverständnis bei den Zeitgenossen befürchtete. N. LOBATSCHEWSKI (1793 - 1856) hat im Jahre 1829 als erster *öffentlich* die Möglichkeit einer vom Parallelenaxion unabhängigen Geometrie ausgesprochen und nichteuklidische Modelle entwickelt. Unabhängig davon gab

---

[63]) Es handelt sich natürlich um die gleichen Metriken, jedoch in unterschiedlichen Parameterdarstellungen (s. Abschnitt 4.3).

J. Bolyai (1802 - 1860) im Jahre 1832 ähnliche Resultate bekannt. In beiden Fällen handelt es sich um die sogenannte *hyperbolische nichteuklidische Geometrie*. Mathematisch strenge Beweise für die logische Widerspruchsfreiheit dieser Geometrie erbrachten erst 1868 E. Beltrami (1835 - 1900) und 1870 F. Klein (1849 - 1925). Beltrami erkannte, daß die ebene hyperbolische Geometrie lokal mit der inneren Geometrie auf der Pseudosphäre (Bemerkung 5.3) identisch ist. Den „Geraden" entsprechen dann die Geodätischen auf der Fläche, und das Parallelenaxiom ist durch folgendes zu ersetzen:

*Liegt ein Punkt P nicht auf einer Geodätischen g, dann gibt es unendlich viele Geodätische durch P, die g nicht schneiden.*

Das *Poincaré-Modell* [64]) für die hyperbolische nichteuklidische Geometrie ist die mit der Metrik

$$ds^2 = \frac{1}{y^2}(dx^2 + dy^2)$$

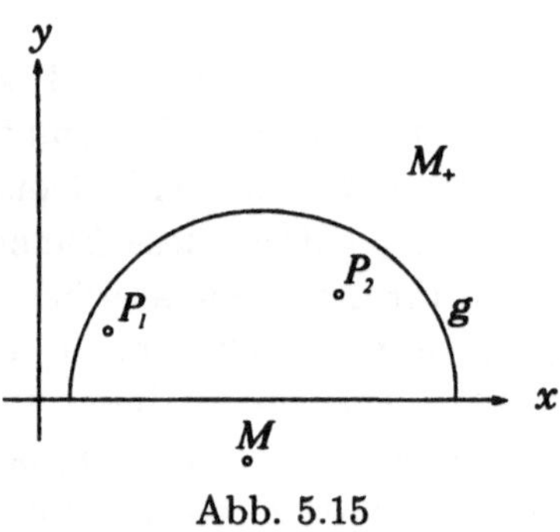

Abb. 5.15

(s. (5.26)) ausgestattete obere Halbebene $M_+ := \{(x, y) \in \mathbb{R}^2 | y > 0\}$. Längen-, Winkel- und Inhaltsmessung auf $M_+$ erfolgt gemäß (4.38), (4.41) und (4.44). Aus der Differentialgleichung (4.115) der Geodätischen folgt, daß die Geodätische durch zwei Punkte $P_1, P_2 \in M_+$ jener eindeutig bestimmte Kreisbogen durch $P_1, P_2$ ist, der seinen Mittelpunkt auf der $x$-Achse hat (Abb. 5.15).

Aber man überlegt sich leicht: Durch jeden Punkt $P$ außerhalb der Geodätischen $g$ gibt es unendlich viele Geodätische, die $g$ nicht schneiden, d.h., es gibt zu $g$ unendlich viele Parallelen.

Während man hyperbolische nichteuklidische Geometrie auf Flächen negativer konstanter Gaußscher Krümmung $K$ betreibt, wie z.B. auf der Pseudosphäre oder der Poincaréschen Halbebene, kann man auf Flächen *positiver* konstanter Gaußscher Krümmung *elliptische (sphärische) nichteuklidische Geometrie* betreiben.

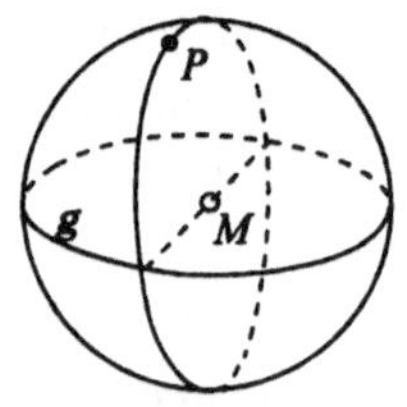

Abb. 5.16

Das Standardmodell für die elliptische Geometrie ist die obere Einheitssphäre, bei der diametral gegenüberliegende Sphärenpunkte identifiziert werden (Abb. 5.16).

Als Metrik kann man je nach Parameterwahl etwa (5.25) oder (4.37) verwenden. Die Geodätenbögen sind bekanntlich Großkreisbögen. Ist $g$ eine solche

---

[64]) Henri Poincaré (1854 - 1912), französischer Mathematiker und Physiker in Paris.

Geodätische und $P$ ein nicht auf $g$ liegender Punkt, dann schneidet offenbar jede Geodätische durch $P$ die Geodätische $g$ in einem Punkt. In der elliptischen Geometrie ist also das Parallelenaxiom durch folgendes zu ersetzen:
*Liegt ein Punkt $P$ nicht auf einer Geodätischen $g$, dann wird $g$ von jeder Geodätischen durch $P$ geschnitten.*[65])
Auch diese Geometrie erfüllt bis auf das Parallelenaxiom alle Hilbertschen Axiome der Geometrie, sie ist also *in sich widerspruchsfrei*. Das Problem, welche Geometrie die Lage- und Größenbeziehungen im umgebenden Raum am besten beschreibt, ist damit ein physikalisches Problem geworden.

# 5.5 Schraubflächen

Schraubflächen treten schon seit 3600 Jahren in historischen Stilen auf. Heute liegt ihre Bedeutung vorwiegend im Maschinenbau.

---

**Definition 5.4** *Es sei*

$$x = x(u^2), \; y = y(u^2), \; z = z(u^2), \; u \in I \qquad (5.27)$$

*die Parametrisierung einer Raumkurve $\mathcal{E}$. Eine Schraubfläche mit dem Schraubparameter $c$, der Erzeugenden $\mathcal{E}$ und der $z$-Achse als Schraubachse ist eine Fläche mit der Parametrisierung*

$$\mathbf{x}(u^1, u^2) = \left(x(u^2)\cos u^1 - y(u^2)\sin u^1, x(u^2)\sin u^1 + y(u^2)\cos u^1, z(u^2) + cu^1\right). \; (5.28)$$

*Die Parameterlinien $u^2 = $ const heißen Bahnschraubenlinien.*

---

**Beispiel 5.10** Aus (5.28) folgt für den Spezialfall $x(u^2) = r(u^2)$, $y(u^2) = 0$, $c = 0$ die Parametrisierung (5.13) der allgemeinen Drehfläche.

**Beispiel 5.11** Für $x(u^2) = au^2$, $y(u^2) = 0$, $z(u^2) = 0$ erhält man aus (5.28) die *Wendelfläche* (s. Aufgaben 4.8, 5.4 und Abb. 4.18). Ihre Erzeugende ist die $x$-Achse, ihre Bahnschraubenlinien sind die in Beispiel 1.2 betrachteten Schraubenlinien.

**Bemerkung 5.7** (1) Schraubflächen mit Geraden als Erzeugende heißen *Strahlschraubflächen* (Abb. 5.17 a, b (nach [GiSe])). Sie sind spezielle Regelflächen (Abschnitt 5.1).Anwendungsbeispiele für Strahlschraubflächen sind: Spiralbohrer, Getriebeschnecken, Trapezgewinde, Drillbohrer, Flachgewinde, Korkenzieher, Wendeltreppen, Auffahrten zu Parkhäusern, Verbindungen kreuzungsfreier Straßen und Förderschnecken (Wendelflächen).

---

[65]) Zur elliptischen und hyperbolischen Geometrie siehe etwa [Fil].

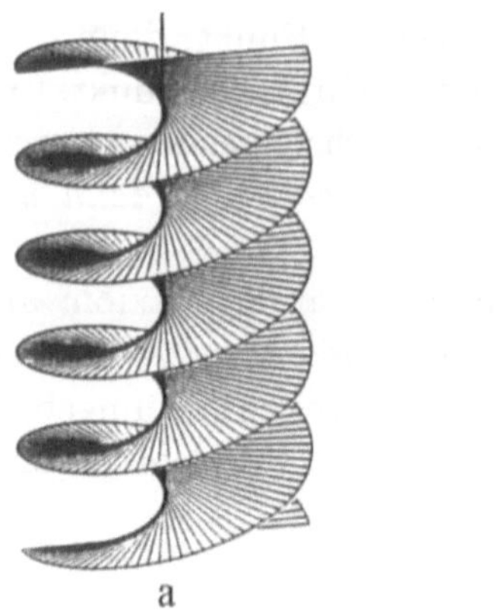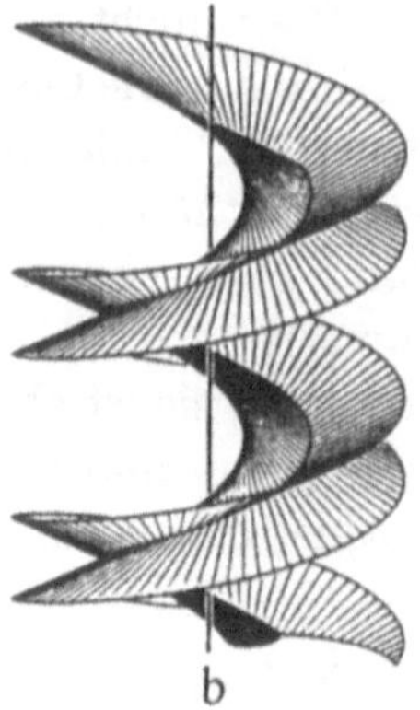



Abb. 5.17

(2) Schraubflächen mit Kreisen als Erzeugende heißen *Kreisschraubflächen* oder *zyklische Schraubflächen* (Abb. 5.18 a, b (nach [GiSe])).
Anwendungsbeispiele: gewundene Säulenformen (Gotik, Barock), Fräser, Rundgewinde, Rohrschlangen.

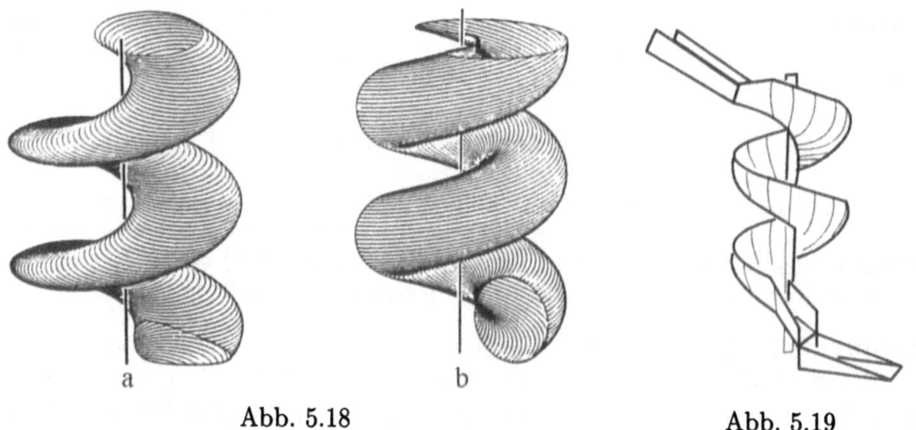



Abb. 5.18                                          Abb. 5.19

(3) *Schraubtorsen* sind Schraubflächen, die Einhüllende von Ebenen darstellen und damit Tangentenflächen an Schraubenlinien sind (Beispiel 5.7).
(4) Schraubflächen als Einhüllende von Drehflächen heißen *Hüllschraubflächen*. Beispiel: Wendelrutschen (Abb. 5.19 (nach [GiSe])).
(5) Schraubflächen stellt man vielfach durch Fräsen her. Die Fräser konstruiert man nach geeigneter Wahl der Fräserachse aus einem Meridian, einem Querschnitt oder einer anderen Erzeugenden der Fläche (s. hierzu sowie zur Konstruktion von Schraubflächen und ihrer Umrisse z.B. [Hoh], [GiSe], [Bra]).

## 5.6 Minimalflächen

Im Jahre 1760 stellte J. L. LAGRANGE[66]) die Aufgabe, *zu einer geschlossenen, doppelpunktfreien Kurve $\mathcal{K}$ eine Fläche minimalen Flächeninhaltes zu bestimmen, die $\mathcal{K}$ als Rand hat.* Später wurde dieses Problem nach dem belgischen Physiker J. PLATEAU benannt, der um 1850 sorgfältige Experimente mit Seifenblasen durchführte. Obwohl sich zahlreiche namhafte Mathematiker mit der Lösung dieses *Plateauschen Problems* befaßten, konnte eine Version dieses Problems[67]) erst um 1930 von J. DOUGLAS und T. RADÓ unabhängig voneinander gelöst werden. An Verallgemeinerungen dieses Resultates wird gegenwärtig intensiv gearbeitet. LAGRANGE und MEUSNIER (1776) entdeckten bereits, daß obige Flächen minimalen Flächeninhaltes *notwendig* in allen Punkten eine verschwindende mittlere Krümmung $H$ (s. (4.73)) besitzen. Aber die Lage ist ähnlich wie bei den Geodätischen: Nicht jede Fläche mit $H \equiv 0$ ist eine Fläche minimalen Flächeninhaltes. Trotz der fehlenden Umkehrung hat sich folgende von LAGRANGE stammende Terminologie durchgesetzt:

---

**Definition 5.5** *Eine Fläche, deren mittlere Krümmung $H$ in jedem Flächenpunkt gleich Null ist, heißt Minimalfläche.*[68])

---

**Bemerkung 5.8** Eine von einer geschlossenen Kurve berandete Fläche minimalen Flächeninhaltes ist nach obiger Bemerkung eine Minimalfläche[69]) (s. z.B. [Gra], [Jos], [dCa]).

PLATEAU zeigte erstmals, daß sich Flächen kleinsten Inhaltes zu gegebener Berandung durch Seifenhäute physikalisch realisieren lassen, indem man die Randkurve aus Draht in eine Seifenlösung eintaucht. In Abhängigkeit von der Gestalt des Rahmens entstehen sehr verschiedenartige Seifenblasen, die auf Grund der Oberflächenspannung nach dem Prinzip der minimalen potentiellen Energie Flächen kleinsten Inhaltes sein müssen, wenn man die Schwerkraft vernachlässigt (s. [Gri]).[70]) Auf diese Weise lassen sich zwar viele schöne Mi-

---

[66]) JOSEPH LOUIS LAGRANGE (1736 - 1813).

[67]) für Flächen vom Kreistyp (s. [Jos]).

[68]) $H$ ist durch (4.73) definiert.

[69]) Zum Beweis definiert man die *Variation* einer Fläche $\mathcal{F}$ in Richtung des Flächennormalenvektors. Das ist die Familie $\varepsilon \to \mathcal{F}(\varepsilon)$ aller Flächen, die sich (für kleine $|\varepsilon|$) als Deformation von $\mathcal{F}$ ergeben, wenn $\mathcal{F}$ in Richtung der Flächennormalen ausgebeult wird. Ist nun $O(\mathcal{F}(\varepsilon))$ der Flächeninhalt von $\mathcal{F}(\varepsilon)$, so verschwindet $H$ genau dann, wenn die erste Ableitung von $\varepsilon \to O(\mathcal{F}(\varepsilon))$ im Punkt $\varepsilon = 0$ für jede Variation eine Nullstelle hat.

[70]) Man beachte, daß eine geschlossene Kurve durchaus *mehrere* Minimalflächen beranden kann. Nur jene mit minimalem Flächeninhalt können im Prinzip durch Seifenblasen dargestellt werden.

nimalflächen „experimentell herstellen", der entsprechende analytische Beweis
für die Existenz einer Lösung der Differentialgleichung $H = 0$ erweist sich jedoch oft als äußerst schwierig ([Jos]). Es zeigt sich, daß Minimalflächen einen
außerordentlichen Formenreichtum von großem ästhetischem Reiz besitzen (s.
[HiTr], [KaPo], [DHKW], [Jos]). Sie gehören zu den am meisten untersuchten Flächen der Differentialgeometrie und haben Mathematiker seit langem
gefesselt, weil sie schwierige und interessante Probleme aufwerfen. Ihre Theorie enthält interessante Verbindungen zur Variationsrechnung, zu analytischen
Funktionen komplexer Variablen und zu partiellen Differentialgleichungen. Von
allen wichtigen Minimalflächen gibt es anschauliche Computergrafiken (s. [Ka-
Po]).

**Bemerkung 5.9** Aus $H = 0$ folgt $\kappa_1 = -\kappa_2$, also $K \leq 0$. Minimalflächen
enthalten folglich keine elliptischen Punkte.

**Beispiel 5.12** Jedes Ebenenstück ist wegen $\kappa_1 = \kappa_2 = H = 0$ eine Minimalfläche.

**Beispiel 5.13** Für die *Wendelfläche*

$$\mathbf{x}(u^1, u^2) = (u^2 \cos u^1, u^2 \sin u^1, au^1) \tag{5.29}$$

(s. Aufgaben 4.8, 5.4, Abb. 4.18, 5.17, Bemerkung 5.7) gilt wegen $\kappa_1 = -\kappa_2$
(Aufgabe 4.8(a)) $H \equiv 0$. Schon MEUSNIER entdeckte 1776 die Minimalflächen-
eigenschaft der Wendelfläche. Falls ein „Drahtrand" aus einer Schraubenlinie
und ihrem Spiegelbild an ihrer Achse besteht, so nimmt die entsprechende
Seifenlamelle gerade die Gestalt einer Wendelfläche an.

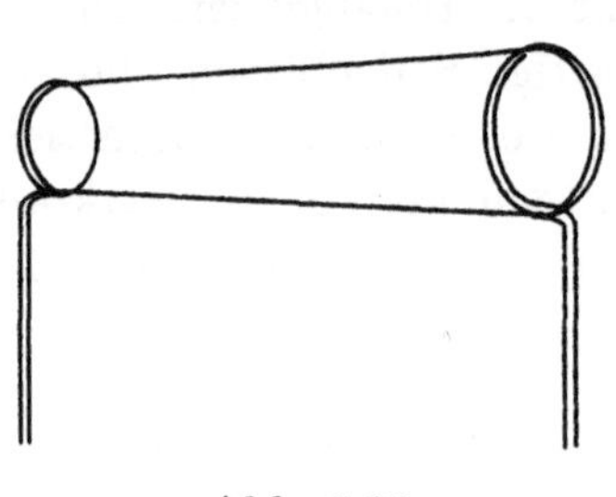

Abb. 5.20

**Beispiel 5.14** Eine andere wichtige auch
von MEUSNIER 1776 angegebene Minimalfläche
kann experimentell erzeugt werden, indem
zwei kreisförmige Drahtbügel in der Seifenlösung zunächst übereinander gelegt werden und dann in Richtung der gemeinsamen Symmetrieachse auseinandergezogen werden (Abb. 5.20). Die sich auf diese Weise ergebende Minimalfläche ist gerade jene Drehflä-
che, die man durch Rotation der Kettenlinie $x = a \cosh(\frac{z}{a})$ um die $z$-Achse
erhält (s. Beispiel 2.18, Abbildung 2.23). Setzt man also gemäß Definition
5.3: $z = h(u^2) = au^2$, $x = r(u^2) a \cosh u^2$, so folgt als Parametrisierung der
Drehfläche

$$\mathbf{x}(u^1, u^2) = (a \cosh u^2 \cos u^1, a \cosh u^2 \sin u^1, au^2). \tag{5.30}$$

Die Fläche (5.30) heißt *Kettenfläche* oder *Katenoid* (Abb. 5.21; s. [HiTr], S. 112/113). Mittels (5.21) bestätigt man: $H \equiv 0$ (Aufgabe 5.8). Unter den Drehflächen ist das Katenoid die einzige Minimalfläche (Aufgabe 5.7).

Mit dem Katenoid kann man ein höchst bemerkenswertes Experiment durchführen: Man fertige aus verformbarem Kunststoff ein Modell des Katenoids, schneide dieses entlang eines Meridians auf und ziehe die beiden Enden vorsichtig auseinander, wobei die Fläche zwar verbogen, aber nicht verzerrt wird. Auf diese Weise wird das Katenoid längentreu in die Wendelfläche (5.29) deformiert (s. Beispiel 6.2), wobei alle Zwischenstufen dieser Flächenfamilie ebenfalls Minimalflächen sind (Abb. 5.21, s. [HiTr], S. 112/113) ([DHKW], [HiTr], [Gra]).

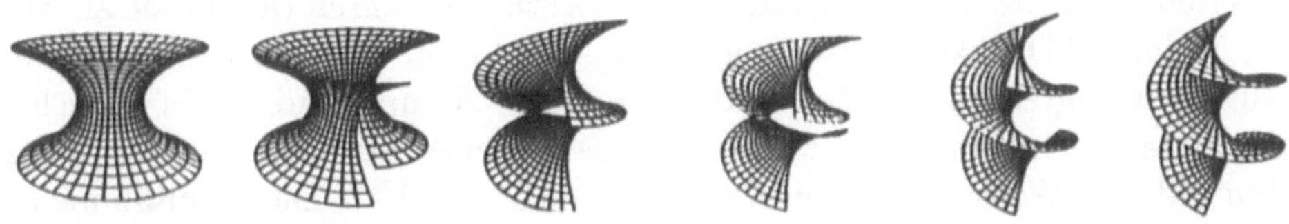

Abb. 5.21

**Beispiel 5.15** Für eine nichtebene Randkurve $\mathcal{K}$ wurde das Plateausche Problem erstmalig von H. A. Schwarz[71]) (1867) gelöst. Er wählte $\mathcal{K}$ als ein Vierseit, das von vier der sechs Kanten eines regulären Tetraeders gebildet wird (Abb. 5.22; s. [HiTr], S.125).

**Beispiel 5.16** Minimalflächen der Gestalt

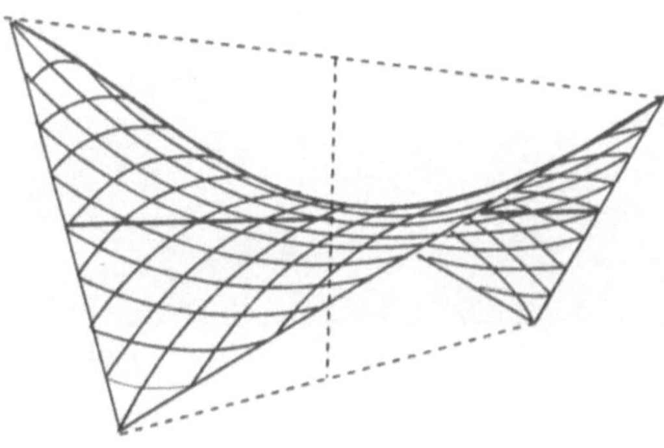

Abb. 5.22

$z = f(x,y) = g(x) + h(y)$ wurden im Jahre 1835 von H.F. Scherk gefunden. Aus (4.84) folgt die Differentialgleichung für $f(x,y)$ :

$$(1 + f_x^2)f_{yy} - 2f_x f_y f_{xy} + (1 + f_y^2)f_{xx} = 0. \tag{5.31}$$

---

[71]) Herrmann Amandus Schwarz (1843 - 1921)
Übrigens hatte B. Riemann das gleiche Problem bereits 1862 gelöst, seine Resultate blieben aber zunächst unveröffentlicht.

Setzt man in (5.31) $f(x,y) = g(x) + h(y)$, dann erhält man

$$\frac{g''(x)}{1 + (g'(x))^2} = \frac{-h''(y)}{1 + (h'(y))^2}. \qquad (5.32)$$

Jede Seite von (5.32) muß also gleich einer Konstanten $c$ sein. Für $c = 0$ sind $g$ und $h$ linear, so daß die zugehörige Minimalfläche ein Ebenenstück ist. Für $c \neq 0$ erhält man die *Minimalfläche von* SCHERK

$$f(x,y) = \frac{1}{c} \log \left( \frac{\cos cx}{\cos cy} \right) \ (c \neq 0).$$

**Bemerkung 5.10** Flächen minimalen Flächeninhaltes treten bei vielen Gelegenheiten als optimale Lösung auf. Seit den sechziger Jahren werden sie als Modelle für leichte Dachkonstruktionen in der Architektur eingesetzt, beispielsweise für die Kongreßhalle in Berlin, das Dach des Olympiastadions in München (Abb. 5.23 (nach [Pressefoto Mühlberger München])) oder den Deutschen Pavillon auf der Weltausstellung von 1967 in Montreal[72]). Diese zeltähnlichen Dächer wurden so entworfen, daß möglichst wenig Baumaterial nötig war.

Abb. 5.23

## 5.7 Flächen konstanter mittlerer Krümmung

Die Natur zeigt, daß die einzigen glatten Seifenblasen, die sich ohne künstlichen Rand blasen lassen, Sphären sind. Ein weiteres Beispiel für eine Fläche konstanter mittlerer Krümmung $H = \frac{1}{2}(\kappa_1 + \kappa_2)$ ist der Kreiszylinder (vgl. Beispiele 4.16, 4.17). Nicht nur Gebilde aus Seifenhäutchen bestehen aus Flächen konstanter mittlerer Krümmung. Aus dem Prinzip der virtuellen Arbeit ([Gri])

---

[72]) Von FREI OTTO und ROLF GUTBROD entworfen.

folgt, daß auch die freie Oberfläche einer Flüssigkeit, auf die keine Gravitationskraft wirkt, eine konstante mittlere Krümmung besitzt. Gravitationskräfte kann man z.B. dadurch „abschalten", indem die zu untersuchende Flüssigkeit in einen nach unten stürzenden Fahrstuhl, in ein Raumschiff oder in eine andere Flüssigkeit bringt, die dieselbe Dichte wie die erstere hat, sich aber nicht mit ihr mischt.

Gibt man etwa einen kleinen Öltropfen mittels einer Pipette in eine Alkohol-Wasser-Mischung, so nimmt der Öltropfen Kugelgestalt an. Flüssigkeitsoberflächen in Gefäßen, die nicht der Gravitationskraft unterliegen, werden auch *Kapillarflächen* genannt. Derartige schon von LAPLACE (1749 - 1827) untersuchte Flächen sind Gegenstand von Raumfahrtexperimenten. Besonders interessant ist das Verhalten der Flüssigkeiten in Ecken des Gefäßes, wo die Flüssigkeit extrem hoch steigen kann (s. etwa [Fin], [GiHo] und die dort angegebene Literatur).

**Aufgabe 5.8** Durch eine Gleichung der Form $F(x, y, z; \lambda) = 0$ wird eine *einparametrige Flächenfamilie* $\mathcal{F}_\lambda$ beschrieben. Die durch

$$F(x, y, z; \lambda) = 0, \quad F_\lambda(x, y, z; \lambda) = 0$$

definierte Schnittmenge heißt *Charakteristik* von $\mathcal{F}_\lambda$. Durchläuft $\lambda$ alle reellen Zahlen, so heißt die von den Charakteristiken erzeugte Fläche *Hüllfläche* oder *Enveloppe* von $\mathcal{F}_\lambda$. Bestimme die Charakteristik und die Hüllfläche der Sphärenschar

$$F(x, y, z; \lambda) := x^2 + y^2 + (z - \lambda)^2 - 1 = 0.$$

**Bemerkung 5.11** Die durch Bewegung eines Körpers längs einer vorgegebenen Leitkurve erzeugbaren Flächen heißen *Bewegflächen*. Sie gehören zu den Grundformen der technischen Geometrie. Zu ihnen gehören die *Translationsflächen*, die durch *Verschiebung* einer Kurve $\mathbf{x}(u^1)$ längs einer Kurve $\mathbf{x}^*(u^2)$ entstehen. Weitere Spezialfälle der Bewegflächen sind die in den Abschnitten 5.1, 5.2, 5.5 behandelten Regel-, Dreh- und Schraubflächen. Die bei obiger Bewegung eines Körpers entstehende Bewegfläche ist die *Hüllfläche* (Einhüllende) der bewegten Oberfläche. Umfangreiche Literaturangaben zu kinematisch erzeugbaren Flächen und Hüllflächen, ihre Anwendungen in der Getriebetechnik, bei Fräsvorgängen, in der Robotik und der Medizin findet man in [GiHo], [HoLa]; zu Hüllflächen von Ebenenscharen siehe [BoKli].

# 6 Abbildungen von Flächen

Die Theorie der Flächenabbildungen hat ihren Ursprung in der Notwendigkeit, Karten der Erdoberfläche für die Seefahrt und andere Zwecke herzustellen. Die Kartographie stellt auch ihr wichtigstes Anwendungsgebiet dar. Wir betrachten in diesem Kapitel Abbildungen von Flächen, die gewisse geometrische Eigenschaften invariant lassen, etwa die Bogenlänge eines Kurvenstückes, den Schnittwinkel zweier sich schneidender Kurven oder den Flächeninhalt eines Flächenstückes. Die Untersuchungen über Flächenabbildungen vermitteln uns auch ein tieferes Verständnis der Begriffe, die wir in den vorangegangenen Kapiteln kennengelernt haben.

Es seien $\mathcal{F} : \mathbf{x} = \mathbf{x}(u^1, u^2)$, $\overline{\mathcal{F}} : \overline{\mathbf{x}} = \overline{\mathbf{x}}(\overline{u}^1, \overline{u}^2)$ zwei injektive Flächenparametrisierungen und $\phi$ eine Abbildung von $\mathcal{F}$ auf $\overline{\mathcal{F}}$. Dann sind die Parameter $\overline{u}^1, \overline{u}^2$ Funktionen von $u^1, u^2$

$$\overline{u}^i = \overline{u}^i(u^1, u^2), \ i = 1, 2. \tag{6.1}$$

Deuten wir gemäß Definition 4.6 die Abbildung (6.1) als Parametertransformation für die Bildfläche $\overline{\mathbf{x}}(\overline{u}^1, \overline{u}^2)$, dann ist

$$\overline{\mathbf{x}}(u^1, u^2) = \overline{\mathbf{x}}\big(\overline{u}^1(u^1, u^2), \overline{u}^2(u^1, u^2)\big) \tag{6.2}$$

eine Parametrisierung der Bildfläche mit

$$\phi(\mathbf{x}(u^1, u^2)) = \overline{\mathbf{x}}(u^1, u^2) \quad \text{für alle} \quad (u^1, u^2) \in U. \tag{6.3}$$

Punkt $\mathbf{x}$ und Bildpunkt $\overline{\mathbf{x}}$ haben also gleiche Parameter.

Man sagt in diesem Falle, die beiden Flächen $\mathcal{F}$ und $\overline{\mathcal{F}}$ seien „*durch gleiche Parameter*" aufeinander bezogen (Abb. 6.1).

**Beispiel 6.1** Wir betrachten das Ebenenstück $\mathcal{F} : \mathbf{x}(u^1, u^2) = (u^1, u^2, 0)$ mit $0 \leq u^1 < 2\pi$ und den Kreiszylinder $\overline{\mathcal{F}} : \overline{\mathbf{x}}(u^1, u^2) = \phi\big(\mathbf{x}(u^1, u^2)\big) = (\cos u^1, \sin u^1, u^2)$ mit dem Radius $r = 1$ und der $z-$Achse als Symmetrieachse (vgl. Beispiele 4.1, 4.18). Dann vermittelt $\phi$ eine Abbildung der Ebene $\mathcal{F}$ auf den Zylinder $\overline{\mathcal{F}}$ durch gleiche Parameter, bei der die Parameterlinien

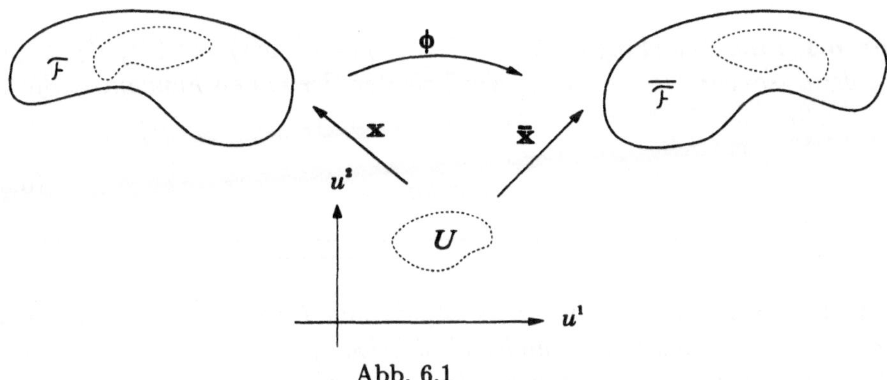


Abb. 6.1

$u^1 = \text{const}$ auf die Mantellinien und $u^2 = \text{const}$ auf die Breitenkreise von $\overline{\mathcal{F}}$ abgebildet werden.

$\overline{\mathcal{F}}$ wird von dem Ebenenstück „umwickelt". Man kann die Abbildung veranschaulichen, indem man den Zylindermantel längs $u^1 = 0$ aufschneidet und unter Verbiegung in die Ebene *abwickelt*. Aus den Beispielen 4.1, 4.18 entnimmt man

$$(\overline{g}_{ij}) = (\overline{\mathbf{x}}_{u^i}\overline{\mathbf{x}}_{u^j}) = (g_{ij}) = (\mathbf{x}_{u^i}\mathbf{x}_{u^j}) = \begin{pmatrix} 1 & 0 \\ 0 & 1 \end{pmatrix}. \tag{6.4}$$

## 6.1 Isometrische Abbildungen

---

**Definition 6.1** *Eine Abbildung $\phi : \mathcal{F} \to \overline{\mathcal{F}}$ heißt isometrisch oder längentreu, wenn für jedes Kurvenstück $\mathcal{K}$ auf $\mathcal{F}$ das zugehörige Bild $\overline{\mathcal{K}}$ auf $\overline{\mathcal{F}}$ dieselbe Länge wie $\mathcal{K}$ hat.*

---

Es seien $\mathcal{F}$ und $\overline{\mathcal{F}}$ durch gleiche Parameter aufeinander bezogen (vgl. (6.2), (6.3)) und $\mathcal{K} : \mathbf{x}^*(t) = \mathbf{x}(\mathbf{u}(t))$, $t_0 \leq t \leq t_1$ eine beliebige Flächenkurve auf $\mathcal{F}$. Dann ist $\overline{\mathcal{K}} : \overline{\mathbf{x}}^*(t) = \overline{\mathbf{x}}(\mathbf{u}(t))$ eine Flächenkurve auf $\overline{\mathcal{F}}$, und nach (4.38) gilt

$$s(\mathcal{K}) = \int_{t_0}^{t_1} (g_{ij}\dot{u}^i\dot{u}^j)^{\frac{1}{2}}dt, \quad s(\overline{\mathcal{K}}) = \int_{t_0}^{t_1} (\overline{g}_{ij}\dot{u}^i\dot{u}^j)^{\frac{1}{2}}dt,$$

wobei $\overline{g}_{ij} := \overline{\mathbf{x}}_{u^i} \cdot \overline{\mathbf{x}}_{u^j}$. Hieraus folgt wegen der Willkür der Wahl von $\mathcal{K}$:

---

**Satz 6.1** *Eine Abbildung* $\phi : \mathcal{F} \to \overline{\mathcal{F}}$ *mit* $\phi\big(\mathbf{x}(u^1, u^2)\big) = \overline{\mathbf{x}}(u^1, u^2)$ *ist genau dann isometrisch, wenn die Koeffizienten der ersten Fundamentalform übereinstimmen:*

$$\overline{g}_{ij} = g_{ij}. \tag{6.5}$$

---

**Definition 6.2** *Zwei Flächen* $\mathcal{F}: \mathbf{x}(u^1, u^2)$ *und* $\overline{\mathcal{F}}: \overline{\mathbf{x}}(u^1, u^2)$ *heißen ineinander verbiegbar (oder aufeinander abwickelbar), wenn es eine von* $\lambda$ *stetig abhängige Schar isometrischer Flächen* $\mathcal{F}_\lambda : \mathbf{x}(u^1, u^2; \lambda)$, $a \leq \lambda \leq b$ *mit* $\mathcal{F}_a = \mathcal{F}$ *und* $\mathcal{F}_b = \overline{\mathcal{F}}$ *gibt.*
*Eine unverbiegbare Fläche heißt starr.*

---

**Bemerkung 6.1** Zwei zueinander isometrische Flächen können äußerlich sehr verschieden aussehen, sie können nämlich ganz unterschiedlich in den $\mathbb{R}^3$ *eingebettet* sein (z.B. verschiedene Hauptkrümmungen besitzen). In ihrer *inneren Geometrie*, d.h. in allen Eigenschaften, die nur von der Metrik $(g_{ij})$ abhängen, stimmen die isometrischen Flächen jedoch überein. So sind z.B. die Metriken und damit die innere Geometrie des Kreiszylinders und des entsprechenden Ebenenstreifens (vgl. Beispiel 6.1) identisch.

Eine *Verbiegung* (Definition 6.2) kann man sich veranschaulichen, indem man die Fläche aus dünnem Blech „herstellt" und alle möglichen Formänderungen des Bleches durchführt, ohne daß es gedehnt, geschrumpft oder geknickt wird. In der konstruktiven Geometrie wird das Bild einer in die Ebene verbiegbaren (abwickelbaren) Fläche $\mathcal{F}$ auch *Verebnung von* $\mathcal{F}$ genannt ([Bra]). Verbiegungen lassen also die *innere* Geometrie der Fläche unverändert. Da die Abwicklung (Verbiegung) einer Fläche ein Vorgang ohne Längenänderung ist, sind aufeinander abwickelbare Flächen stets isometrisch. Nach Beispiel 6.1 ist der Kreiszylinder in die Ebene abwickelbar. Umgekehrt müssen zwei isometrische Flächen nicht aufeinander abwickelbar sein. Aber: Isometrische Flächen mit Gaußscher Krümmung $K \leq 0$ sind stets aufeinander abwickelbar (s. z.B. [Stru]).

Eigenschaften einer Fläche, die sich bei Verbiegungen nicht ändern, heißen *Biegungsinvarianten*. Nach obigen Bemerkungen und Satz 6.1 sind die Biegungsinvarianten genau jene nur von der Metrik abhängige *innergeometrische Größen* (Bemerkung 4.42). Beispiele hierfür sind außer der Bogenlänge der Winkel zwischen Flächenkurven, der Flächeninhalt (Abschnitt 4.3), die Gaußsche Krümmung (Theorema egregium, Bemerkung 4.39) und die geodätische

Krümmung (Satz 4.8, Bemerkung 4.42). Dagegen sind die mittlere Krümmung und die Normalkrümmung nicht biegungsinvariant, denn sie hängen auch von der zweiten Fundamentalform ab.[73])

**Bemerkung 6.2** Aus der Invarianz der geodätischen Krümmung gegenüber Isometrien folgt, daß Geodätische auf Geodätische abgebildet werden. Ist insbesondere eine Fläche $\mathcal{F}$ in eine Ebene abwickelbar, so haben die Geodätischen von $\mathcal{F}$ Geraden als Bilder in der Ebene. Die auf dem Kreiszylinder liegenden Schraubenlinien werden z.B. bei der in Beispiel 6.1 betrachteten Abbildung auf Geraden abgebildet (s. Beispiel 4.36).

**Beispiel 6.2** Für das Katenoid (5.30) folgt aus (5.18)

$$g_{11} = g_{22} = a^2 \cosh^2 u^2, \quad g_{12} = 0. \tag{6.6}$$

Andererseits führt die Umparametrisierung

$$\overline{u}^1 = u^1, \ \overline{u}^2 = a \sinh u^2$$

der Wendelfläche

$$\mathbf{x}(\overline{u}^1, \overline{u}^2) = (\overline{u}^2 \cos \overline{u}^1, \overline{u}^2 \sin \overline{u}^1, a\overline{u}^1)$$

(s. Beispiel 5.13) zur neuen Parametrisierung der Wendelfläche

$$\overline{\mathbf{x}}(u^1, u^2) = (a \sinh u^2 \cos u^1, a \sinh u^2 \sin u^1, au^1), \tag{6.7}$$

bezüglich der die Koeffizienten der ersten Fundamentalform sich als

$$\overline{g}_{11} = \overline{g}_{22} = a^2 \cosh^2 u^2, \quad \overline{g}_{12} = 0 \tag{6.8}$$

berechnen. Aus (6.6), (6.8) und Satz 6.1 folgt, daß das Katenoid (5.30) und die Wendelfläche (6.7) isometrisch sind. Da sie als Minimalflächen eine nichtpositive Gaußsche Krümmung haben, sind sie auch ineinander verbiegbar (vgl. Beispiel 5.14 und Abb. 5.21).
Eine entsprechende Schar isometrischer Flächen ist (Definition 6.2)

$$\mathbf{x}(u^1, u^2, \lambda) = \overset{Kat}{\mathbf{x}}(u^1, u^2) \cos \lambda + \overset{We}{\mathbf{x}}(u^1, u^2) \sin \lambda, \quad 0 \le \lambda \le \frac{\pi}{2},$$

wobei $\overset{Kat}{\mathbf{x}}$ und $\overset{We}{\mathbf{x}}$ die Parametrisierungen (5.30) bzw. (6.7) des Katenoids bzw. der Wendelfläche seien. Offenbar gilt $\mathbf{x}(u^1, u^2, 0) = \overset{Kat}{\mathbf{x}}(u^1, u^2)$, $\mathbf{x}(u^1, u^2, \frac{\pi}{2}) = \overset{We}{\mathbf{x}}(u^1, u^2)$. Die Verbiegung des Katenoids in die Wendelfläche ist in Abb. 5.21 demonstriert.

---

[73]) Läßt man auch nichtreguläre Flächen zu, so sind z.B. auch Prismen und Pyramiden in die Ebene abwickelbar. Zu *konstruktiven* Abwicklungsverfahren bei Zylinder und Kegel siehe [GiSe], [Bra].

**Aufgabe 6.1** Zeige, daß die Koeffizienten $g_{ij}(\lambda)$ der ersten Fundamentalform der Schar $\mathbf{x}(u^1, u^2, \lambda)$ von $\lambda$ unabhängig sind und (erwartungsgemäß) mit (6.6) übereinstimmen.

**Bemerkung 6.3** Nach dem Theorema egregium und Satz 6.1 ist die Gaußsche Krümmung invariant gegenüber Isometrien. Bei Flächen *konstanter* Gaußscher Krümmung $K$ ist die Gleichheit dieser Krümmung auch hinreichend für die (lokale)[74] Isometrie. In (lokalen) geodätischen Polarkoordinaten erhält man nämlich aus (4.117) und der Differentialgleichung (4.118) die folgenden ersten Fundamentalformen ([Kre]):

$$K = 0: \qquad ds^2 = dr^2 + r^2 d\varphi^2 \tag{6.9}$$

$$K > 0: \qquad ds^2 = dr^2 + \frac{\sin^2(\sqrt{K}\,r)}{K} d\varphi^2 \tag{6.10}$$

$$K < 0: \qquad ds^2 = dr^2 - \frac{\sinh^2(\sqrt{-K}\,r)}{K} d\varphi^2. \tag{6.11}$$

Die Gaußsche Krümmung bestimmt also (lokal) die Metrik, und aus Satz 6.1 folgt die Behauptung. Haben also zwei hinreichend kleine Flächen die gleiche konstante Gaußsche Krümmung (vgl. Abschnitt 5.3), dann sind sie ineinander verbiegbar. Für den Spezialfall $K \equiv 0$ bekommt man aus Satz 5.1:
*Jede Torse ist in die Ebene abwickelbar.*
Nach Satz 5.2 gilt sogar[75]):

> **Satz 6.2** *Die einzigen in die Ebene abwickelbaren Flächen sind Stücke eines Zylinders, eines Kegels oder einer Tangentenfläche.*

Da die Sphäre und die Ebene verschiedene Gaußsche Krümmungen haben, folgt weiter:

> **Satz 6.3** *Keine Umgebung eines Sphärenpunktes kann längentreu in die Ebene abgebildet werden.*[76])

**Aufgabe 6.2** a) Berechne aus (5.21) die Gaußsche Krümmung für den Kreiskegel (4.49).
b) Zeige erneut die Abwickelbarkeit des Kegels in die Ebene (vgl. Satz 6.2).
c) Gib eine isometrische Abbildung des Kegels in die Ebene an und skizziere ihre Bildmenge.
d) Bestimme die kürzesten Verbindungslinien und ihre Längen auf dem Kegel (4.49) zwischen den Punkten $(\alpha)$ $\mathbf{x}(0,0)$, und $\mathbf{x}(\frac{1}{\sqrt{2}},0)$;   $(\beta)$ $\mathbf{x}(\frac{1}{\sqrt{2}},0)$ und $\mathbf{x}(1, \frac{\sqrt{2}\pi}{4})$.

---

[74]) Die Isometrie ist i. allg. nur lokal, also für hinreichend kleine Flächenstücke gesichert.
[75]) Siehe Abschnitt 5.1.
[76]) Es gibt also keine längentreue Landkarte eines Stückes der Erdoberfläche.

## 6.2 Konforme Abbildungen

**Definition 6.3** *Eine Abbildung* $\phi : \mathcal{F} \to \overline{\mathcal{F}}$ *heißt konform oder winkeltreu, wenn die Schnittwinkel zwischen zwei beliebigen sich in einem Punkt* $\mathbf{x}_0 \in \mathcal{F}$ *schneidenden Kurven und ihren Bildkurven im Bildpunkt* $\overline{\mathbf{x}}_0$ *gleich sind.*[77])

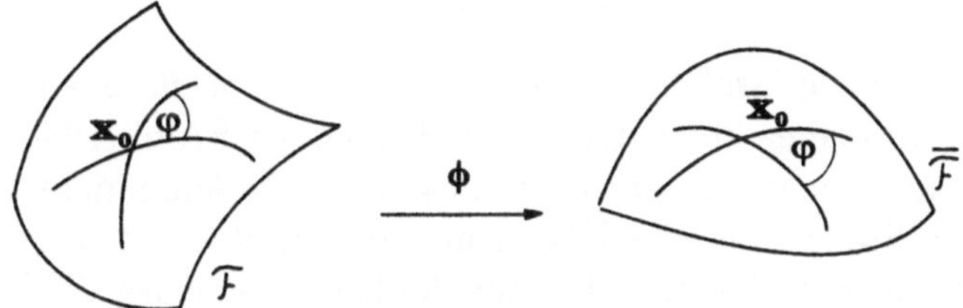


Abb. 6.2 Konforme Abbildung

Analog zu Satz 6.1 beweist man ([Gra], [Kre]):

**Satz 6.4** *Eine Abbildung* $\phi : \mathcal{F} \to \overline{\mathcal{F}}$ *mit* $\phi\big(\mathbf{x}(u^1, u^2)\big) = \overline{\mathbf{x}}(u^1, u^2)$ *ist genau dann konform, wenn die Koeffizienten der ersten Fundamentalform zueinander proportional sind:*

$$\overline{g}_{ij} = c g_{ij}, \quad c > 0. \tag{6.12}$$

**Satz 6.5** *Jede isometrische Abbildung ist konform.*

**Bemerkung 6.4** $\phi$ heißt *Ähnlichkeitsabbildung* (oder auch *im wesentlichen isometrisch*), falls in (6.12) gilt: $c(u^1, u^2) = \text{const.}$
Sind $u^1, u^2$ kartesische Koordinaten (Parameter) in der Ebene, und ist $\phi$ eine konforme Abbildung von $\mathcal{F}$ in die Ebene $\overline{\mathcal{F}}$, dann hat die erste Fundamentalform von $\mathcal{F}$ nach Satz 6.4 die Form

$$ds^2 = c(u^1, u^2)((du^1)^2 + (du^2)^2). \tag{6.13}$$

---

[77]) Man sagt in diesem Falle auch, daß die beiden Flächen $\mathcal{F}$ und $\overline{\mathcal{F}}$ *konform* seien. Die Bezeichnung „*konform*" stammt von F. T. SCHUBERT (1788) und wurde vor allem durch GAUSS allgemein bekannt. Am Aufbau der Theorie konformer Abbildungen haben EULER, LAGRANGE und vor allem GAUSS gearbeitet.

Die Parameter $u^1, u^2$ heißen in diesem Falle *isotherme Koordinaten*.[78]) Nach
Satz 6.2 sind nur Torsenstücke zu Ebenenstücken isometrisch. Da man in einer
Umgebung eines jeden Punktes einer beliebigen Fläche stets isotherme Koor-
dinaten einführen kann ([Kre]), gilt der wichtige Satz:

---

**Satz 6.6** *Jedes hinreichend kleine Stück einer beliebigen Fläche ist konform
auf ein Ebenenstück abbildbar. Oder: Je zwei Flächen sind lokal konform.*

---

**Beispiel 6.3** *Stereographische Projektion der Sphäre in die Ebene*
Nach Satz 6.3 gibt es keine längentreue Landkarten der Erdoberfläche, die man
näherungsweise als Sphäre ansehen kann. Wohl aber kann man *winkeltreue*
Abbildungen der Sphäre auf die Ebene angeben (Satz 6.6). Eine solche ist
die *stereographische Projektion*,[79]) bei der die Einheitssphäre $\mathcal{F}$ [80]) etwa vom
Südpol $S$ aus auf die Tangentialebene $\overline{\mathcal{F}}$ im Nordpol $N$ projiziert wird. Das Bild
$\overline{X} = \phi(X) \in \overline{\mathcal{F}}$ eines Punktes $X \in \mathcal{F} \setminus \{S\}$ sei der Schnittpunkt der Geraden
$SX$ mit der Ebene $\overline{\mathcal{F}}$ (Abb. 6.3, 6.4). Wählt man die Standardparametrisierung
(0.34) der Sphäre (setze dort $r = 1$), dann ist $u^1$ die geographische Länge und
$(\frac{\pi}{2} - u^2)$ die geographische Breite. Als Parameter der Ebene $\overline{\mathcal{F}}$ wählen wir
Polarkoordinaten $r, \varphi = u^1$. Wegen $\delta = \frac{u^2}{2}$ ist dann $r = r(u^2) = 2\tan\frac{u^2}{2}$,
und für die erste Fundamentalform auf $\overline{\mathcal{F}}$ erhält man hieraus nach (4.117) und
(4.37)

$$
\begin{aligned}
(d\overline{s})^2 &= dr^2 + r^2(du^1)^2 = r'^2[(\frac{r}{r'})^2(du^1)^2 + (du^2)^2] \\
&= c[\sin^2 u^2(du^1)^2 + (du^2)^2] = c(ds)^2
\end{aligned}
\tag{6.14}
$$

mit $c := r'^2$. Nach Satz 6.4 ist $\phi$ konform. $S$ heißt das *Projektionszentrum*.
Offenbar wird $\mathcal{F} \setminus \{S\}$ durch $\phi$ eineindeutig auf die volle Ebene abgebildet.
Dabei gehen die Breitenkreise ($u^2 = $ const) in konzentrische Kreise der Ebene
mit $N$ als Mittelpunkt und die Längenkreise ($u^1 = $ const) in Geraden durch
$N$ über (Abb. 6.4 (nach [Klo])). Als zusätzliche Eigenschaft vermerken wir die
*Kreistreue* ([Lau], [Kre]): *Jeder nicht durch $S$ gehende Kreis der Sphäre wird
durch $\phi$ auf einen Kreis der Ebene abgebildet* [81]).

---

[78]) In der Physik treten entsprechende Koordinatenlinien als *Isothermen* auf.

[79]) Der Name „stereographisch" stammt von D'Aiguillon (1613).

[80]) Wir nehmen o. B. d. A. an, daß ihr Radius gleich eins sei.

[81])Faßt man Geraden als Kreise mit einem „unendlich großen" Radius auf, so ist die
Einschränkung bezüglich $S$ überflüssig [GrKa].

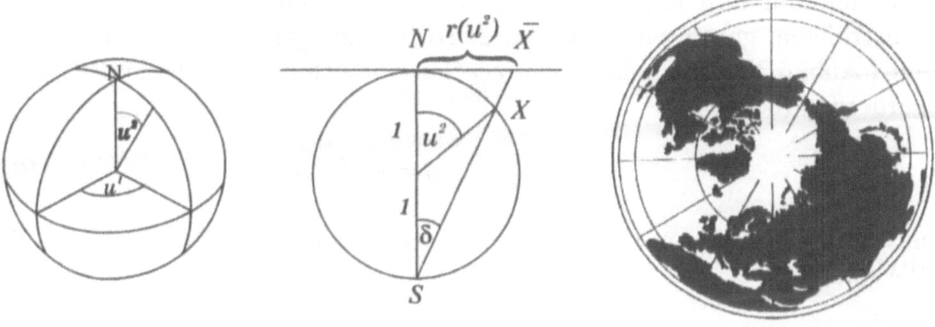


Abb. 6.3(a)          Abb. 6.3(b)          Abb. 6.4

Zur stereographischen Projektion der Sphäre

## 6.3 Weitere Abbildungen von Flächen

**Definition 6.4** *Eine Abbildung $\phi : \mathcal{F} \to \overline{\mathcal{F}}$ heißt inhaltstreu oder flächentreu, wenn jedes Flächenstück $\mathcal{F}_V \subset \mathcal{F}$ auf ein Flächenstück $\overline{\mathcal{F}}_V \subset \overline{\mathcal{F}}$ mit dem gleichen Flächeninhalt abgebildet wird.*

Falls $\mathcal{F} : \mathbf{x} = \mathbf{x}(u^1, u^2)$, $(u^1, u^2) \in U$ und $\phi(\mathbf{x}(u^1, u^2)) = \overline{\mathbf{x}}(u^1, u^2)$, so muß für beliebige $V \subset U$ (s. (4.44)) die Gleichung

$$O(\mathcal{F}_V) = \iint\limits_V \sqrt{g(u^1, u^2)}\,du^1 du^2 = \iint\limits_V \sqrt{\overline{g}(u^1, u^2)}\,du^1 du^2 = O(\overline{\mathcal{F}}_V) \quad (6.15)$$

erfüllt sein, woraus folgt:

**Satz 6.7** *Eine Abbildung $\phi : \mathcal{F} \to \overline{\mathcal{F}}$ mit $\phi(\mathbf{x}(u^1, u^2)) = \overline{\mathbf{x}}(u^1, u^2)$ ist genau dann inhaltstreu, wenn gilt:*

$$\overline{g} = g. \quad (6.16)$$

**Bemerkung 6.5** Wegen (6.5) ist jede längentreue Abbildung auch inhaltstreu. Umgekehrt ist jede konforme und inhaltstreue Abbildung auch längentreu, denn aus (6.12) und (6.16) folgt $\overline{g} = c^2 g = g$, also $c = 1$.

**Beispiel 6.4** *Lambertscher Azimutalentwurf* [82])
Um eine inhaltstreue Abbildung $\phi$ der Einheitssphäre $\mathcal{F}$ in die Ebene $\overline{\mathcal{F}}$ zu konstruieren, gehen wir analog zu den Überlegungen von Beispiel 6.3 vor (s. auch Abb. 6.3). Die Funktion $r = r(u^2)$ ergibt sich aber in diesem Fall aus der Forderung (6.16)

$$\overline{g} = r'^2 r^2 = g = \sin^2 u^2 \tag{6.17}$$

unter Beachtung von $r(0) = 0$. Die Lösung von $r' = \frac{\sin u^2}{r}$, $r(0) = 0$ ist ([WeMe])

$$r(u^2) = \sqrt{2(1 - \cos u^2)} = 2\sin\frac{u^2}{2}. \tag{6.18}$$

Durch $\phi$ wird also die Einheitssphäre mit dem Flächeninhalt $4\pi$ auf einen Kreis mit dem Radius $r(\pi) = 2$ und dem gleichen Flächeninhlat abgebildet. [83])

---

**Definition 6.5**   *(a) Eine Abbildung $\phi : \mathcal{F} \to \overline{\mathcal{F}}$ mit $\phi(\mathbf{x}(u^1, u^2)) = \overline{\mathbf{x}}(u^1, u^2)$ heißt affin, falls $\overline{\Gamma}^k_{ij} = \Gamma^k_{ij}$ gilt.*

*(b) $\phi$ heißt geodätisch, falls $\phi$ jede Geodätische von $\mathcal{F}$ in eine Geodätische von $\overline{\mathcal{F}}$ überführt.*

---

**Bemerkung 6.6** Aus der Differentialgleichung (4.115) folgt, daß jede affine Abbildung geodätisch ist. Natürlich ist jede isometrische Abbildung affin und geodätisch. E. BELTRAMI bewies 1865, daß ein Flächenstück genau dann geodätisch in die Ebene abbildbar ist, wenn seine Gaußsche Krümmung konstant ist ([Stru]).

**Bemerkung 6.7** Es seien $\phi : \mathcal{F} \to \overline{\mathcal{F}}$ eine Flächenabbildung durch gleiche Parameter, $\mathcal{K} : \mathbf{x}^*(t) = \mathbf{x}\big(\mathbf{u}(t)\big)$ eine Flächenkurve auf $\mathcal{F}$ und $\overline{\mathcal{K}} : \overline{\mathbf{x}}^*(t) = \overline{\mathbf{x}}\big(\mathbf{u}(t)\big)$ ihre Bildkurve auf $\overline{\mathcal{F}}$. Dann hängt der Quotient

$$\lambda := \frac{d\overline{s}}{ds} = \frac{|\dot{\overline{\mathbf{x}}}^*|}{|\dot{\mathbf{x}}^*|} = \left(\frac{\overline{g}_{ik}\dot{u}^i\dot{u}^k}{g_{lm}\dot{u}^l\dot{u}^m}\right)^{\frac{1}{2}} = \left(\frac{\overline{g}_{ik}du^i du^k}{g_{lm}du^l du^m}\right)^{\frac{1}{2}}$$

---

[82]) JOHANN HEINRICH LAMBERT (1728 - 1777) befaßte sich während seiner Tätigkeit an der Berliner Akademie u.a. mit Entwürfen geographischer Karten.

[83])Azimutal heißt der Entwurf, weil die Meridiane $u^1 = $ const im Bild als Geraden durch $N(r = 0)$ erscheinen, wobei die Winkel zwischen den Meridianen (*Azimute*) erhalten bleiben (arabisch: assumus = die Wege).

in einem festen Flächenpunkt $\mathbf{x}_0$ nur von der Richtung $du^1 : du^2$ ab. Die positive Zahl $\lambda$ heißt *Längenverzerrung* von $\phi$ in $\mathbf{x}_0$ bezüglich $du^1 : du^2$. Ihre Extremwerte $\lambda_1, \lambda_2$ heißen *Hauptverzerrungen*, die zugehörigen Richtungen $\boldsymbol{\xi}_{(1)}, \boldsymbol{\xi}_{(2)}$ heißen *Hauptverzerrungsrichtungen*. Völlig analog zu den Überlegungen in Abschnitt 4.5 (Sätze 4.3, 4.4; ersetze $b_{ik}$ durch $\overline{g}_{ik}$ und $\kappa_n$ durch $\lambda^2$) erhält man:

*Wenn $\lambda^2(\boldsymbol{\xi})$ nicht konstant ist, also $\overline{g}_{ik} \neq \lambda^2 g_{ik}$ gilt, dann gibt es genau zwei zueinander orthogonale Hauptverzerrungsrichtungen $\boldsymbol{\xi}_{(1)}, \boldsymbol{\xi}_{(2)}$ mit $|\boldsymbol{\xi}_{(i)}| = 1$, die Eigenvektoren der Matrix $(g^{jk}\overline{g}_{lk})$ sind. Die zugehörigen Eigenwerte $\lambda_1{}^2, \lambda_2{}^2$ sind die Hauptverzerrungen. Für $\varphi := \angle(\boldsymbol{\xi}, \boldsymbol{\xi}_{(1)})$ gilt die Formel von TISSOT*

$$\lambda^2(\boldsymbol{\xi}) = \lambda_1{}^2 \cos\varphi + \lambda_2{}^2 \sin\varphi.$$

## 6.4 Kartennetzentwürfe

Winkel- und inhaltstreue Abbildungen spielen eine wichtige Rolle in der *Kartographie*, die sich mit dem mathematischen Entwurf von Land-, See- und Himmelskarten befaßt. Die Erdoberfläche wird dabei als Sphäre oder als abgeplattetes Drehellipsoid aufgefaßt.

Ausgangspunkt ist wieder die Standardparametrisierung der Einheitssphäre

$$\mathbf{x}(u^1, u^2) = (\cos u^1 \sin u^2, \sin u^1 \sin u^2, \cos u^2),\ 0 \leq u^1 < 2\pi \qquad (6.19)$$

mit $u^1$ als geographischer Breite und $(\frac{\pi}{2} - u^2)$ als geographischer Länge (s. (0.34), $r = 1$). Die stereographische Projektion (Beispiel 6.3) und der Lambertsche Azimutalentwurf (Beispiel 6.4) sind winkel- bzw. inhaltstreu. Längentreue Abbildungen in die Ebene sind nach Satz 6.3 unmöglich.

Wir betrachten weitere Beispiele für winkel- und inhaltstreue Abbildungen der Sphäre in die Ebene.[84]

**Mercator-Entwurf** [85]

$$\phi : \mathbf{x}(u^1, u^2) \mapsto (\overline{x}(u^1, u^2), \overline{y}(u^1, u^2)) = (u^1, \ln \cot \frac{u^2}{2}) \qquad (6.20)$$

Das Bild der Sphäre ist der Streifen $\{(\overline{x}, \overline{y}) | 0 \leq \overline{x} < 2\pi\}$ der $(\overline{x}, \overline{y})$-Ebene (Abb. 6.5 (nach[Stru])). Die Längen- und Breitenkreise gehen in Parallelen zu

---

[84]) Wie üblich bezeichnen wir in der Ebene die kartesischen Koordinaten mit $x, y$.

[85]) So benannt nach dem Geographen GERHARD KREMER (lat. MERCATOR (1512 - 1594)), der seine Weltkarte (*Mercator-Karte*) 1569 veröffentlichte. Obwohl im Gegensatz zur stereographischen Projektion kein wirklicher Projektionsvorgang vorliegt, bezeichnet man den Mercator-Entwurf meist als *Mercator-Projektion*.

den Koordinatenachsen über.

Zwei Eigenschaften des Mercator-Entwurfes sind besonders bemerkenswert:

(1) Die Abbildung (6.20) ist winkeltreu.

Aus $\overline{y}_{u^2} = \frac{-1}{\sin u^2}$ und $\overline{g}_{22} = (0, \overline{y}_{u^2})^2 = \frac{1}{\sin^2 u^2}$ folgt nämlich unter Beachtung von (4.37)

$$d\overline{s}^2 = d\overline{x}^2 + d\overline{y}^2 = (du^1)^2 + \frac{1}{\sin^2 u^2}(du^2)^2 = \frac{ds^2}{\sin^2 u^2}.$$

Dabei hängt der Faktor $c = c(u^1, u^2) :=$ $(\sin^2 u^2)^{-1}$ (s. (6.12)) nur von der geographischen Breite ab. Die Längenverzerrung $\sqrt{c}$ ist in Polnähe am größten $(\sin^2 u^2 \to 0)$. Der Äquator $u^2 = \frac{\pi}{2}$ wird durch den Mercator-Entwurf längentreu abgebildet. Für äquatornahe Gebiete ist also die Mercator-Karte am genauesten.

(2) Die Loxodromen der Sphäre als Kurven konstanten Winkels mit den Meridianen (Beispiele 4.10, 4.12) erscheinen

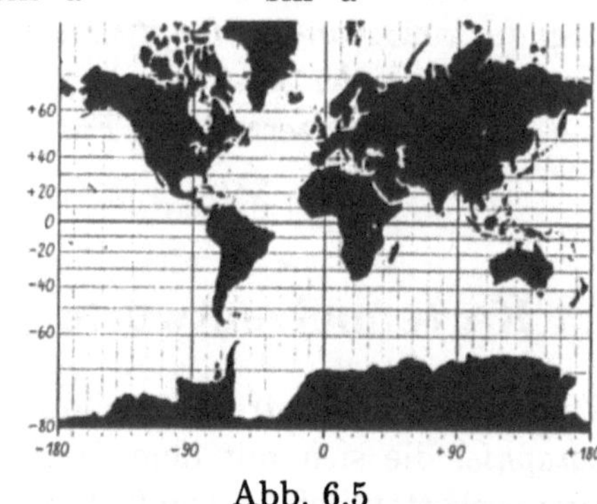

Abb. 6.5

auf der Mercator-Karte wegen der Winkeltreue als Geraden, die gegen die Vertikalen (Bilder der Meridiane) unter dem konstanten Kurswinkel $\psi$ geneigt sind. Wegen der daraus folgenden Bedeutung für die Seefahrt wird die Mercator-Karte auch als *Seekarte* bezeichnet. Die Kurven konstanten Kurses sind darauf mit dem Lineal bestimmbar.

## Entwurf von ARCHIMEDES[86]) und LAMBERT

$$\phi : \mathbf{x}(u^1, u^2) \mapsto (\overline{x}(u^1, u^2), \overline{y}(u^1, u^2)) = (u^1, \cos u^2) \qquad (6.21)$$

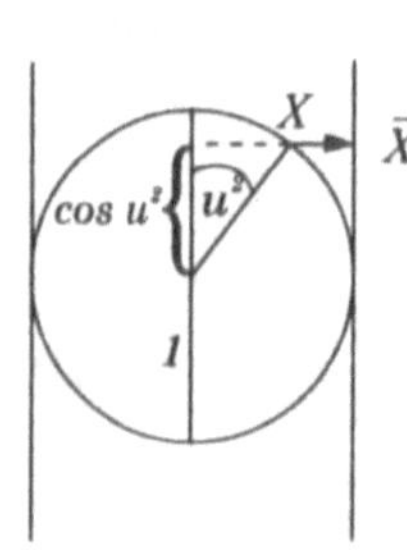

Abb. 6.6

Man erhält den Entwurf geometrisch, indem man um die Sphäre einen den Äquator berührenden Zylinder legt, die Sphärenpunkte durch Lote zur Zylinderachse in Zylinderpunkte projiziert und anschließend den längs einer Mantellinie aufgeschnittenen Zylinder in die $(\overline{x}, \overline{y})$-Ebene abwickelt (Abb. 6.6).

Die Meridianbilder sind Geraden ($u^1 = $ const) parallel zur $\overline{y}$-Achse. Der Äquator wird wieder längentreu abgebildet. Das Sphärenbild ist ein Rechteck der Seitenlängen $2\pi$ und 2. Aus (4.36), Satz 6.7 und

$$\overline{g} = \det(\overline{g}_{ij}) = \det \begin{pmatrix} 1 & 0 \\ 0 & \sin^2 u^2 \end{pmatrix} = \sin^2 u^2 = g$$

---

[86]) ARCHIMEDES (287 -212 v. u. Z.).

folgt die Inhaltstreue von $\phi$.

**Mollweidescher Entwurf** [87])

$$\phi : \mathbf{x}(u^1, u^2) \mapsto (\overline{x}(u^1, u^2)), \overline{y}(u^1, u^2)) = (\tfrac{2\sqrt{2}}{\pi} u^1 \cos t, \sqrt{2}\sin t) \tag{6.22}$$

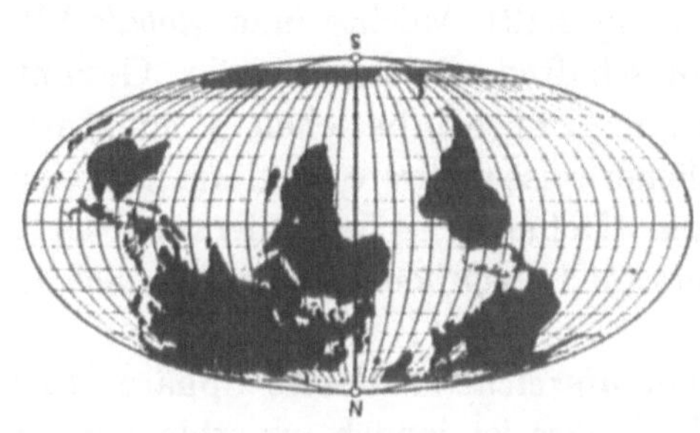

Abb. 6.7

mit $\quad \pi \cos u^2 := 2t + \sin 2t$.

Man überlegt sich leicht, daß das Intervall $(-\tfrac{\pi}{2}, \tfrac{\pi}{2})$ durch $t \to 2t + \sin 2t$ auf $(-\pi, \pi)$ und durch $t \to u^2(t) = \arccos[\tfrac{1}{\pi}(2t + \sin 2t)]$ auf $(0, \pi)$ abgebildet wird. Die Halbsphäre $-\tfrac{\pi}{2} \leq u^1 \leq \tfrac{\pi}{2}$ wird dann wegen $|\tfrac{2\sqrt{2}}{\pi} u^1| \leq \sqrt{2}$ durch $\phi$ auf den flächengleichen Kreis $\overline{x} = \sqrt{2}\cos t$, $\overline{y} = \sqrt{2}\sin t$, $-\tfrac{\pi}{2} \leq t \leq \tfrac{\pi}{2}$, abgebildet.

Das Bild der ganzen Sphäre ist offenbar eine Ellipse mit den Halbachsen $a = 2\sqrt{2}$, $b = \sqrt{2}$ (Abb. 6.7 (nach [Stru])). Die Bilder der Pole sind $(0, \pm\sqrt{2})$. Der Mollweidesche Entwurf $\phi$ ist inhaltstreu (Aufgabe 6.3).[88]

**Aufgabe 6.3** Weise die Inhaltstreue des Mollweideschen Entwurfes nach. (Anleitung: Benutze (0.43) und (4.34).)

**Aufgabe 6.4** Beweise die Nichtexistenz von Erdkarten, die sowohl winkeltreu als auch inhaltstreu sind.

**Aufgabe 6.5** Zeige, daß die Zentralprojektion der oberen Halbsphäre mit dem Kugelmittelpunkt als Zentrum auf die Tangentialebene im Nordpol eine geodätische Abbildung ist. Gib die Abbildungsfunktion $\phi$ an.

---

[87]) Im Jahre 1805 vom deutschen Astronom KARL BRANDAN MOLLWEIDE (1774 - 1825) angegeben.

[88]) Mit einem Entwurf allein ist es bei der Abbildung von Kontinenten zumeist noch nicht getan. Zur Vermeidung zu großer Verzerrungen müssen mehrere Entwürfe gemischt werden. Will man die Resultate von Präzisionsmessungen etwa in der Satellitengeodäsie auswerten, so sind aufwendige Berechnungen verschiedener geodätischer Koordinatensysteme erforderlich (s. [GiHo]).Weitere Kartennetzentwürfe findet der Leser in [Hos], [Stru] und [Klo].

# 7 Globale Eigenschaften von Flächen

Beim Studium *lokaler* Flächeneigenschaften, wie Tangentialebene, Krümmung usw., betrachteten wir im wesentlichen Flächen, die durch *eine einzige* Parametrisierung beschreibbar sind. Aber schon die Sphäre kann nicht regulär parametrisiert werden. Bei der Standardparametrisierung (0.34) sind Nord- und Südpol singuläre Punkte (s. Bemerkung 4.10). Möchte man *globale* Flächeneigenschaften untersuchen, also Eigenschaften, die sich auf die „Gesamtausdehnung" einer Fläche (auf Flächen „im Großen") beziehen, so muß man eine solche „globale " Fläche durch möglicherweise mehrere reguläre, injektive, parametrisierte Flächenstücke überdecken (Definition 4.5, Bemerkung 4.11). Zwei typische Beispiele sollen den Unterschied zwischen *lokaler* und *globaler* Geometrie verdeutlichen:

(1) MINDING zeigte bereits 1838, daß ein *hinreichend kleines* Sphärenstück verbiegbar ist (Abschnitt 6.1). Die *volle* Sphäre ist jedoch unverbiegbar (H. LIEBMANN 1899). An einem Tischtennisball (bzw. einem Teil davon) ist diese Eigenschaft gut demonstrierbar. [89])

(2) In einer *hinreichend kleinen* Umgebung eines Flächenpunktes sind zwei beliebige Punkte durch genau eine Geodätische, die zugleich Kürzeste ist, verbindbar (Abschnitt 4.7). Im Großen gilt diese Aussage nicht. Auf einem Zylinder etwa sind zwei Punkte durch unendlich viele Geodätische verbindbar (Beispiel 4.36).

Das Studium *globaler* Flächen erfordert vielfach neue Beweismethoden, insbesondere aus der Topologie, auf die hier verzichtet werden muß. Zu den wichtigsten und tiefsten Sätzen der Flächentheorie gehört der Satz von GAUSS-BONNET.

## 7.1 Der Integralsatz von Gauß-Bonnet

Es seien $U$ ein Gebiet der $(u^1, u^2)$-Ebene und

$$\mathcal{K}_U : \mathbf{u} = \mathbf{u}(s) = (u^1(s), u^2(s)), \ s \in I, \ \mathbf{u}(s) \in U \qquad (7.1)$$

---

[89]) Ein weiteres Beispiel ist ein einfacher Blecheimer, der seine Festigkeit durch das kreisförmige Flächenstück erhält. Er ist *global* unverbiegbar, seine einzelnen Flächenstücke gestatten aber sehr wohl eine Verbiegung.

eine *ebene, stückweise differenzierbare* [90]*), einfache, geschlossene, positiv orientierte* Kurve (s. Definition 3.1). $\mathcal{K}_U$ besteht also aus endlich vielen regulären Kurvenbögen. Nur an endlich vielen Stellen $s_1, \cdots, s_n \in I$ (*Ecken*) braucht $\mathcal{K}_U$ keine wohldefinierte Tangente zu besitzen. Eine solche Kurve nennt man auch *Bogenpolygon* (krummlinig begrenztes Vieleck). $\mathcal{K}_U$ ist der Rand eines beschränkten Gebietes $V \subset U$, das beim Durchlauf von $\mathcal{K}_U$ wegen der positiven Orientierung auf der linken Seite von $\mathcal{K}_U$ liegt (Definition 3.1, Abbildung 7.1).

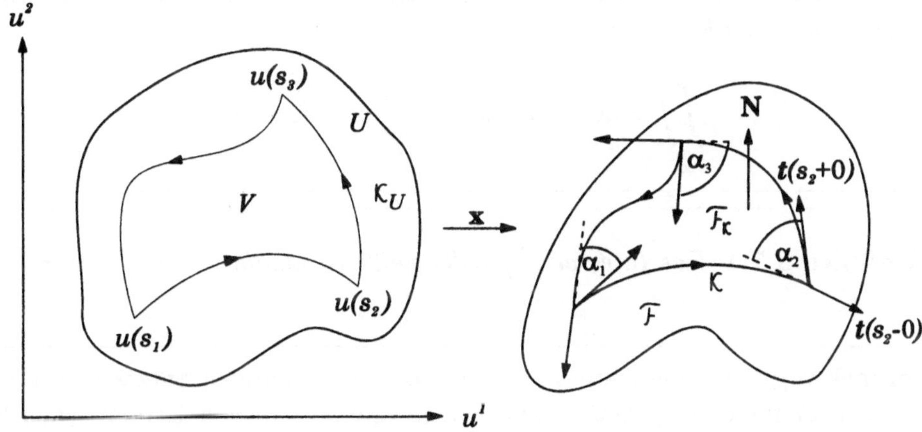

Abb. 7.1

Nun sei $\mathcal{F}: \mathbf{x} = \mathbf{x}(\mathbf{u})$, $\mathbf{u} = (u^1, u^2) \in U$ eine Fläche und $\mathcal{K}: \mathbf{x}^*(s) = \mathbf{x}(\mathbf{u}(s)), s \in I$ die Bildkurve von $\mathcal{K}_U$ auf $\mathcal{F}$ mit $s$ als Bogenlänge von $\mathcal{K}$. Ist $\mathbf{x} : U \to \mathcal{F}$ injektiv, dann ist auch $\mathcal{K}$ ein Bogenpolygon auf $\mathcal{F}$ (Abb. 7.1). Das Innere $\mathcal{F}_\mathcal{K}$ ist als Bild von $V$ einfach zusammenhängend [91]). Blickt man von der positiven Richtung des Flächennormalenvektors $\mathbf{N}$, so liege $\mathcal{F}_\mathcal{K}$ *links* vom Rand $\mathcal{K}$. (Anderenfalls erreicht man dies einfach durch Vertauschen der Parameter $u^1, u^2$.) Man sagt in diesem Falle, daß die Kurve $\mathcal{K}$ auf der Fläche $\mathcal{F}$ *positiv orientiert* sei. $\mathcal{K}$ habe in der Ecke $\mathbf{x}^*(s_i)$, $(1 \leq i \leq n)$ den links- bzw. rechtsseitigen Tangentenvektor $\mathbf{t}(s_i - 0)$ bzw. $\mathbf{t}(s_i + 0)$ und den *Innenwinkel* $\alpha_i := \pi - \angle(\mathbf{t}(s_i - 0), \mathbf{t}(s_i + 0))$ (Abb. 7.1).
Sind $K$ die Gaußsche Krümmung (s. (4.73), (4.99)) von $\mathcal{F}$ und $\kappa_g$ die geodätische Krümmung von $\mathcal{K}$ (s. (4.107), (4.112)), dann sind das Oberflächenintegral über $\mathcal{F}_\mathcal{K}$ $\iint\limits_{\mathcal{F}_\mathcal{K}} K dO$ mit dem Oberflächenelement $dO = \sqrt{g} du^1 du^2$ (s. Bemer-

---

[90]) s. Definition 2.4.
[91]) d.h., die Randkurve $\mathcal{K}$ läßt sich stetig auf einen beliebigen Punkt zusammenziehen, ohne $\mathcal{F}_\mathcal{K}$ zu verlassen.

kung 4.18) und das Kurvenintegral $\int_{\mathcal{K}} \kappa_g ds$ längs $\mathcal{K}$ wohldefiniert ([KöPf]).

Aus dem Gaußschen Integralsatz der $(u^1, u^2)$-Ebene folgt (s. [dCa], [Kre], [Lip]):

---

**Satz 7.1 (GAUSS-BONNET)** *Es seien* $\mathcal{F} : \mathbf{x} = \mathbf{x}(\mathbf{u}), \mathbf{u} \in U$ *eine injektive Fläche,* $\mathcal{F}_\mathcal{K}$ *ein von einem positiv orientierten Bogenpolygon* $\mathcal{K} : \mathbf{x}^*(s) = \mathbf{x}(\mathbf{u}(s))$, $s \in I$ *berandetes Flächenstück,* $\alpha_i$, $(1 \leq i \leq n)$ *die Innenwinkel von* $\mathcal{K}, K$ *die Gaußsche Krümmung von* $\mathcal{F}$ *und* $\kappa_g$ *die geodätische Krümmung von* $\mathcal{K}$. *Dann gilt:*

$$\iint\limits_{\mathcal{F}_\mathcal{K}} K\, dO + \int\limits_{\mathcal{K}} \kappa_g ds = \sum_{i=1}^{n} \alpha_i + (2-n)\pi. \tag{7.2}$$

---

**Definition 7.1** *Das Integral* $\iint\limits_{\mathcal{F}_\mathcal{K}} K\, dO$ *heißt Gesamtkrümmung von* $\mathcal{F}_\mathcal{K}$.

---

**Bemerkung 7.1** Eine erste Version dieses fundamentalen Satzes wurde von GAUSS 1827 für den Spezialfall angegeben, daß $\mathcal{F}_\mathcal{K}$ ein von Geodätischen begrenztes Dreieck (*geodätisches Dreieck*) ist. Die Verallgemeinerung erfolgte durch O. BONNET im Jahre 1848.

Der Satz von GAUSS-BONNET ist eine innergeometrische Eigenschaft der Fläche, (7.2) ist also auch biegungsinvariant (Bemerkung 6.1). Sind die Begrenzungslinien von $\mathcal{F}_\mathcal{K}$ Geodätische, dann folgt aus (7.2) wegen $\kappa_g = 0$:

---

**Satz 7.2 (Theorema elegantissimum)[92]** *Sind die Randbögen des Flächenstückes* $\mathcal{F}_\mathcal{K}$ *(Satz 7.1) Geodätische, dann gilt:*

$$\iint\limits_{\mathcal{F}_\mathcal{K}} K\, dO = \sum_{i=1}^{n} \alpha_i + (2-n)\pi. \tag{7.3}$$

*Für ein geodätisches Dreieck (n=3) folgt insbesondere:*

$$\sum_{i=1}^{3} \alpha_i = \pi + \iint\limits_{\mathcal{F}_\mathcal{K}} K\, dO. \tag{7.4}$$

---

[92]) GAUSS (1827).

**Bemerkung 7.2** Für $K = 0$ erhält man aus (7.3) die bekannte Winkelsumme eines ebenen $n$-Ecks: $\sum_{i=1}^{n} \alpha_i = (n-2)\pi$.

Aus (7.4) folgt:

---

**Satz 7.3** *Auf einem elliptisch gekrümmten Flächenstück ($K > 0$), z.B. der Sphäre, ist die Winkelsumme jedes geodätischen Dreiecks größer als $\pi$, auf einem hyperbolisch gekrümmten ($K < 0$), z.B. der Pseudosphäre, ist sie kleiner als $\pi$. Auf einem in die Ebene abwickelbaren Flächenstück (z.B. Zylinder oder Kegel) ist die Winkelsumme stets gleich $\pi$.*

---

**Bemerkung 7.3** Die Differenz $\sum_{i=1}^{3} \alpha_i - \pi$ heißt *Exzeß*. Nach (7.4) ist der Exzeß gleich der Gesamtkrümmung. Diese wiederum ist nach Bemerkung 4.37 betragsmäßig gleich dem Flächeninhalt des sphärischen Bildes der Gauß-Abbildung von $\mathcal{F}_K$ auf die Einheitssphäre (Definition 4.8). Im Falle konstanter Gaußscher Krümmung ist die Gesamtkrümmung gleich $K \cdot O(\mathcal{F}_K)$, wobei $O(\mathcal{F}_K)$ der Flächeninhalt des geodätischen Dreiecks $\mathcal{F}_K$ ist. Der Innenwinkelsatz $\sum_{i=1}^{3} \alpha_i = \pi$ (bzw. $K \equiv 0$) ist gleichbedeutend mit dem die Euklidische Geometrie kennzeichnenden Parallelenaxiom (s. Abschnitt 5.4).

Im folgenden benötigen wir den Begriff der *Orientierbarkeit* von Flächen.

---

**Definition 7.2** *Eine Fläche $\mathcal{F}$ heißt orientierbar, wenn ihre Gauß-Abbildung (Normalenabbildung) auf die Einheitssphäre stetig ist.*

---

**Bemerkung 7.4** Ist $\mathbf{x}(u^1, u^2)$ eine lokale Parametrisierung von $\mathcal{F}$, dann ist durch (4.24) der Flächennormalenvektor $\mathbf{N}$ festgelegt. Die Richtung von $\mathbf{N}$ hängt aber von der Parametrisierung ab (s. (4.26)). Eine orientierungsumkehrende Parametertransformation (z.B. die Vertauschung der Parameter; s. Definition 4.6) hat eine Richtungsänderung von $\mathbf{N}$ zur Folge. Jedenfalls ist die Gauß-Abbildung $(u^1, u^2) \mapsto \mathbf{N}(u^1, u^2) \in S^2$ stets *lokal* stetig. Sie braucht aber nicht *global*, d.h. für die gesamte Fläche, stetig zu sein, wie das Möbius-Band zeigt (Beispiel 5.3). In diesem Falle kann man also keine Flächenseite auszeichnen. Die Sphäre ist orientierbar, $\mathbf{N}$ kann entweder überall nach außen oder nach innen zeigen. Nahezu alle bisher betrachteten Flächen sind orientierbar. Hat man eine Flächennormalenrichtung einer orientierbaren Fläche festgelegt, so sagt man, die Fläche sei *orientiert*.

**Weitere Folgerungen aus dem Satz von Gauß-Bonnet**

(1) Aus (7.3) folgt für ein *geodätisches Zweieck* $(n = 2) : \alpha_1 + \alpha_2 = \iint\limits_{\mathcal{F}_\mathcal{K}} K\,dO.$

Insbesondere erhält man für die Einheitssphäre $(K = 1)$ (Abb. 7.2): $\alpha_1 + \alpha_2 = O(\mathcal{F}_\mathcal{K}).$

*Auf einem Flächenstück mit nirgends positiver Gaußscher Krümmung können sich also zwei verschiedene Geodätische nur in einem Punkt schneiden.*

(2) Für $n = 0$ folgt aus (7.3):

*Auf einem einfach zusammenhängenden Flächenstück mit nirgends positiver Gaußscher Krümmung gibt es keine geschlossene Geodätische.*

(3) Im Jahre 1842 folgerte C. G. J. Jacobi [93]) (s. z.B. [Stru]):

*Ist das sphärische Hauptnormalenbild $s \to \mathbf{n}(s)$ einer geschlossenen Kurve (s. (1.47)) doppelpunktfrei, dann zerlegt es die Oberfläche der Einheitssphäre in zwei flächengleiche Teile.*

Abb. 7.2

(4) Zwei Flächen $\mathcal{F}$ und $\mathcal{F}^*$ heißen *homöomorph*, wenn es eine eineindeutige und umkehrbar stetige Abbildung von $\mathcal{F}$ auf $\mathcal{F}^*$ gibt. Die Fläche $\mathcal{F}^*$ geht dann aus $\mathcal{F}$ durch eine stetige Deformation hervor. Jedes Ellipsoid ist beispielsweise homöomorph zur Sphäre.

Eine Fläche heißt *kompakt*, wenn ihre Punktmenge im $\mathbb{R}^3$ abgeschlossen und beschränkt ist. Das Ellipsoid und der Torus sind kompakt, die Ebene und der Zylinder sind nicht kompakt. Auch zwei unzusammenhängende abgeschlossene Halbsphären sind kompakt. Ihre Ränder sind zwei Großkreise.

Eine zusammenhängende kompakte Fläche, deren Rand leer ist, nennt man *geschlossen*. Beispiele geschlossener Flächen sind die Sphäre und der Torus.

Die Fläche $\mathcal{F}$ sei nun vom „*Sphärentyp*", d.h. geschlossen und homöomorph zur Sphäre. Durch eine geschlossene reguläre Flächenkurve $\mathcal{K}$ werde $\mathcal{F}$ in zwei Teilflächen $\mathcal{F}_+$ und $\mathcal{F}_-$ zerlegt. Dann folgt aus (7.2) für $n = 0$:

$$\iint\limits_{\mathcal{F}_+} K\,dO + \int\limits_{\mathcal{K}} \kappa_g\,ds = 2\pi, \qquad \iint\limits_{\mathcal{F}_-} K\,dO - \int\limits_{\mathcal{K}} \kappa_g\,ds = 2\pi.$$

Das Minuszeichen in der zweiten Gleichung resultiert aus der Forderung nach jeweils *positiver* Orientierung von $\mathcal{K}$. Durch Addition beider Gleichungen folgt für die Gesamtkrümmung

$$\iint\limits_{\mathcal{F}} K\,dO = 4\pi. \tag{7.5}$$

---

[93]) Carl Gustav Jakob Jacobi (1804 - 1851).

Man erhält also das erstaunliche Resultat:

*Für jede Fläche vom Sphärentyp ist die Gesamtkrümmung konstant.*

Eine nirgends positiv gekrümmte geschlossene Fläche kann also nicht homöomorph zur Sphäre sein.

(5) Die Formel (7.5) kann wie folgt verallgemeinert werden:

Ein wichtiges Resultat der Topologie von Flächen besagt, daß jede geschlossene, orientierbare Fläche $\mathcal{F}$ homöomorph zu einer Sphäre mit $p$ ($p = 0, 1, 2, \cdots$) *aufgesetzten Henkeln* ist (Abb. 7.3). Die Zahl $p$ heißt nach B. RIEMANN das *Geschlecht* von $\mathcal{F}$. Die Sphäre hat also das Geschlecht 0, der Torus hat das Geschlecht 1 (Abb. 7.3).

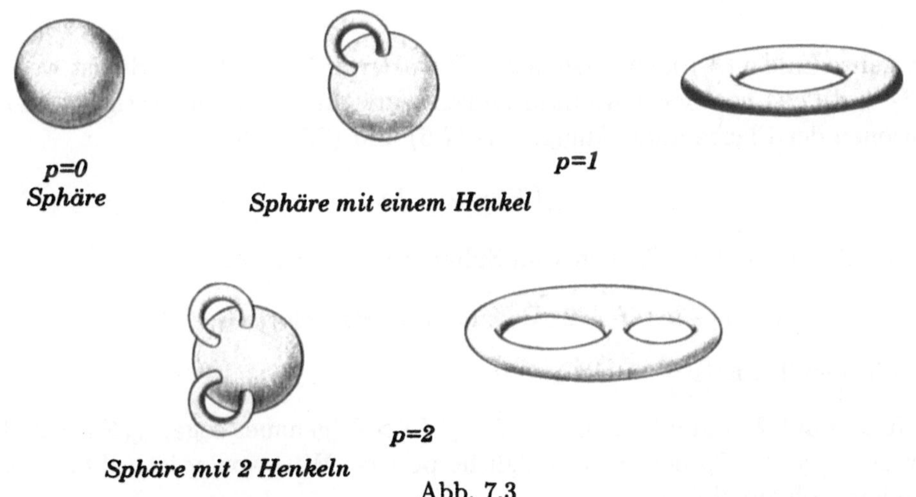


Abb. 7.3

Es zeigt sich, daß die Gesamtkrümmung einer solchen Fläche nur vom Geschlecht abhängt:

*Jede geschlossene orientierbare Fläche $\mathcal{F}_p$ vom Geschlecht $p$ hat die Gesamtkrümmung*

$$\iint\limits_{\mathcal{F}_p} K\,dO = 4\pi(1 - p). \tag{7.6}$$

Die Gesamtkrümmung des Torus ($p = 1$) ist also Null. In diesem fundamentalen Resultat begegnen sich Differentialgeometrie und Topologie. Den Beweis führt man durch Zerlegung von $\mathcal{F}_p$ in einfach zusammenhängende Flächenstücke, auf die (7.2) angewandt wird ([Kre]).

(6) Jede geschlossene orientierbare Fläche $\mathcal{F}$ kann *trianguliert* werden, d.h.

mit einem *Dreiecksnetz* überdeckt werden, das aus $e$ Ecken, $k$ Kanten und $f$ Dreiecksflächen besteht (Abb. 7.4).

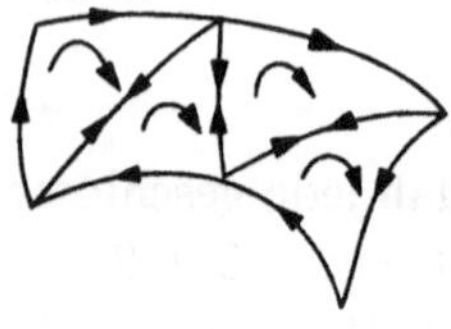

Die Kanten der Dreiecksflächen seien reguläre Kurvenbögen. Der Umlaufsinn jedes Dreiecks ist so wählbar, daß jede Kante benachbarter Flächen in entgegengesetzten Richtungen durchlaufen wird. Wendet man nun (7.2) auf jede Dreiecksfläche an, dann folgt ([dCa]):[94]

**Abb. 7.4**

$$\iint_{\mathcal{F}} K\,dO = 2\pi\chi(\mathcal{F}) \quad \text{mit} \quad \chi(\mathcal{F}) := e - k + f. \tag{7.7}$$

Die ganze Zahl $\chi(\mathcal{F})$ heißt *Eulersche Charakteristik* der Fläche. Sie ist wegen (7.6) und (7.7) von der gewählten Dreieckszerlegung und von stetigen Deformationen der Fläche unabhängig. Aus (7.6) und (7.7) folgt

$$\chi(\mathcal{F}) = 2 - 2p. \tag{7.8}$$

**Beispiel 7.1** (a) Für Flächen vom Sphärentyp ($p = 0$) ist

$$\chi = e - k + f = 2 \qquad \textit{Eulersche Polyederformel}\,{}^{95})$$

(b) Für den Torus ($p = 1$) gilt $\chi = 0$.

Ist $K > 0$ auf $\mathcal{F}$, dann folgt aus (7.7) $\chi(\mathcal{F}) > 0$ (genauer sogar $\chi(\mathcal{F}) = 2$, da 2 wegen $\chi = 2 - 2p$ der einzig mögliche positive Wert von $\chi$ ist), d.h., $\mathcal{F}$ ist homöomorph zur Sphäre.

Die Eulersche Charakteristik einer geschlossenen Fläche $\mathcal{F}$ ist gleich der Indexsumme eines differenzierbaren Vektorfeldes auf $\mathcal{F}$ mit isolierten Singularitäten ([Zei]).

**Aufgabe 7.1** Berechne die Gesamtkrümmung der Sphäre und des Torus direkt.

**Aufgabe 7.2** Wende den Gauß-Bonnetschen Satz auf einen „durchschnittenen" ebenen Kreisring an.

**Aufgabe 7.3** Zeige, daß eine geschlossene, orientierbare Fläche $\mathcal{F}$ eine Sphäre mit mindestens zwei Henkeln ist, falls auf $\mathcal{F}$ gilt: $K < 0$.

---

[94]) Beachte, daß Satz 7.1 die *lokale,* d.h. nur auf *eine* Parametrisierung bezogene Version des Satzes von GAUSS-BONNET ist. Eine entsprechende *globale,* auf die Triangulierung der Fläche aufbauende Version findet man z.B. in [dCa] und [Kli].

[95]) LEONHARD EULER bewies sie 1752 für konvexe Polyeder.

## 7.2 Eiflächen

In Abschnitt 3.3 betrachteten wir Eilinien als spezielle konvexe Kurven mit positiver Krümmung. Das Analogon in der Flächentheorie sind die Eiflächen.

---

**Definition 7.3** *Eine Fläche $\mathcal{F} : \mathbf{x} = \mathbf{x}(u^1, u^2)$ heißt streng konvex, falls für jedes $\mathbf{x}_0 \in \mathcal{F}$ die Fläche $\mathcal{F}$ ganz auf einer Seite der Tangentialebene von $\mathcal{F}$ in $\mathbf{x}_0$ gelegen ist.*

---

**Bemerkung 7.5** Eine dreidimensionale kompakte Punktmenge $\mathcal{M} \subset \mathbb{R}^3$, die mit zwei Punkten $P, Q$ auch ihre Verbindungsstrecke $\overline{PQ}$ enthält, heißt *konvexer Körper*. Die Menge aller Randpunkte von $\mathcal{M}$ ist eine *konvexe* Fläche $\mathcal{F}$. Sie ist geschlossen und zur Sphäre homöomorph. (Beispiel: $\mathcal{M}$ Kugel, $\mathcal{F}$ Sphäre.) Eine Tangentialebene einer konvexen Fläche $\mathcal{F}$ [96]) kann außer dem Berührungspunkt $\mathbf{x}_0$ noch weitere Flächenpunkte enthalten. Enthält sie für alle $\mathbf{x}_0$ nur den Berührungspunkt, dann ist $\mathcal{F}$ im Sinne der Definition 7.3 streng konvex (Abb. 7.5).

Abb. 7.5

---

**Definition 7.4** *Eine geschlossene, streng konvexe Fläche heißt Eifläche.*

---

Wie Eilinien sind auch die Eiflächen durch die Krümmung charakterisierbar. J. HADAMARD [97]) bewies im Jahre 1903 ([Kli])

---

**Satz 7.4** *Eine Fläche ist genau dann eine Eifläche, wenn ihre Gaußsche Krümmung überall positiv ist.*

---

Beispiele für Eiflächen sind die Ellipsoide. Eine besonders wichtige Eigenschaft der Eiflächen ist ihre *Unverbiegbarkeit*. Wir erinnern zunächst daran, daß zwei auf gleiche Parameter bezogene Flächen $\mathcal{F}$ und $\overline{\mathcal{F}}$ genau dann isometrisch sind, wenn gilt: $g_{ij} = \overline{g}_{ij}$ (Abschnitt 6.1). Zwei Flächen $\mathcal{F}$ und $\overline{\mathcal{F}}$ heißen *kongruent*, wenn sie durch eine Bewegung auseinander hervorgehen (s. (0.20)). Bei geeigneter Orientierung ist nach dem Fundamentalsatz (Abschnitt 4.6) notwendig und hinreichend für die Kongruenz zweier Flächen $\mathcal{F}$ und $\overline{\mathcal{F}}$ die Übereinstim-

---

[96]) Sie wird in diesem Zusammenhang auch *Stützebene* von $\mathcal{F}$ genannt.

[97]) JACQUES HADAMARD (1865-1963), einer der bedeutendsten französischen Mathematiker.

mung beider Fundamentalformen, also

$$(a)\ g_{ij} = \overline{g}_{ij}, \quad (b)\ b_{ij} = \overline{b}_{ij}. \tag{7.9}$$

S. COHN-VOSSEN (1927) bewies zuerst, daß zwei isometrische Eiflächen bereits
kongruent sein müssen. Der Beweis wurde 1943 von G. HERGLOTZ (1881 - 1953)
unter Benutzung seiner *Integralformeln* ([Kli]) vereinfacht.

---

**Satz 7.5** *Zwei isometrische Eiflächen sind kongruent.*

---

Eiflächen sind also bis auf Bewegungen allein durch ihre Metrik, also durch ihre innere Geometrie bestimmt. Aus (7.9(a)) folgt auch (7.9(b)). Eiflächen sind
also *unverbiegbar*. Die Sphäre oder das Ellipsoid sind beispielsweise unverbiegbare Flächen. Dagegen ist eine Eifläche, in die ein beliebig kleines Loch
geschnitten ist, stets verbiegbar (POGORELOW (1951)).

**Bemerkung 7.6** Unter *infinitesimaler Verbiegbarkeit* versteht man eine infinitesimale Umformung einer Fläche, bei der die Längen aller Flächenkurven bis
auf Größen zweiter Ordnung ungeändert bleiben. H. LIEBMANN (1900) und W.
BLASCHKE (1912, 1921) zeigten, daß Eiflächen auch infinitesimal unverbiegbar
sind.

Schließlich seien einige die Sphäre kennzeichnende Eigenschaften genannt (s.
[Kre], [Lau]).

---

**Satz 7.6** *Eine kompakte Fläche $\mathcal{F}$ ist genau dann eine Sphäre, wenn eine
der folgenden Bedingungen erfüllt ist:*
*- $\mathcal{F}$ besteht nur aus Nabelpunkten.*
*- $\mathcal{F}$ hat konstante Gaußsche Krümmung.*
*- $\mathcal{F}$ hat positive Gaußsche Krümmung und konstante mittlere Krümmung.*

---

Weitere Untersuchungen über Flächen im Großen, insbesondere den fundamentalen Satz von HOPF und RINOW über geodätisch vollständige Flächen und den
Zusammenhang zwischen geschlossenen Geodätischen und der Fundamental-
gruppe, findet der Leser in [Kli].

**Aufgabe 7.4** Beweise: Schneiden sich die Geodätischen zweier Scharen auf einer Fläche
unter konstantem Winkel, dann ist $K \equiv 0$.

# 8 Ausblick: Weitere Anwendungen der Differentialgeometrie

Unter *Kurven- und Flächentheorie im* $\mathbb{R}^3$ läßt sich naturgemäß nur ein kleiner Ausschnitt aus dem weiten Feld der Differentialgeometrie darstellen. Vor allem die Beschränkung auf die Dimension 3 und der Ausschluß des etwa für die Theoretische Physik bedeutenden Begriffes der *Mannigfaltigkeit* sowie der *Riemannschen Geometrie* (s. [Klo], [Zei]) fällt ins Gewicht.
In diesem Ausblick sollen einige dem inhaltlichen Anliegen dieses Buches nur bedingt unterzuordnende Anwendungen kurz Erwähnung finden.

**Computer Aided Geometric Design (CAGD).** CAGD beschäftigt sich mit dem Entwurf, der Berechnung und Darstellung gekrümmter Objekte mittels eines Computers. CAGD hat sich in den letzten Jahren mit der Bereitstellung schneller Rechner und billigerer, größerer Speicher intensiv entwickelt und wird heute in zahlreichen Bereichen eingesetzt (z.B. Kurven- und Flächenvisualisierungen, Schnittzeichnungen, numerisch gesteuerte (NC) Maschinen, Modelle im Anlagen-, Automobil- und Flugzeugbau, in der Robotik, Medizin und Kartographie). Erwartungsgemäß gibt es starke Wechselwirkungen zwischen CAGD und klassischen mathematischen Disziplinen wie Differentialgeometrie, Approximationstheorie und Funktionalanalysis. Für eine numerische Darstellung von Kurven und Flächen benutzt man i. allg. rationale Funktionen als Approximationsfunktionen, in vielen Fällen kommt man aber mit Polynomen aus (z.B. Bernstein-Bézier[98])- und B-Spline-Darstellungen)(s. [HoLa], [GiHo], [MaNi], [Bär] und die darin enthaltenen Literaturquellen). Anstelle von CAGD spricht man auch von *geometrischer Datenverarbeitung*. Sie ist ein Teilgebiet der *konstruktiven Geometrie,* die auch die Darstellung räumlicher Objekte und die Lösung geometrischer Konstruktionsaufgaben mit den *klassischen* Hilfsmitteln Zirkel und Lineal enthält (s. z.B. [GiSe], [Bra], [Hoh]). Bezüglich graphischer Darstellungen von Flächen mit **Mathematica** sei erneut auf [Gra] verwiesen. Dort werden auch Programme für die numerische Berechnung der Gaußschen Krümmung sowie von Geodätischen auf beliebigen

---

[98]) Erstmalig vor ca. 35 Jahren von Pierre Bézier bei Renault benutzt.

Flächen angegeben. Neben **Mathematica** zählt **Maple** zu den ausgereiftesten und am stärksten verbreiteten Mathematikprogrammen. Wie Mathematica ist es für alle wichtigen Rechnerplattformen verfügbar und im Hochschulsektor relativ stark vertreten (s. [Kof]).

**Torsen in der Technik.** Besteht die Oberfläche eines Industrieproduktes aus Flächen, die in die Ebene abwickelbar sind (s. Bemerkung 6.1), dann kann man sie in einfacher Weise in der Ebene konstruieren. Man nimmt ein ebenes Material (z.B. Blech), konstruiert die Bilder der Randkurven der gesuchten Oberfläche und verbiegt schließlich diese ebenen Flächenstücke in den Raum. Oft ist es notwendig, Flächenstücke durch Torsen zu approximieren. Für Schraubenflächen finden diese „approximativen Abwicklungen" z.B. Anwendung bei der Konstruktion von Kühlschnecken. Auch für die Konstruktion von Schiffskörpern und von Blechhaltern für Formpressen in der Automobilindustrie sind abwickelbare Flächen von Bedeutung (s. z.B. [GiHo], [HoLa], [GiSe]).

**Spannungen in Schalen.** Welche Spannungen im Innern einer im Gleichgewichtszustand befindlichen Schale müssen vorhanden sein, damit sie in der Lage sind, den gegebenen an der Oberfläche der Schale angreifenden Kräften das Gleichgewicht zu halten? Die durch die Spannungen ausgelösten elastischen Dehnungen und die Biegespannungen der Schale sollen dabei unberücksichtigt bleiben (s. [Bau]). Bei der Lösung dieses Problems stellt sich heraus, daß für das Gleichgewicht eines Schalenelementes *gegen Verschiebungen innerhalb der Schale* die *geodätische* Krümmung der das Schalenelement begrenzenden Koordinatenlinien und in *Richtung der Flächennormale* die *Hauptkrümmungen* der Fläche maßgebend sind (bei Wahl der Krümmungslinien als Koordinatenlinien) (s. [Bau]).

**Wickellaminate.** Wickellaminate oder Faser-Composites werden z.B. beim Umwickeln von Tragflächen und anderen Körpern mit faserverstärktem Kunststoff benötigt. Ihre Festigkeit hängt u.a. vom sogenannten Wickelwinkel ab, der zwischen den Fadentangenten und den Hauptkrümmungslinien gemessen wird. Dabei führen Wickelwinkel von $\frac{\pi}{4}$ zur größten Festigkeit. Während des Wickelvorganges soll der Faden möglichst rutschsicher auf der zu wickelnden Fläche aufliegen. Die Tangential- bzw. Normalkomponente der auf den Faden wirkenden Spannkraft ist proportional zur geodätischen Krümmung $\kappa_g$ bzw. zur Normalkrümmung $\kappa_n$. Soll der Faden mit konstanter Rutschsicherheit verlegt werden, muß $\frac{\kappa_g}{\kappa_n}$ = const sein. In den Bereich der Faden- bzw. Ablagespuren fällt auch die Konstruktion von Fadengeflechten, die vielfältige Anwendungen in der Kunststoff- und Textilindustrie finden (s. Literaturzitate in [GiHo]).

**Orthopädie.** Geometrische Methoden werden erfolgreich für eine optimale Positionierung von Gelenkendoprothesen eingesetzt. Dabei ist der Bewegungsspielraum einer Endoprothese in Abhängigkeit von den Implantationsparametern zu untersuchen. Diese wiederum sollen möglichst unempfindlich für unvermeidbare Abweichungen von den theoretischen Werten während der Operation sein. Solche Modellierungen führten z.B. zu einem ausreichenden Bewegungsspielraum aller heute üblichen Hüftendoprothesen. Auf der Grundlage von Computer-Tomographie-Daten werden auch individuelle Hüftendoprothesen entwickelt (s. [GiHo] und die dort angegebenen Quellen).

**Beleuchtungsgeometrie.** Die Beleuchtungsgeometrie befaßt sich mit der Entwicklung mathematischer Modelle für Beleuchtungssituationen. Bezüglich einer Parallel- oder Zentralbeleuchtung wird jedem orientierten Flächenelement $(P, \mathbf{N})$ (mit dem Trägerpunkt $P$ und dem Normalenvektor $\mathbf{N}$) aufgrund einer gewählten Hypothese, etwa des Lambertschen Kosinusgesetzes, eine *Beleuchtungsstärke* zugeordnet. Bei Zentralbeleuchtung kann jedem vom Lichtzentrum auslaufenden Lichtstrahl eine Lichtstärke zugeordnet werden, die sich durch eine Lichtstärkeverteilungsfläche (*Lichtstärke-Indikatrix*) beschreiben läßt. Bei Parallelbeleuchtung wird eine solche über einer Normalebene der Lichtstrahlen definiert. Von besonderem Interesse, insbesondere für die *Flächenvisualisierung,* d.h. die Flächendarstellung mittels eines Computers, ist die Ermittlung der Flächenelemente gleicher Beleuchtungsstärke (*isophotische Flächenelemente*) (s. [GeMa], [GiHo] und die darin enthaltenen Literaturquellen).

**Geometrisierung der modernen Physik.** Zahlreiche Disziplinen der Theoretischen Physik werden in der Sprache der Geometrie formuliert (s. [Zei]). Die Begriffe *Mannigfaltigkeit* und *Hauptfaserbündel* sind zentrale Begriffe der modernen Differentialgeometrie. In den *Eichfeldtheorien* sind die drei fundamentalen Wechselwirkungen der Physik durch Eichfelder beschreibbar, deren Feldtensoren gerade die Krümmungstensoren von Hauptfaserbündeln sind. Spezielle Mannigfaltigkeiten sind die *Lieschen Gruppen*[99]), die für das Verständnis der in der Physik auftretenden *Symmetrien* von Bedeutung sind. Die Geometrisierung der Physik geht auf H. Minkowski zurück, der 1908 die von Einstein 1905 entwickelte Spezielle Relativitätstheorie als pseudo-Riemannsche Geometrie einer vierdimensionalen Raum-Zeit-Mannigfaltigkeit interpretierte. In der Einsteinschen Allgemeinen Relativitätstheorie aus dem Jahre 1915 werden schließlich die Gravitationskräfte, die der Krümmung der pseudo-Riemannschen Raum-Zeit-Mannigfaltigkeit entsprechen, einbezogen. Die Geometrie der Raum-Zeit wird durch die Verteilung von Masse und Energie im Kosmos bestimmt (s. hierzu [Zei], [GZZZ] und die dort angegebenen Literaturverzeichnisse).

---

[99]) Sophus Lie (1842 - 1899).

# 9  Abriß zur Geschichte der Differentialgeometrie

Die Geschichte der „*klassischen*" Differentialgeometrie[100]) ist eng mit der Geschichte der Infinitesimalrechnung (LEIBNIZ (1646 - 1716), NEWTON (1643 - 1727)) und der Analytischen Geometrie (FERMAT (1601 - 1665), DESCARTES (1596 - 1650)) einerseits, mit der Astronomie, der Mechanik und der Physik andererseits verknüpft.

Die *ebenen Kurven* wurden unter dem Gesichtspunkt ihrer Differenzierbarkeitseigenschaften (*Tangente, Wendepunkt, Krümmung*) vor allem von KEPLER (1571 - 1630), DESCARTES, FERMAT und PASCAL (1623 - 1662) untersucht. Das Pendelproblem führte HUYGENS (1629 - 1695) zur Einführung der Begriffe *Evolute* und *Evolvente*. CLAIRAUT (1713 - 1765) betrachtete 1731 Kurven auch im *dreidimensionalen* Raum, indem er sie auf die Koordinatenebenen projizierte. Einen wesentlichen Fortschritt in diesen Untersuchungen machte MONGE (1746 - 1818) in seiner 1785 publizierten Arbeit, welche sich mit *Krümmungsradien, Wendepunkten* und *Evoluten* befaßte. Er gab die *Normalebene* an und hatte bereits eine Vorstellung vom *Windungsbegriff*. Der Terminus *Torsion* wurde 1819 von VALLÉE (1784 -1864) eingeführt. Die Gleichung der *Schmiegebene* war i.w. in einer Ende der 17. Jahrhunderts von J. BERNOULLI (1667 - 1748) publizierten Arbeit über *Geodätische* enthalten. CAUCHY (1789 -1857) definierte 1826 die *Hauptnormale*. Unabhängig von CAUCHY bewiesen FRENET (1816 - 1868) 1847 und SERRET (1819 -1885) 1850 die nach ihnen benannten Formeln. Die Cauchyschen Existenz- und Eindeutigkeitssätze für die Lösung von Differentialgleichungen ermöglichten den Beweis des *Fundamentalsatzes der Kurventheorie*.

Die Untersuchungen von *Flächen* wurden vor GAUSS vor allem durch EULER (1707 - 1783), MONGE und seine Schüler geprägt. DUPIN (1784 - 1873), ebenfalls ein Schüler von MONGE, und CAUCHY zeigten 1831 bzw. 1826, daß die Tangenten an alle Flächenkurven durch einen festen Punkt in einer Ebene, der

---

[100]) Mit diesem kurzen Abriß soll natürlich kein Anspruch auf Vollständigkeit erhoben werden. Er bezieht sich i.w. auf jene in diesem Buch behandelten klassischen Disziplinen der Kurven- und Flächentheorie (s. z.B. [Die] und [BöRe]).

*Tangentialebene,* liegen. EULER bewies 1760 den heute nach ihm benannten Satz über die Darstellung der Normalkrümmung durch die Hauptkrümmungen. MEUSNIER (1754 - 1793) verbesserte 1776 die Eulerschen Resultate unter Benutzung der Taylorentwicklung (*Satz von Meusnier*) und führte den Terminus *Normalkrümmung* ein.

Die von LEIBNIZ und J. BERNOULLI Ende des 17. Jahrhunderts entwickelten Resultate über *Enveloppen* ebener Kurven wurden von EULER, LAGRANGE (1736 - 1813) und MONGE auf Enveloppen von Flächenfamilien ausgedehnt (*Charakteristiken der Hüllflächen* ). Die Lagrangeschen Untersuchungen zur Variationsrechnung führten 1760 zur *Differentialgleichung für Minimalflächen.* Der Terminus *mittlere Krümmung* stammt von SOPHIE GERMAIN (1776 -1831).

C. F. GAUSS (1777 - 1855) brachte die Flächentheorie in ihre heutige systematische Gestalt. In seinem 1827 publizierten Hauptwerk *Disquisitiones generales circa superficies curvas* wurden neue Wege in der Differentialgeometrie eröffnet. Er führte die *innere Geometrie* einer Fläche ein, indem er unter Benutzung von *Parameterdarstellungen* und *krummlinigen Koordinaten*[101]) bewies, daß die *(Gaußsche) Krümmung* nur von der Metrik der Fläche abhängt, also eine *innere* Eigenschaft der Fläche ist (*theorema egregium*). Von GAUSS stammen die beiden *Fundamentalformen, Parametertransformationen,* die *sphärische Abbildung* und mehrere Darstellungen der Krümmung. Anknüpfend an die Resultate von J. BERNOULLI und EULER über Geodätische zeigte er unter Verwendung der *Differentialgleichung für Geodätische* die Existenz *geodätischer Polarkoordinaten* und gab die entsprechende Formel für die Krümmung an. Der die Innenwinkel eines geodätischen Dreiecks mit der *Gesamtkrümmung* verknüpfende *Satz von Gauß* ist das erste Resultat über *globale* Flächeneigenschaften.[102]) Er erweiterte diesen Satz auf geodätische Polygone und wandte ihn auch auf praktische Probleme der Geodäsie an.

BONNET (1819 - 1892) verallgemeinerte 1848 den Gaußschen Satz, nachdem er die Geodätischen mit Hilfe der *geodätischen Krümmung* untersucht hatte. In Verallgemeinerung des Satzes von Meusnier zeigte BONNET ferner, daß die Normalkrümmung als Quotient der beiden Fundamentalformen darstellbar und daß die geodätische Krümmung allein von der ersten Fundamentalform abhängig ist. Unter Benutzung der Gauß-Codazzischen Gleichungen gab er 1867 einen Beweis des *Fundamentalsatzes der Flächentheorie.* JACOBI (1804 - 1851) untersuchte 1836, unter welchen Bedingungen eine zwei Flächenpunkte verbindende Geodätische die *kürzeste* Verbindungslinie ist. Auch die *Flächen konstanter Krümmung K* waren im 19. Jahrhundert Gegenstand zahlreicher

---

[101]) Erster Entwurf des Begriffs *lokale Karte* der modernen Differentialgeometrie.

[102]) Vermutlich standen diese Untersuchungen mit seinen Überlegungen über nichteuklidische Geometrien in Beziehung.

Untersuchungen. Jene mit $K = 0$ wurden von MONGE studiert. Die zwischen 1865 und 1869 durchgeführten Untersuchungen von Flächen mit $K < 0$ erlaubten es BELTRAMI (1835 - 1900), den Zusammenhang zwischen Differentialgeometrie und der *hyperbolischen* Geometrie von BOLYAI (1802 - 1860) und LOBATSCHEWSKI (1793 - 1856) aufzuklären und erstmalig ein Modell dieser Geometrie anzugeben (Kreisscheibe mit der zu $K < 0$ gehörenden Metrik).

Um die Mitte des 19. Jahrhunderts gab B. RIEMANN (1826 -1866) der Differentialgeometrie einen neuen Impuls, indem er einerseits unter dem Einfluß der Physik Räume *beliebiger* Dimensionen zu untersuchen begann, andererseits in Weiterentwicklung der Gaußschen Ideen von vornherein *Mannigfaltigkeiten* betrachtete, die nicht a priori in einem Euklidischen Raum eingebettet waren.

Im Jahre 1854 skizzierte RIEMANN in seinem berühmten Habilitationsvortrag *Über die Hypothesen, welche der Geometrie zu Grunde liegen* an der Universität Göttingen die Grundlagen für die spätere *Riemannsche Geometrie.*

Die weitere Entwicklung wurde von FELIX KLEIN (1849 -1925) wesentlich beeinflußt. In seinem *Erlanger Programm* erklärte er 1872 Geometrie als Invariantentheorie einer Transformationsgruppe. Nach der Schaffung der *Tensorrechnung* durch RICCI (1853 - 1925) und LEVI-CIVITA (1873 - 1941) am Ende des vorigen Jahrhunderts und der *Allgemeinen Relativitätstheorie* durch EINSTEIN im Jahre 1915 setzte eine stürmische Entwicklung der Riemannschen Geometrie und anderer geometrischer Strukturen ein. In der ersten Hälfte des 20. Jahrhunderts erwiesen sich insbesondere die Ideen und Methoden von E. CARTAN (1869 -1949) und W. BLASCHKE (1885 - 1962) sowie ihren Schülern für die moderne Differentialgeometrie und ihre Anwendungen als außerordentlich fruchtbar.

# Lösungen der Aufgaben

**0.1**: a) $\mathbf{a} + \mathbf{b} = (4,1,9)$, $\mathbf{a} - \mathbf{b} = (-2,-1,1)$, $\mathbf{a} \cdot \mathbf{b} = 23$, $|\mathbf{a}| = \sqrt{26}$, $\mathbf{a} \times \mathbf{b} = (-5,11,1)$, $(\mathbf{abc}) = -14$, $\mathbf{a} - \mathbf{P}_b(\mathbf{a}) = \frac{1}{26}(-43,-23,38)$.
b) Aus $\alpha\mathbf{a} + \beta\mathbf{b} + \gamma\mathbf{c} = \mathbf{o}$ folgt $\alpha + 3\beta + \gamma = 0$, $\beta - \gamma = 0$, $5\alpha + 4\beta + 2\gamma = 0$, also $\alpha = \beta = \gamma = 0$.
**0.2**: Die Behauptung folgt sofort aus (0.15).
**0.3**: Es ist $\mathbf{x}'''(t) = (6, -\cos t, e^t)$.

**0.4**: a) $\mathbf{J_x(u)} = \begin{pmatrix} 1 & 1 & 2u^1 \\ 1 & -1 & 2u^2 \end{pmatrix}$,

b) $\frac{d\mathbf{x}}{dt}\big(u^1(t), u^2(t)\big) = (2t + \cos t, 2t - \cos t, 4t^3 + 4t + 2\sin t \cos t)$.
**0.5**: $\mathbf{y}(t) = (t^2, \sin t, t) + (c_1, c_2, c_3)$ mit $c_i = \text{const}$ $(i = 1, 2, 3)$.

**1.1**: Alle Koordinatenfunktionen sind in $I = [-2\pi, 2\pi]$ beliebig oft differenzierbar. Es gilt für alle $t \in I$: $\mathbf{x}'(t) = (-\sin t, \cos t, \cos \frac{t}{2})$ und $|\mathbf{x}'(t)|^2 = 1 + \cos^2 \frac{t}{2} \neq 0$. Folglich ist (a) erfüllt. Die Gleichung der Tangente für $t_0 = \frac{\pi}{2}$ ist $\overset{T}{\mathbf{x}}(t) = (1, 1, \sqrt{2}) + t(-1, 0, \frac{1}{\sqrt{2}}) = (1 - t, 1, \sqrt{2} + \frac{1}{\sqrt{2}}t)$, $t \in \mathbb{R}$. Wegen $x_1^2 + x_2^2 + x_3^2 = (1 + \cos t)^2 + \sin^2 t + 4\sin^2 \frac{t}{2} = 4$ und $(x_1 - 1)^2 + x_2^2 = \cos^2 t + \sin^2 t = 1$ liegt $\mathcal{K}$ auf beiden Flächen. Die Parametertransformation $t(t^*) = -2t^*$, $t^* \in I^* = [-\pi, +\pi]$ führt zur Umparametrisierung $\overset{*}{\mathbf{x}}(t^*) = (1 + \cos(2t^*), -\sin(2t^*), -2\sin t^*)$, $t^* \in I^*$, die wegen $\frac{dt}{dt^*}(t^*) = -2$ orientierungsumkehrend sein muß.
**1.2**: $\mathbf{x}(t_0 + h)$ liegt *nach* (bzw. *vor*) $\mathbf{x}(t_0)$, falls $h > 0$ bzw. $h < 0$ ist. Also zeigt der Vektor $\frac{1}{h}(\mathbf{x}(t_0 + h) - \mathbf{x}(t_0))$ unabhängig vom Vorzeichen von $h$ stets in Richtung wachsender $t$-Werte. Das muß dann auch für den Grenzwert $\mathbf{x}'(t_0)$ gelten.
**1.3**: Die Funktion $t(t^{(2)})$ hat in $t^{(2)} = \frac{\pi}{3}$ und $t^{(2)} = \frac{5\pi}{3}$ Unstetigkeitsstellen (Sprünge der Höhe $\frac{4}{3}\pi$), so daß sie dort auch nicht differenzierbar sein kann. Dann können offenbar in diesen Stellen die Funktionen $\sin t, \cos t$ und folglich auch $\overset{2}{\mathbf{x}}(t^{(2)}) := \mathbf{x}(t(t^{(2)}))$ nicht differenzierbar sein.
**1.4**: Es gilt $\mathbf{x}'(t) = (1, 2\sqrt{t}, 2t)$, $|\mathbf{x}'(t)| = 2t + 1$, $s = s(t) = \int\limits_0^t (1 + 2u)\,du = t + t^2$, $t = t(s) = -\frac{1}{2} + \sqrt{\frac{1}{4} + s}$ und für $s \in I_s := (0, 2)$ :

$$s \to \overset{*}{\mathbf{x}}(s) = \left(-\frac{1}{2} + \sqrt{\frac{1}{4} + s},\ \frac{4}{3}\left(-\frac{1}{2} + \sqrt{\frac{1}{4} + s}\right)^{\frac{3}{2}},\ \left(-\frac{1}{2} + \sqrt{\frac{1}{4} + s}\right)^2\right).$$

**1.6**: Die Behauptung folgt unmittelbar aus der dritten Frenetschen Gleichung $\mathbf{b}' = -\tau\mathbf{n}$.

**1.7**: Für die Kurve $\mathbf{x} = \mathbf{x}(s)$ sei $\frac{\tau(s)}{\kappa(s)} = C = $ const. Aus der ersten und dritten Frenetschen Gleichung folgt dann $C\mathbf{t}' + \mathbf{b}' = \mathbf{o}$ und durch Integration $C\mathbf{t} + \mathbf{b} = \mathbf{a}$, wobei $\mathbf{a}$ ein konstanter Vektor ist. Ferner gilt $\cos\angle(\mathbf{t}, \mathbf{a}) = \frac{\mathbf{t}\cdot\mathbf{a}}{|\mathbf{t}||\mathbf{a}|} = \frac{C}{\sqrt{1+C^2}} = $ const, d.h., $\mathbf{x}(s)$ ist eine Böschungslinie. Ist umgekehrt $\mathbf{x}(s)$ eine Böschungslinie, dann existiert ein konstanter Vektor $\mathbf{a}$ mit $\mathbf{a}\cdot\mathbf{t} = C = $ const, also $(\mathbf{a}\cdot\mathbf{t})' = \mathbf{a}\cdot\mathbf{t}' = \kappa\mathbf{a}\cdot\mathbf{n} = 0$ und wegen $\kappa \neq 0 : \mathbf{a}\cdot\mathbf{n} = 0$. Hieraus folgt unter Beachtung der dritten Frenetschen Gleichung: $\mathbf{a}\cdot\mathbf{b}' = 0$. Also gilt $\mathbf{a}\cdot\mathbf{b} = C_1 = $ const. Aus $0 = \mathbf{a}\cdot\mathbf{n}' = \mathbf{a}(-\kappa\mathbf{t} + \tau\mathbf{b}) = -\kappa(\mathbf{a}\cdot\mathbf{t}) + \tau(\mathbf{a}\cdot\mathbf{b}) = -\kappa C + \tau C_1$ folgt die Behauptung.

**1.8**: Man erhält unter Beachtung von (1.64), (1.65)
$\dot{\mathbf{x}}(t) = (1, 2t, 3t^2)$, $\ddot{\mathbf{x}}(t) = (0, 2, 6t)$, $\dddot{\mathbf{x}}(t) = (0, 0, 6)$
$$\kappa(t) = \frac{2\sqrt{1 + 9t^2 + 9t^4}}{(\sqrt{1 + 4t^2 + 9t^4})^3}, \quad \tau(t) = \frac{3}{1 + 9t^2 + 9t^4}$$

**1.9**: Im Kurvenpunkt $\mathbf{x}(\frac{\pi}{4})$ gilt nach (1.63) - (1.67) und Definition 1.12
$\dot{\mathbf{x}} = (-1, 0 1)$, $\ddot{\mathbf{x}} = (0, -1, 0)$, $\dddot{\mathbf{x}} = (1, 0, 1)$, $|\dot{\mathbf{x}}| = \sqrt{2}$,
$\mathbf{t} = \frac{1}{\sqrt{2}}(-1, 0, 1)$, $\mathbf{n} = (0, -1, 0)$, $\mathbf{b} = \frac{1}{\sqrt{2}}(1, 0, 1)$,
$\kappa = \frac{1}{2}$, $\tau = 1$, $\varrho = \frac{1}{\kappa} = 2$, $\overset{M}{\mathbf{x}} = (0, 1, 0) + 2(0, -1, 0) = (0, -1, 0)$.
Schmiegebene: $x_1 + x_3 = 0$, Normalebene: $-x_1 + x_3 = 0$, Streckebene: $x_2 - 1 = 0$.

**1.10**: Im Beispiel 1.16 wurde gezeigt: $\kappa = \frac{1}{\varrho} = \frac{1}{r^2 + c^2}, \mathbf{n}(s) = -(\cos\frac{s}{l}, \sin\frac{s}{l}, 0)$ mit $l = \sqrt{r^2 + c^2}$. Folglich ist nach (1.66)
$\overset{M}{\mathbf{x}}(s) = (\{r - \frac{l^2}{r}\}\cos\frac{s}{l}, \{r - \frac{l^2}{r}\}\sin\frac{s}{l}, c\frac{s}{l})$ mit $r - \frac{l^2}{r} = -\frac{c^2}{r}$.

**1.11**: Es ist $\dot{\mathbf{x}}\cdot(\ddot{\mathbf{x}}\times\dddot{\mathbf{x}})(t) = \det\begin{pmatrix} \cosh t & \sinh t & e^t \\ \sinh t & \cosh t & e^t \\ \cosh t & \sinh t & e^t \end{pmatrix} = 0$, also nach (1.66) $\tau(t) \equiv 0$.

**1.12**: (a) $s_0(t) = \sqrt{2}r\sinh t$, $\kappa(t) = \tau(t) = \frac{1}{2r\cosh^2 t}$, $\kappa(s) = \tau(s) = \frac{r}{2r^2 + s^2}$.
(b) die Behauptung folgt aus dem Fundamentalsatz, da die natürlichen Gleichungen beider Kurven übereinstimmen.

**1.13**: Es sei $\mathcal{K}$ durch $\mathbf{x} = \mathbf{x}(s)$ gegeben, und $\mathbf{x}^*$ bezeichne den Punkt auf $\mathcal{K}^*$, in dem beide Hauptnormalen übereinstimmen. Dann gilt also $\mathbf{x}^* = \mathbf{x}(s) + \alpha(s)\mathbf{n}(s)$ und $(\mathbf{x}^*)' = \mathbf{x}' + \alpha'\mathbf{n} + \alpha\mathbf{n}' = (1 - \alpha\kappa)\mathbf{t} + \alpha'\mathbf{n} + \alpha\tau\mathbf{b}$. Aus $\mathbf{n}(\mathbf{x}^*)' = \alpha' = 0$ folgt $\alpha = $ const und daher $|\mathbf{x}^* - \mathbf{x}(s)| = |\alpha| = $ const. Ist $\mathbf{t}^*$ der Tangenteneinheitsvektor zu $\mathbf{x}^* = \mathbf{x} + \alpha\mathbf{n}$, so folgt $(\mathbf{t}^*\mathbf{t})' = \kappa^*\frac{ds^*}{ds}(\mathbf{n}^*\mathbf{t}) + \kappa(\mathbf{t}^*\mathbf{n}) = 0$, also $\mathbf{t}^*\mathbf{t} = $ const.

**2.1**: Es gilt $ds = \sqrt{(x'(\varphi))^2 + (y'(\varphi))^2}d\varphi = \sqrt{(r'(\varphi)\cos\varphi - r(\varphi)\sin\varphi)^2 + (r'(\varphi)\sin\varphi + r(\varphi)\cos\varphi)^2}dt = \sqrt{(r'(\varphi))^2 + (r(\varphi))^2}d\varphi$.
**2.2**: Benutze (2.5) und (2.20).

**2.3**: Es gilt: $\dot{x}(t) = a(1 - \cos t)$, $\ddot{x}(t) = \dot{y}(t) = a\sin t$, $\ddot{y}(t) = a\cos t$, $|\dot{\mathbf{x}}(t)| = \sqrt{\dot{x}^2 + \dot{y}^2} = 2a\sin\frac{t}{2}$, $\mathbf{t}(t) = \frac{(\dot{x}(t),\dot{y}(t))}{2a\sin\frac{t}{2}}$, $0 < t < 2\pi$), $s(2\pi) = \int\limits_0^{2\pi} |\dot{\mathbf{x}}(t)|dt = 8a$, $\kappa(t) = \frac{-1}{4a\sin\frac{t}{2}}$.

**2.4**: $y' = \sinh\frac{x}{a}$, $ds = \cosh\frac{x}{a}dx$, $s(x) = \int\limits_0^x \cosh\frac{u}{a}du = a\sinh\frac{x}{a}dx$, $y'' = \frac{1}{a}\cosh\frac{x}{a} = \frac{y}{a^2}$, $\varrho = \frac{y^2}{a}$ (beachte: $\cosh^2 x - \sinh^2 x = 1$).

**2.5**: $(F_y)_0 = 0$, $\kappa_0 = \frac{-(F_{yy})_0}{(F_x)_0} = \frac{3}{8a}$.

**2.6**: $\mathbf{x}(\varphi) = e^{a\varphi}(\cos\varphi, \sin\varphi)$, $|\mathbf{x}(\varphi)| = e^{a\varphi}\sqrt{1 + a^2}$, $\cos\angle(\mathbf{x}, \mathbf{x}') = \frac{a}{\sqrt{1+a^2}}$, $\kappa(\varphi) = \frac{e^{-a\varphi}}{\sqrt{1+a^2}} = \frac{1}{r(\varphi)\sqrt{1+a^2}}$ (s. (2.23)), $s(\varphi) = \int\limits_0^\varphi |\mathbf{x}'(\varphi)|d\varphi = \frac{\sqrt{1+a^2}(r(\varphi)-1)}{a}$.

**2.7**: Aus der Abbildung erkennt man, daß $O, P, P^*$ stets auf einer Geraden liegen.

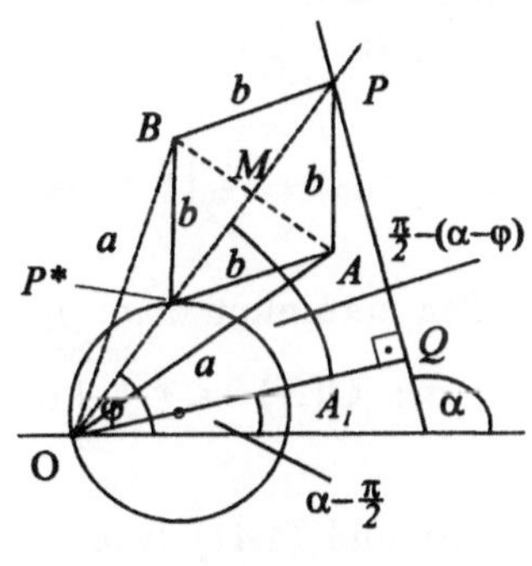

zu Aufgabe 2.7

$M$ sei der gemeinsame Mittelpunkt der Strecken $PP^*$ und $AB$. Dann gilt $r = \overline{OM} + \overline{MP}$, $r^* = \overline{OM} - \overline{MP^*} = \overline{OM} - \overline{MP}$, $(\overline{OM})^2 = a^2 - (\overline{AM})^2$ sowie $(\overline{MP})^2 = b^2 - (\overline{AM})^2$. Damit findet man $r \cdot r^* = (\overline{OM})^2 - (\overline{MP})^2 = a^2 - (\overline{AM})^2 - b^2 + (\overline{AM})^2 = a^2 - b^2$. Nimmt man an, daß sich $P$ auf einer Geraden bewegt, die nicht durch $O$ geht, ihre Polargleichung laute $r = \frac{r_0\sin\alpha}{\sin(\alpha-\varphi)}$, dann folgt $r^* = \frac{a^2-b^2}{r} = \frac{(a^2-b^2)}{r_0\sin\alpha}\sin(\alpha - \varphi) = \frac{a^2-b^2}{r_0\sin\alpha}\cos(\varphi + \frac{\pi}{2} - \alpha)$. Zieht man von $O$ den zur Geraden senkrechten Strahl $OQ$, so ist $\angle P^*OQ = \mp(\varphi + \frac{\pi}{2} - \alpha)$. Wählt man auf dem Strahl $OQ$ den Punkt $A_0$ mit

$\overline{OA_0} = \frac{a^2-b^2}{r_0\sin\alpha}$, so folgt aus $r^* = \overline{OA_0}\cos(\varphi + \frac{\pi}{2} - \alpha)$, daß $\angle A_0P^*O$ ein Rechter ist. Da dies für jedes $\varphi$, für den $P$ auf der Geraden liegt, zutrifft, bewegt sich $P^*$ auf dem Kreis mit dem Durchmesser $OA_0$.

**2.8**: $F_x = -3x^2 + 2ax$, $F_y = 2by$, $\Delta_0 = 4b(a - 3x)$. Zu 1. $a > 0$, $b > 0$ $\Delta_0 > 0$, Einsiedlerpunkt in $(0,0)$, Zu 2. $b > 0$, $a = 0$, $\Delta_0 = 0$, Spitze in $(0,0)$; Auflösung: $y = \frac{x}{6}\sqrt{x}$ Zu 3. $a > 0$, $b > 0$, $\Delta_0 < 0$, Doppelpunkt in $(0,0)$; analog 4., 5.

**2.9**: Zu zeigen ist, daß der Abstand zwischen $\overset{E}{\mathbf{x}}(t)$ und dem Schnittpunkt $T(t)$ der Tangente mit der $x$-Achse gleich $a$ ist. Aus (2.37) folgt $\overset{E}{\mathbf{x}}'(t) = (\tan^2\frac{t}{a}, \frac{-\tanh\frac{t}{a}}{\cosh\frac{t}{a}})$.

Aus der Bedingung $\overset{E}{y}(t) + \lambda\overset{E}{y}'(t) = 0$ erhält man $\lambda = s\coth\frac{t}{a}$ und wegen $(\lambda\overset{E}{\mathbf{x}}')^2 = a^2\tanh^2\frac{t}{a} + a^2(\cosh^{-2}\frac{t}{a}) = a^2$ den gesuchten Abstand $|\lambda\overset{E}{\mathbf{x}}'(t)| = a$.

**2.10**: Es ist $s_0 = t$, $\mathbf{t}(t) = (-\sin t, \cos t)$, also nach (2.36): $\overset{E}{x}(t) = \cos t - t\sin t$, $\overset{E}{y} = \sin t - t\cos t$, $t \in [0, 2\pi]$.

**2.11**: Die Evolute ist der Kreis $x(t) = a\cos t$, $y(t) = a\sin t$. (s. (2.33)).

**2.12**: Aus (2.33) und (2.15) folgt wegen $\kappa(t) = -(4a\sin\frac{t}{2})^{-1}$ : $\overset{M}{x}(t) = a(t + \sin t)$, $\overset{M}{y} = -a(1 - \cos t)$. Setzt man $\tau = t - \pi$, so erhält man $\overset{M}{x}(\tau + \pi) = x(\tau) + $

$a\pi$, $\overset{M}{y}(\tau + \pi) = y(\tau) - 2a$. Die Evolute ist also die in Richtung der $x$-Achse um $a\pi$ und in Richtung der $y$-Achse um $-2a$ verschobene Ausgangskurve.

**2.13:** Behauptung (a) folgt aus $\cosh^2 t - \sinh^2 t = 1$;

Zu (b): Aus den expliziten Darstellungen $y = \pm\frac{b}{a}\sqrt{x^2 - a^2}$ (Vorzeichen ist abhängig vom Vorzeichen von y!) und (2.8), (2.16) folgt:

Tangentengleichung: $y - y_0 = \frac{b^2 x_0}{a^2 y_0}(x - x_0)$,

Normalengleichung: $y - y_0 = -\frac{a^2 y_0}{b^2 x_0}(x - x_0)$.

Schließlich erhält man aus $\lim\limits_{x \to \infty}\left(\frac{y(x)}{x}\right) = \pm\frac{b}{a}$ die Asymptoten $y = \pm\left(\frac{b}{a}\right)x$ (s. [PfS]).

**4.1:** Zu (0.34): Dem Sphärenpunkt $\mathbf{x}_0$ entsprechen die Parameterwerte $\mathbf{u}_0 = (u_0^1, u_0^2)$ $= (\frac{\pi}{4}, \frac{\pi}{4})$. Man erhält: $\mathbf{x}_{u^1}(\mathbf{u}_0) = \frac{1}{2}(-1, 1, 0)$; $\mathbf{x}_{u^2}(\mathbf{u}_0) = \frac{1}{2}(1, 1, -\sqrt{2})$, $\mathbf{N}(\mathbf{u}_0) = -\mathbf{x}_0$. Tangentialebene: (1) $\overline{\mathbf{x}}(v^1, v^2) = \mathbf{x}_0 + v^i\mathbf{x}_{u^i}(\mathbf{u}_0) = \frac{1}{2}((1-v^1+v^2), (1+v^1+v^2), (\sqrt{2} - \sqrt{2}v^2))$ oder $(x_1 - x_1(\mathbf{u}_0)) + (x_2 - x_2(\mathbf{u}_0)) + \sqrt{2}(x_3 - x_3(\mathbf{u}_0)) = 0$.

Zu (4.9): $\mathbf{x}_0$ entspricht $\mathbf{u}_0 = \frac{1}{2}(1, 1)$. Es ist: $\mathbf{x}_{u^1}(\mathbf{u}_0) = (1, 0, -\frac{1}{\sqrt{2}})$, $\mathbf{x}_{u^2}(\mathbf{u}_0) = (0, 1, -\frac{1}{\sqrt{2}})$, $\mathbf{N}(\mathbf{u}_0) = \mathbf{x}_0$.

Zu (4.19): $\mathbf{x}_0$ entspricht $\mathbf{u}_0 = (r_0, \varphi_0) = \frac{1}{2}(1, 1)$. Es ist: $\overline{\mathbf{x}}_r(\mathbf{u}_0) = \frac{1}{\sqrt{2}}(1, 1, -\sqrt{2})$, $\overline{\mathbf{x}}_\varphi(\mathbf{u}_0) = \frac{1}{2}(-1, 1, 0)$, $\overline{\mathbf{N}}(\mathbf{u}_0) = \mathbf{x}_0$.

**4.2:** Aus den bereits in Beispiel 4.6 bereitgestellten Größen entnimmt man: $g_{11} = r^2$, $g_{12} = 0$, $g_{22} = (r\cos u^1 + a)^2$, $\sqrt{g} = r(r\cos u^1 + a)$; $O(\mathcal{F}) = r\int\limits_0^{2\pi}\int\limits_0^{2\pi}(a + r\cos u^1)du^1 du^2 = 4\pi^2 ar$.

**4.3:** $g_{11} = 2$; $g_{12} = 0$, $g_{22} = (u^1)^2$. Die Formeln (4.38) und (4.41) liefern für $\dot{u}^1 = \frac{1}{\sqrt{2}}e^{\frac{t}{\sqrt{2}}}$, $\dot{u}^2 = 1$, $\dot{u}^{*1} = 1$, $\dot{u}^{*2} = 0$ : $s_0(\pi) = \int\limits_0^\pi \sqrt{2}e^{\frac{t}{\sqrt{2}}}dt = \sqrt{2}(e^{\frac{\pi}{\sqrt{2}}} - 1)$ und

$$\cos\varphi = \frac{g_{11}\dot{u}^1 e^{-\frac{t}{\sqrt{2}}}}{\sqrt{g_{11}}(\sqrt{2}e^{\frac{t}{\sqrt{2}}})} = \frac{1}{\sqrt{2}}, \text{ d.h. } \varphi = 45^0 (= \text{const}).$$

**4.4:** Aus (4.55) folgt nach längerer Rechnung:
$II_u = r(du^1)^2 + (a + r\cos u^1)\cos u^1(du^2)^2$.

**4.5:** $I = r^2(du^1)^2 + (du^2)^2$, $II = -r(du^1)^2$, $E = \{(\xi^1, \xi^2)|r^2(\xi^1)^2 + (\xi^2)^2 = 1\}$, $\kappa_n(\xi^1, \xi^2) = -r(\xi^1)^2$, $\min\limits_{\xi \in E}\kappa_n(\xi) = -\frac{1}{r}$ für $\xi = \xi_{(1)} = (-\frac{1}{r}, 0)$, $\max\limits_{\xi \in E}\kappa_n(\xi) = 0$, für $\xi = \xi_{(2)} = (0, 1)$; $\mathbf{x}_{\xi_1} = -\frac{1}{r}\mathbf{x}_{u^1}$, $\mathbf{x}_{\xi_2} = \mathbf{x}_{u^2}$.

**4.6:** Parameterdarstellung: $\mathbf{x}(u^1, u^2) = (u^1, u^2, (u^1)^2 + (u^2)^3)$, $\mathbf{x}_{u^1} = (1, 0, 2u^1)$, $\mathbf{x}_{u^2} = (0, 1, 3(u^2)^2)$, $\mathbf{N} = (4(u^1)^2 + 9(u^2)^4 + 1)^{-\frac{1}{2}}(-2u^1, -3(u^2)^2, 1)$, $\mathbf{x}_{u^1 u^1} = (2, 0, 0)$, $\mathbf{x}_{u^1 u^2} = 0$, $\mathbf{x}_{u^2 u^2} = (0, 0, 6u^2$, $b_{11} = \mathbf{x}_{u^1 u^1} \cdot \mathbf{N} = 2(4(u^1)^2 + 9(u^2)^4 + 1)^{-\frac{1}{2}}$, $b_{12} = 0$, $b_{22} = \mathbf{x}_{u^2 u^2} \cdot \mathbf{N} = 6u^2(4(u^1)^2 + 9(u^2)^4 + 1)^{-\frac{1}{2}}$, $b = \dfrac{12u^2}{(4(u^1)^2 + 9(u^2)^4 + 1)}$; $\text{sign } b = \text{sign } K = \text{sign } u^2$.

**4.7:** a) $\mathbf{x}_{u^1} = (1, 0, 3(u^1)^2 - 3(u^2)^2)$, $\mathbf{x}_{u^2} = (0, 1, -6u^1 u^2)$, $\mathbf{x}_{u^1 u^1} = (0, 0, 6u^1)$, $\mathbf{x}_{u^1 u^2} =$

$(0, 0, -6u^2)$, $\mathbf{x}_{u^2u^2} = (0, 0, -6u^1)$, $g_{11} = 1 + [3(u^1)^2 - 3(u^2)^2]^2$, $g_{12} = -6u^1u^2[3(u^1)^2 - 3(u^2)^2]$, $g_{22} = 1 + 36(u^1)^2(u^2)^2$, $\mathbf{N} = \phi(-3(u^1)^2 + 3(u^2)^2, 6u^1u^2, 1)$ mit $\phi := (1 + 9(u^1)^4 + 18(u^1)^2(u^2)^2 + 9(u^2)^4)^{-\frac{1}{2}}$, $b_{11} = 6u^1\phi$, $b_{12} = -6u^2\phi$, $b_{22} = -6u^1\phi$, $K = -36[(u^1)^2 + (u^2)^2]\phi^4$, $H = [-27(u^1)^5 + 54(u^1)^3(u^2)^2 + 81u^1(u^2)^4]\phi^3$.

b) In $\mathbf{x}_0 = \mathbf{o}$ gilt: $b_{ij} = 0$ und folglich $\kappa_n(\xi^1, \xi^2) \equiv 0$. $\mathbf{x}_0$ ist Flachpunkt.

c) Aus dem Ansatz $u^i = \alpha^i t$ und der Differentialgleichung $u^1(\dot{u}^1)^2 - 2u^2\dot{u}^1\dot{u}^2 - u^1(\dot{u}^2)^2 = 0$ erhält man $\overset{(1)^*}{x}(t) = (0, t, 0)$, $\mathbf{x}^*(t) = (\pm\sqrt{3}t, t, 0)$.

**4.8:** HK: $\kappa_1 = -\kappa_2 = \dfrac{b}{b^2 + a^2(u^2)^2}$; Differentialgleichung (4.77): $(b^2 + a^2(u^2)^2)(\dot{u}^1)^2 = a^2(\dot{u}^2)^2$. Lösungen: $u^2(u^1) = +\dfrac{b}{a}\sinh(u^1 - c_1)$, $u^2(u^1) = -\dfrac{b}{a}\sinh(u^1 - c_2)$, $(c_1, c_2 = $ const), (beachte: $\dfrac{du^2}{du^1} = \dfrac{\dot{u}^2}{\dot{u}^1}$).

**4.9:** In Beispiel 4.22 wurde berechnet: $\kappa_1 = -\kappa_2 = 2$. Alle Voraussetzungen (4.85) für die Wahl des Koordinatensystems sind erfüllt. Aus (4.88) erhält man die Indikatrix:
$$2(x^{*2} - y^{*2}) = \pm 1.$$

**4.10:** Aus $u^1 = t$, $u^2 = $ const, $\dot{u}^1 = 1$, $\dot{u}^2 = 0$, $\ddot{u}^i = 0$ und (4.112) folgt $\kappa_g = \Gamma_{11}^2 \dfrac{\sqrt{g}}{(g_{11})^{\frac{3}{2}}}$.

**4.11:** Es ist $g_{11} = r^2$, $g_{12} = 0$, $g_{22} = 1 + 4r^2$ (vgl. Beispiel 4.24). Aus (4.113) folgt $(\kappa_g)_{r=r_0} = \dfrac{-1}{r_0\sqrt{1 + 4r_0^2}}$.

**4.12:** Ist $\mathbf{x}^*(t)$ Geodätische, so ist $\kappa_g(t) = 0$. Ist $\mathbf{x}^*(t)$ Asymptotenlinie, so ist nach Definition 4.18 auch $\kappa_n(t) = 0$. Aus (4.108) folgt $\kappa(t) = 0$ und damit die Behauptung.

**4.13:** Aus (4.70) folgt $(\kappa_1 \cos^2\varphi + \kappa_2 \sin^2\varphi) + (\kappa_1 \cos^2(\varphi + \frac{\pi}{2}) + \kappa_2 \sin^2(\varphi + \frac{\pi}{2})) = \kappa_1 + \kappa_2 = 2H$.

**4.14:** Nach (4.19) ist $\mathbf{N}_{u^i} \equiv 0$, also $\mathbf{N}$ konstant.

**4.15** $\Gamma_{11}^2 = -\sin u^2 \cos u^2$, $\Gamma_{12}^1 = \Gamma_{21}^1 = \cot u^2$ (alle übrigen gleich Null).

**4.16:** $\Gamma_{ijk} = f_{ij}f_k$, $\Gamma_{ij}^k = \frac{1}{g}f_{ij}f_k$, $R_{1212} = \dfrac{f_{12}^2 - f_{11}f_{22}}{1 + f_1^2 + f_2^2}$, wobei $f_1 := f_x$, $f_2 = f_y$, $f_{11} = f_{xx}$, $f_{12} = f_{xy}$, $f_{22} = f_{yy}$.

**4.17:** Der Ursprung $(0, 0, 0)$ ist einziger singulärer Punkt.

**5.1:** Aus $\mathbf{x}_{u^1} = \hat{\mathbf{x}}' + u^2\hat{\mathbf{x}}''$, $\mathbf{x}_{u^2} = \hat{\mathbf{x}}'$ folgt $g_{11} = \mathbf{x}_{u^1}\mathbf{x}_{u^1} = (\hat{\mathbf{x}}' + u^2\hat{\mathbf{x}}'')^2 = 1 + (u^2)^2|\hat{\mathbf{x}}''|^2 = 1 + (u^2)^2\kappa^2$, $g_{12} = (\hat{\mathbf{x}}' + u^2\hat{\mathbf{x}}'')\hat{\mathbf{x}}' = \hat{\mathbf{x}}'^2 = 1$, $g_{22} = \hat{\mathbf{x}}'^2 = 1$.

**5.2:** Nach Satz 5.2 ist $K \equiv 0$ charakteristisch, was nach (4.83) mit $f_{xx}f_{yy} - f_{xy}^2 = 0$ gleichbedeutend ist.

**5.3:** Sind $\mathbf{n}(u^1)$, $\mathbf{b}(u^1)$ Haupt- und Binormalenvektor der gegebenen Kurve $\hat{\mathbf{x}}(u^1)$ und $u^1$ o.B.d.A. die Bogenlänge von $\hat{\mathbf{x}}(u^1)$, dann erhält man für die Haupt- und Binormalenfläche $\mathbf{x}(u^1, u^2) = \hat{\mathbf{x}}(u^1) + u^2\mathbf{n}(u^1)$, $\mathbf{x}(u^1, u^2) = \hat{\mathbf{x}}(u^1) + u^2\mathbf{b}(u^1)$ nach Satz 1.6:

$(\hat{\mathbf{x}}' \times \mathbf{n})\mathbf{n}' = (\hat{\mathbf{x}}' \times \mathbf{n})(-\kappa\hat{\mathbf{x}}' + \tau\mathbf{b}) = \tau(\hat{\mathbf{x}}' \times \mathbf{n})\mathbf{b} = (\hat{\mathbf{x}}' \times \mathbf{b})\mathbf{b}' = 0 \Leftrightarrow \tau = 0$.
Die Behauptung folgt nun unmittelbar aus Satz 5.1.

**5.4:** Aus (1.38), (1.42) folgt $\hat{\mathbf{x}}(u^1) = (r\cos u^1, r\sin u^1, cu^1)$, $\mathbf{n}(u^1) =$
$-(\cos u^1, \sin u^1, 0)$; also nach der Parametertransformation $r - u^1 \to u^1$, $u^2 \to u^2$ :
$\mathbf{x}(u^1, u^2) =$
$(u^2 \cos u^1, u^2 \sin u^1, cu^1)$ (siehe Aufgabe 4.8).

**5.5:** Es ist $\mathbf{x}_{u^1} = (-r(u^2)\sin u^1, r(u^2)\cos u^2, 0)$, $\mathbf{x}_{u^2} = (r'(u^2)\cos u^1, r'(u^2)\sin u^1,$
$h'(u^2))$, $|\mathbf{x}_{u^1} \times \mathbf{x}_{u^2}| = r\sqrt{r'^2 + h'^2} = 0$ genau dann, wenn $r = 0$ ist.

**5.8:** Aus $F_\lambda(x, y, z; \lambda) = -2(z - \lambda) = 0$ folgt $z = \lambda$. Die Charakteristiken sind also
zur $x, y-$Ebene parallele Kreise. Setzt man $\lambda = z$ in $F(x, y, z; \lambda) = 0$ ein, so erhält
man als Hüllfläche den Kreiszylinder $x^2 + y^2 = 1$.

**6.2:** a) Wegen $r(u^1) = h(u^1) = u^1$ ist $K \equiv 0$.  b) folgt aus Bemerkung 6.3 bzw.
Satz 6.2.  c) Die Abbildung $\phi(\mathbf{x}(u^1, u^2)) = \overline{\mathbf{x}}(u^1, u^2) = \sqrt{2}u^1(\cos\dfrac{u^2}{\sqrt{2}}, \sin\dfrac{u^2}{\sqrt{2}}, 0)$ ist
wegen $g_{11} = \overline{g}_{11} = 2$, $g_{12} = \overline{g}_{12} = 0$, $g_{22} = \overline{g}_{22} = (u^1)^2$ (siehe Aufgabe 4.3) eine
Isometrie auf den Ebenensektor $\mathcal{E} := \{(r, \Theta)|0 < r < \infty, 0 \le \Theta < \sqrt{2}\pi\}$ mit den
Polarkoordinaten $r := \sqrt{2}u^1$ und $\Theta := \dfrac{u^2}{\sqrt{2}}$ (s. Abbildung zu 6.2).

d) Die Geodätische und ihre Länge $l$ zwischen zwei Kegelpunkten $\mathbf{x}(u_0{}^1, u_0{}^2)$ und
$\mathbf{x}(u_1{}^1, u_1{}^2)$ ist nach Bemerkung 6.2 das Urbild (bzw. die Länge) der Geraden zwi-
schen den Bildpunkten $\overline{\mathbf{x}}(u_0{}^1, u_0{}^2)$ und $\overline{\mathbf{x}}(u_1{}^1, u_1{}^2)$. Unter Beachtung von $x = r\cos\Theta$,
$y = r\sin\Theta$ erhält man je nach Koordinatenwahl für die Anfangspunkte (AP), End-
punkte (EP) der Geodätischen und für die Geodätischen selbst:

| Fall | | $u^1$ | $u^2$ | $r$ | $\Theta$ | $x$ | $y$ | Geodätische | $l$ |
|------|-----|------|------|------|------|------|------|-------------|-----|
| $\alpha$ | AP | $0$ | $0$ | $0$ | $0$ | $0$ | $0$ | $x(t) = t, y(t) = 0, 0 \le t \le 1$ | $1$ |
| | EP | $\frac{1}{\sqrt{2}}$ | $0$ | $1$ | $0$ | $1$ | $0$ | $u^1(t) = \frac{1}{\sqrt{2}}r(t) = t, u^2(t) = \sqrt{2}\Theta(t) = 0$ | |
| $\beta$ | AP | $\frac{1}{\sqrt{2}}$ | $0$ | $1$ | $0$ | $1$ | $0$ | $x(t) = 1, y(t) = t, 0 \le t \le 1$ | $1$ |
| | EP | $1$ | $\frac{\sqrt{2}\pi}{4}$ | $\sqrt{2}$ | $\frac{\pi}{4}$ | $1$ | $1$ | $u^1(t) = \frac{1}{\sqrt{2}}r(t) = \sqrt{\frac{1+t^2}{2}},$ $u^2(t) = \sqrt{2}\Theta(t) = \arctan t$ | |

**6.3:** Für $F(u^2, t) := \pi\cos u^2 - 2t - \sin 2t = 0$ folgt aus (0.43) $t_{u^2} = \dfrac{-F_{u^2}}{F_t} =$
$\dfrac{\pi\sin u^2}{2(1 + \cos 2t)}$. Nach (4.34) ist wegen $y_{u^1} = 0$ und $y_{u^2} = y_t t_{u^2}$

$$\overline{g} = \det(\overline{g}_{ij}) = \left[\det\begin{pmatrix} x_{u^1} & y_{u^1} \\ x_{u^2} & y_{u^2} \end{pmatrix}\right]^2 = \left(\dfrac{2\sin u^2\cos^2 t}{1 + \cos 2t}\right)^2 = \sin^2 u^2 = g.$$

**6.4:** Gäbe es eine solche Karte, dann würde aus (6.12) und (6.16) $c = 1$, also die
Längentreue folgen, was Satz 6.3 widerspräche (Bemerkung 6.5).

**6.5:** $\phi : \mathbf{x}(u^1, u^2) \mapsto (\overline{x}(u^1, u^2), \overline{y}(u^1, u^2)) = (\tan u^2 \cos u^1, \tan u^2 \sin u^1)$. Jeder Großkreisbogen geht in eine Gerade über.

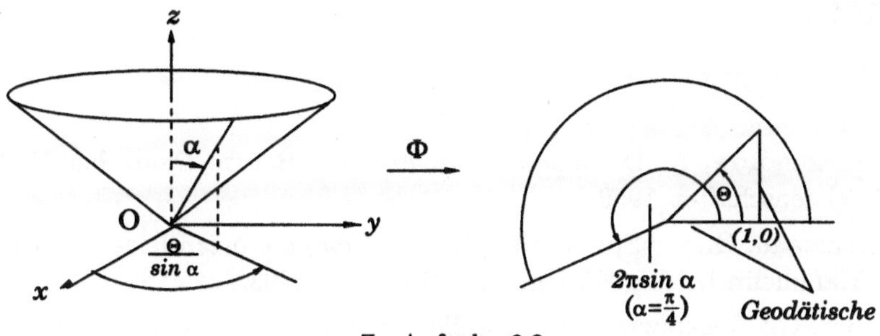


Zu Aufgabe 6.2

**7.1.**: Benutze Beispiele 4.19, 4.21 (siehe auch Beispiel 4.13).

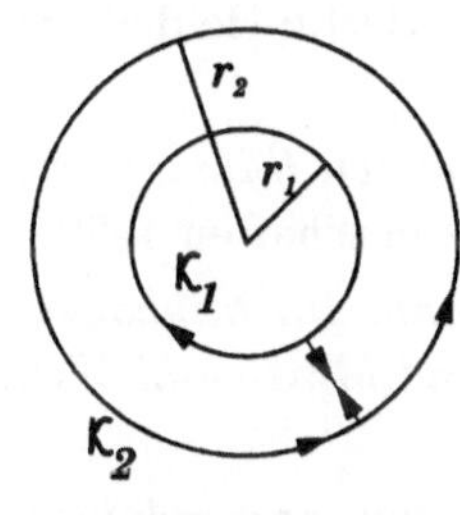


Zu Aufgabe 7.2

**7.2**: Die Radien der Randkreise $\mathcal{K}_1$ und $\mathcal{K}_2$ seien $r_1$ und $r_2$. Führt man einen Schnitt von $\mathcal{K}_1$ nach $\mathcal{K}_2$, so wird die von der Gesamtkurve berandete Fläche einfach zusammenhängend (Abb. zu Aufgabe 7.2). Aus $K = 0, \kappa_g = \kappa$ und $\alpha_i = \frac{\pi}{2}, (i = 1, 2, 3, 4)$ folgt nach (7.2)

$$\int_{\mathcal{K}_1} \kappa_g ds + \int_{\mathcal{K}_2} \kappa_g ds = 2\pi - 2\pi = - \int_0^{2\pi} \frac{1}{r_1}(r_1 d\varphi) + \int_0^{2\pi} \frac{1}{r_2}(r_2 d\varphi).$$

**7.3**: Die Behauptung folgt aus (7.7) und (7.8).

**7.4**: Jedes von diesen Geodätischen gebildete Viereck hat die Winkelsumme $2\pi$. Nach (7.3) ist für *jedes* Viereck $\int\int K d0 = 0$, also $K \equiv 0$.

# Literatur


[Ale]     Alexandrow, A. D.: *Kurven und Flächen*. Berlin: Deutscher Verlag der Wissenschaften 1959.

[AuSp]    Aumann, G., Spitzmüller, K.: *Computerorientierte Geometrie*. Mannheim-Leipzig-Zürich: BI.-Wiss.-Verl. 1993.

[Bär]     Bär, G.: *Geometrie. Eine Einführung in die analytische und konstruktive Geometrie*. Stuttgart-Leipzig: Teubner-Verlag 1996.

[Bau]     Baule, B.: *Die Mathematik des Naturforschers und Ingenieurs. Bd. VII: Differentialgeometrie*. 6. Aufl. Leipzig: Hirzel-Verlag 1965.

[BlLe]    Blaschke, W.; Leichtweiß, K.: *Elementare Differentialgeometrie. Grundlehren der mathematischen Wissenschaften*. 5. Aufl. Berlin-Heidelberg-New York: Springer-Verlag 1973.

[BöHe]    Böhm, J.; Hertel, E.: *Polyedergeometrie in n-dimensionalen Räumen konstanter Krümmung*. Berlin: Deutscher Verlag der Wissenschaften 1980.

[BöRe]    Böhm, J.; Reichardt, H. (Hrsg.): *Gauß, C. F., Riemann, B., Minkowski, H.: Gaußsche Flächentheorie, Riemannsche Räume und Minkowski-Welt*. Leipzig: Teubner-Verlag 1984.

[BoKl]    Bohne, E.; Klix, W.-D.: *Geometrie - Grundlagen für Anwendungen*. Leipzig-Köln: Fachbuchverlag 1995.

[Bra]     Brauner, H.: *Lehrbuch der Konstruktiven Geometrie*. Wien: Springer-Verlag 1986.

[BrKn]    Brieskorn, E.; Knörrer, H.: *Plane Algebraic Curves*. Basel: Birkhäuser-Verlag 1986.

[BrSe]    Bronstein, I. N.; Semendjajew, K. A.: *Taschenbuch der Mathematik*. 25. Aufl. Stuttgart-Leipzig: Teubner-Verlag 1991.

[BHW]     Burg, K.; Haf, H.; Wille, F.: *Höhere Mathematik für Ingenieure*. Bd. 1-5. 3., 3., 3., 2., 2. Aufl. Stuttgart: Teubner-Verlag 1992-1994.

[dCa]     do Carmo, M. P.: *Differentialgeometrie von Kurven und Flächen*. Braunschweig: Friedr. Vieweg & Sohn 1992.

[DHKW]    Dierkes, U.; Hildebrandt, S.; Küster, A.; Wohlrab, O.: *Minimal Surfaces*. Vol. 1,2. Berlin: Springer-Verlag 1992.

[Die]     Dieudonné, J.: *Geschichte der Mathematik 1700 - 1900*. Braunschweig: Vieweg 1985.

[Eis]      Eisenreich, G.: *Lineare Algebra und analytische Geometrie.* Berlin: Akademie-Verlag 1980.

[Fil]      Filler, A.: *Euklidische und nichteuklidische Geometrie.* Mannheim-Leipzig-Zürich: BI-Wiss. Verlag 1993.

[Fin]      Finn, R.: *Equilibrium Capillary Surfaces.* New York: Springer-Verlag 1985.

[Fis]      Fischer, G.: *Mathematische Modelle.* Berlin: Akademie-Verlag 1986.

[GBLS]     Gärtner, K.-H.; Bellmann, M.; Lyska, W.; Schmieder, R.: *Analysis in Fragen und Übungsaufgaben.* Stuttgart-Leipzig: Teubner-Verlag 1995.

[GeMa]     Geise, G.; Martini, H.: *Klassische Beleuchtungsgeometrie im $E^d$ $(d \geq 2)I$, II.* Elem. Math. **46**, H. 3, S. 73 - 78 und H. 6, S. 158 -165, 1991.

[GiHo]     Giering, O.; Hoschek, J. (Hrsg.): *Geometrie und ihre Anwendungen.* München-Wien: Carl Hanser Verlag 1994.

[GiSe]     Giering, O.; Seybold, H.: *Konstruktive Ingenieurgeometrie.* 3. Aufl.Wien: Hanser Verlag 1987.

[Gra]      Gray, A.: *Differentialgeometrie: Klassische Theorie in moderner Darstellung.* Heidelberg: Spektrum, Akad. Verl. 1994.

[GrKa]     Greuel, O.; Kadner, H.: *Komplexe Funktionen und konforme Abbildungen.* 3. Aufl. Leipzig: Teubner-Verlag 1990.

[Gri]      Grimsehl: *Lehrbuch der Physik.* Bd. 1.27. Aufl. Leipzig: Teubner-Verlag 1991.

[GZZZ]     Grosche, G.; Ziegler, D.; Ziegler, V.; Zeidler, E. (Hrsg.): *TEUBNER-TASCHENBUCH der Mathematik, Teil II.* 7. Aufl. Stuttgart-Leipzig: Teubner-Verlag 1995.

[GBGW]     Günther, P.; Beyer, K.; Gottwald, S.; Wünsch, V.: *Grundkurs Analysis.* Bd. 1-4. Leipzig: Teubner-Verlag 1972-1974.

[Haa]      Haack, W.: *Elementare Differentialgeometrie.* Basel, Stuttgart: Birkhäuser-Verlag 1955.

[HRS]      Harbarth, K.; Riedrich, T.; Schirotzek, W.: *Differentialrechnung für Funktionen mit mehreren Variablen.* 8. Aufl. Stuttgart-Leipzig: Teubner-Verlag 1993.

[Heu]      Heuser, H.: *Lehrbuch der Analysis.* Bd. 2. 9. Aufl. Stuttgart: Teubner-Verlag 1995.

[HiTr]     Hildebrandt, S.; Tromba, A.: *PANOPTIMUM. Mathematische Grundmuster des Vollkommenen.* Heidelberg: Spektrum d. Wiss. 1987.

[Hoh]      Hohenberg, F.: *Konstruktive Geometrie in der Technik.* 3. Aufl. Wien: Springer-Verlag 1966.

[Hos]      Hoschek, J.: *Mathematische Grundlagen der Kartographie.* Mannheim-Wien: BI-Wiss. Verlag 1984.

[HoLa] Hoschek, J.; Lasser, D.: *Grundlagen der geometrischen Datenverarbeitung.* 2. Aufl. Stuttgart: Teubner-Verlag 1992.

[Ibe] Iben, H. K.: *Tensorrechnung.* Stuttgart-Leipzig: Teubner-Verlag 1995.

[Jet] Jetschke, G.: *Mathematik der Selbstorganisation.* Berlin: Deutscher Verlag der Wissenschaften 1989.

[Jos] Jost, J.: *Differentialgeometrie und Minimalflächen.* Berlin: Springer-Verlag 1994.

[KaPo] Karcher, H.; Poltier, K.: *Die Geometrie der Minimalflächen.* Heidelberg: Spektrum der Wissenschaft 10. 96 - 107, 1990.

[Kli] Klingenberg, W.: *Eine Vorlesung über Differentialgeometrie.* Heidelberg: Springer-Verlag 1973.

[Klo] Klotzek, B.: *Einführung in die Differentialgeometrie.* 2 Bände. Berlin: Deutscher Verlag der Wissenschaften 1981 und 1983.

[KöPf] Körber, K.-H.; Pforr, E.-A.: *Integralrechnunng für Funktionen mit mehreren Variablen.* 8. Aufl. Stuttgart-Leipzig: Teubner-Verlag 1993.

[Kof] Kofler, M.: *Maple V, Release 3: Einführung und Leitfaden für den Praktiker.* Bonn, Paris: Addison-Wesley 1994.

[Kre] Kreyszig, E.: *Differentialgeometrie.* Leipzig: Akademische Verlagsgesellschaft Geest & Portig K. G. 1957.

[Lau] Laugwitz, D.: *Differentialgeometrie.* 3. Aufl. Stuttgart: Teubner-Verlag 1977.

[Lip] Lipschutz, M. M.: *Differentialgeometrie: Theorie und Anwendungen.* Düsselsdorf: Mc Graw-Hill 1980.

[MaNi] Malklowsky, E.; Nickel, W.: *Computergrafik in der Differentialgeometrie.* Braunschweig-Wiesbaden: Vieweg-Verl. 1993.

[Man] Mandelbrot, B. B.: *Die fraktale Geometrie der Natur.* Basel: Birkhäuser 1987.

[MSV] Manteuffel, K.; Seiffart, E.; Vetters, K.: *Lineare Algebra.* 7. Aufl. Leipzig: Teubner-Verlag 1990.

[MeWa] Meinhold, P.; Wagner, E.: *Partielle Differentialgleichungen.* 6. Aufl. Leipzig: Teubner-Verlag 1990.

[Pei] Peitgen, H. u.a.: *Fraktale: Selbstähnlichkeit, Chaosspiel, Dimension.* Berlin: Springer und Klett 1993.

[PfS] Pforr, E.-A.; Schirotzek, W.: *Differential- und Integralrechnung für Funktionen mit einer Variablen.* 9. Aufl. Stuttgart-Leipzig: Teubner-Verlag 1993.

[Sche] Scheid, H.: *Elemente der Geometrie.* Mannheim: BI-Wiss.-Verlag 1991.

[ScSc] Schirotzek, W.; Scholz, S.: *Starthilfe Mathematik.* Stuttgart-Leipzig: Teubner-Verlag 1995.

[Schö]    Schöne, W.: *Differentialgeometrie*. 5. Aufl. Leipzig: Teubner-Verlag 1990.

[Schr]    Schröder, E.: *Kartenentwürfe der Erde. Kartographische Abbildungsverfahren aus mathematischer und historischer Sicht.* Leipzig: Teubner-Verlag 1988.

[SSZ]     Sieber, N.; Sebastian, H.-J.; Zeidler, G.: *Grundlagen der Mathematik, Abbildungen, Funktionen, Folgen.* 9. Aufl. Leipzig: Teubner-Verlag 1990.

[Stru]    Strubecker, K.: *Differentialgeometrie*. 2 Bände. 2. Aufl. Berlin: Walter de Gruyter 1964.

[Wal]     Walter, R.: *Differentialgeometrie*. 2. Aufl. Mannheim: BI.-Wiss. Verlag 1989.

[WeMe]    Wenzel, H.; Meinhold, P.: *Gewöhnliche Differentialgleichungen*. 7. Aufl. Stuttgart-Leipzig: Teubner-Verlag 1994.

[Zei]     Zeidler, E. (Hrsg.): *TEUBNER-TASCHENBUCH der Mathematik.* Stuttgart-Leipzig: Teubner-Verlag 1996.

# Bildquellennachweis

| | | |
|---|---|---|
| [dCa] | Seiten 104, 105, 63: | Abbildungen 4.10; 4.11; 4.12; 5.11 |
| [Fis] | Seiten 76, 77, 79: | Abbildung 5.14 |
| [GiSe] | Seiten 145, 104, 122, 144, 353, 350, 355, 357, 247 : | Abbildungen 5.2; 5.3; 5.9; 5.10; 5.12; 5.17; 5.18; 5.19 |
| [Gra] | Seiten 181, 314: | Abbildungen 4.2; 5.8 |
| [HiTr] | Seiten 112/113: | Abbildungen 5.21; 7.3 |
| [Klo] | Seite 71: | Abbildung 6.4 |
| [Sche] | Seiten 102, 106: | Abbildungen 2.16; 2.17 |
| [Stru] | Bd. 2, Seiten 172, 189: | Abbildungen 6.5; 6.7 |
| Pressefoto Mühlberger München: | | Abbildung 5.23 |

# Sachregister

Einsteinsche Summenkonvention 104
Ellipse 67ff., 79, 93, 115, 152
Ellipsoid 101, 120, 180, 183
Enveloppe 82, 163, 189
Entwurf von Archimedes und Lambert 174
Epizykloide 84
Erlanger Programm 190
Erzeugende 143
Eulersche Charakteristik 182
Eulersche Polyederformel 182
Evolute 79, 188
Evolvente 80, 188
Evolventenverzahnung 83
Exzeß 179

Flachpunkt 119
Fläche 97, 102
-, abwickelbare 166
-, geradlinige 143
-, geschlossene 180
-, kompakte 180, 184
- konstanter Gaußscher Krümmung 140, 168
- konstanter mittlerer Krümmung 162
-, Künsche 153
-, reguläre 102
-, starre 166
-, streng konvexe 183
-, triangulierte 181
-, unverbiegbare 166
-, verbiegbare 166
- zweiter Ordnung 38, 100
Flächen
-, aufeinander abwickelbare 166
-, homöomorphe 180
-, ineinander verbiegbare 166
-, isometrische 167
-, kongruente 183
Flächendarstellung
-, explizite 99
-, implizite 100
Flächenfamilie, einparametrige 163
Flächeninhalt 16, 70, 75, 89, 109
Flächenkurve 103f., 107
Flächennormalenvektor 105, 111, 177
Flächenpunkt
-, elliptischer 119
-, hyperbolischer 119
-, parabolischer 119
-, singulärer 142

Flächensatz 62
Flächenstück 75
-, parametrisiertes 95, 97, 102
-, reguläres 102
Flächentheorie
-, globale 30,176
-, lokale 30, 95
Flächenvisualisierung 187
Formel
- von Bertrand und Puiseux 141
- von Darboux 53
- von Tissot 173
Fraktal 78
Frenetsche Gleichungen 66
- kinematische Deutung 51
Frenetsches Dreibein 47
Fräsen 152, 158
Fundamentalform
-, erste 107
-, zweite 112f., 115
Fundamentalgrößen
-, Gaußsche 107
-, metrische 107, 136
Fundamentalsatz
- der lokalen Flächentheorie 133
- der lokalen Kurventheorie 57

Gaußsche Gleichung 131
Gelenkendoprothesen 186
Geodätische 138, 156, 167, 176, 178, 189
-, Differentialgleichung der 141f.
-, geschlossene 184
geodätisches Dreieck 178, 189
geodätisches Netz 139
Geometrie
-, elliptische 156
-, euklidische 155
-, fraktale 77ff.
-, hyperbolische 156
-, innere 166
-, konstruktive 93, 185
-, nichteuklidische 155
-, Riemannsche 185, 190
geometrische Datenverarbeitung 185
geometrische Eigenschaften 42, 57
Geometrisierung der Physik 187
Geradenscharen 144
Gesamtkrümmung 178f., 181, 189
Geschlecht einer Fläche 181

Rollkurve 84
Rotationsindex 91

Sattelfläche 125
Sattelpunkt 120
Satz
- von Euler 118
- von Gauß-Bonnet 178
- von Meusnier 114
- von Rodrigues 118
- von Whitney 63
Schalen 186
Scheitel 67ff., 92
Schleppkurve 81
Schmiegebene 47ff., 60f.
Schmiegkreis 79
Schraubenlinie 21, 33, 36, 40, 44, 49f., 61, 96, 106, 138, 148f., 160, 167
-, hyperbolische 62
Schraubfläche 157
-, zyklische 158
Schraubsinn 50
Schraubtorse 158
Schraubung 19
Seifenblase 159
Seilkurve 71
Seitenkrümmung 136
Selbstähnlichkeitsdimension 77
Selbstberührung 74
Sierpinski Dreieck 76f.
Skalarprodukt 11f.
Spatprodukt 16
Sphäre 24, 96, 98, 101, 107, 112, 115f., 118, 121, 137f., 150, 152, 168, 174f.
Spirale
-, Archimedische 70
-, Cornusche 85
-, gleichwinklige 72
-, logarithmische 72
Spitze 74, 83
Spur 34f., 41
- einer Fläche 95
- einer Kurve 32ff., 37, 39f., 63, 88
Sternkurve 79
Strahlfläche 143
Strahlschraubfläche 157
Streckebene 47, 50, 61
Stützebene 183
Subnormalenabschnitt 67

Subtangentenabschnitt 67

Tangente 36, 39, 45f., 49f., 60, 74, 188
Tangentenabschnitt 67f.
Tangentenbild, sphärisches 52, 90
Tangenteneinheitsvektor 45, 64f., 68
Tangentenfläche 168
Tangentenindikatrix 90
Tangentenvektor 32, 104
Tangentialanteil 135
Tangentialbeschleunigung 62
Tangentialebene 50, 104f., 108, 189
Tensor 111
-, metrischer 111
Theorema egregium 132, 189
Theorema elegantissimum 178
Torse 146, 152, 168
- in der Technik 186
Torsion 30, 48, 50, 59, 61, 63, 188
Torus 105, 110, 113, 120, 150f., 180
Totalkrümmung 52
Traktrix 81, 86, 154
Translationsfläche 163
Trochoide 84

Umlaufsatz 92
Umlaufzahl 91
Umparametrisierung 37, 43f., 103, 105
Umriß
-, scheinbarer 149
-, wahrer 149
Umrißpunkt 149
Unverbiegbarkeit der Eiflächen 183

Vektorfunktion 20, 22ff., 31, 34f., 39, 95
-, differenzierbare 22, 25ff., 31, 75, 95
-, stückweise differenzierbare 22
Vektorprodukt 15, 27, 47
Verbiegbarkeit, infinitesimale 184
Verbiegung 165ff.
Verebnung 166
Verfolgungskurve 81
Vierscheitelsatz 93

Weingartenabbildung 117
Weingartenmatrix 117
Wendelfläche 125, 149, 157, 160, 167
Wendepunkt 46, 78, 188
Wickellaminate 186
Wickelpunkt 85